Walter Iwan

# Island

*Studien zu einer Landeskunde*

Verlag
der
Wissenschaften

*Walter Iwan*

**Island**

*Studien zu einer Landeskunde*

*ISBN/EAN: 9783957002679*

*Auflage: 1*

*Erscheinungsjahr: 2014*

*Erscheinungsort: Norderstedt, Deutschland*

Hergestellt in Europa, USA, Kanada, Australien, Japan
Verlag der Wissenschaften in Hansebooks GmbH, Norderstedt

# BERLINER GEOGRAPHISCHE ARBEITEN

## HERAUSGEGEBEN VOM
### GEOGRAPHISCHEN INSTITUT DER UNIVERSITÄT BERLIN
DURCH PROF. DR. NORBERT KREBS UND PRIV.-DOZ. DR. HERBERT LOUIS

## HEFT 7

WALTER JWAN

# JSLAND

## STUDIEN ZU EINER LANDESKUNDE

MIT 56 ABBILDUNGEN AUF TAFELN,
52 TEXTFIGUREN UND EINEM PLAN

## 1935

KOMMISSIONSVERLAG VON J. ENGELHORNS NACHF. STUTTGART

Ich widme diese Arbeit dem Andenken des isländischen Geographen Thorvaldur Thoroddsen. Thoroddsen starb 1921 in Kopenhagen. In geduldiger und gründlicher Forscherarbeit eines ganzen Lebens schuf er eine sichere Grundlage isländischer Landeskunde. Der Beschäftigung mit seinen Schriften verdanke ich im Großen wie in vielen Einzelheiten die Anregung zu der vorliegenden Arbeit.

# INHALTSÜBERSICHT

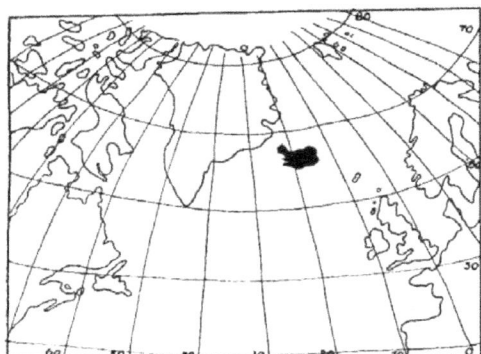

ca. 1 : 80 000 000

$\mathbf{J}$sland führt seinen Namen zu unrecht, es müßte Vulkanland heißen. Seit dem Tertiär bis in unsere Tage ist es ein einzigartiger Schauplatz vulkanischer Tätigkeit.

Während rings im Gebiet der Nordischen Basalte die Vulkane längst erloschen sind, zittert die Insel noch unter den gewaltigsten Ergüssen historischer Zeit, die die Welt kennt (A. 1). Ein Basaltland von hunderttausend Quadratkilometern, das ist das Areal Süddeutschlands, — und doch nur der kleine Rest einer vielfach größeren vulkanischen Tafel, wenn wir annehmen dürfen, daß die Basalte Schottlands und Grönlands einmal in Verbindung standen. Hoch über dem Meer frei ausstreichende Basaltdecken weisen im Osten, Norden und Westen der Insel hinaus auf eine alte größere Masse, die der Zerstörung verfiel. Nur der lebendige Kern der Insel hat ihr bisher widerstanden. Immer wieder wirken wuchtige Kraftäußerungen vulkanischer Produktion der Kleinarbeit der Zerstörung entgegen. Im ganzen will es scheinen, als ob die Vulkane schwächer geworden seien seit der. Eiszeit. Aber es kann auch nur eine Atempause sein. Das Spiel der Kräfte ist noch nicht entschieden.

Die tiefen Fjorde der nordwestlichen Halbinsel und des Ostlandes geben einen guten Einblick in den Aufbau der Insel: Über einer Schutthalde, die sich häufig bis zur halben Höhe hinaufzieht, erhebt sich in Stufen zurückspringend der tiefdunkle Basalt zu Höhen von dreihundert bis tausend Metern. Eine Vegetationsdecke fehlt. Unverhüllt lagert in eindrucksvoller Gleichförmigkeit Basaltdecke über Basaltdecke. In den Westfjorden zählen wir häufig vierzig solcher Stufen, im Ostlande sind es achtzig und mehr. Die Schutthalden mögen noch viele verbergen.

Der tiefe Eindruck, den dieser klare, monumentale Aufbau bei jedem Besucher hinterläßt, ist häufig geschildert worden (Nr. 204, Bd. III, p. 25). Auch dem geologisch nicht geschulten Beobachter drängt sich angesichts von Förderleistungen solchen Ausmaßes eine Vorstellung auf von den urwelthaften Energien, die hier am Werke waren.

In unendlich eintönigem Wechsel von harten steilen Bänken und zurückfliehenden weicheren Zwischenlagen beherrscht eine ungebrochene Waagerechte das Landschaftsbild. Wir wissen von keiner bedeutenden Diskordanz der Schichten; die aufbauenden Kräfte müssen von großer Stetigkeit gewesen sein.

Kleine Braunkohlenflözchen — „Surtarbrandur" — ermöglichen eine Datierung dieser mächtigen Pakete in das Miozän (A. 2). Vom Untergrunde der Basalte wissen wir auf Island nichts, sie reichen überall hinab unter das Meer. Auch die Auswürflinge der Vulkane geben keinen Aufschluß (A. 3). In Schottland gestattet die Kreide im Liegenden eine Datierung der ältesten Ergüsse ins Eozän. Auch in Grönland haben wir sichere Anhaltspunkte für ein frühtertiäres Alter der untersten Decken. Nicht erwiesen, aber wahrscheinlich geworden ist die gleiche Entstehungszeit für die ältesten Basalte auf Spitzbergen, Jan Mayen und den Färöern. Es ist also nicht unwahrscheinlich, daß auch auf Island die ältesten Decken in das früheste Tertiär gehören. Aber die tertiären Basalte des Sockels treten nur im Osten und Nordwesten der Insel an die Oberfläche. In den übrigen Teilen sind sie verdeckt von jüngeren Ergüssen, vulkanischen Lockerprodukten und fluvioglazialen Ablagerungen. Bei dem heutigen Stande der Forschung ist eine genaue Abgrenzung geologischer Provinzen noch nicht möglich. Speziell über die Grenze der alten Basalte gegen die jüngeren bestehen vielfach nur Vermutungen.

Die folgende geologische Skizze kann und will darum nur generalisieren. Sie bringt mehr eine Ansicht über die Verhältnisse als ihre Darstellung. Die scheinbare Genauigkeit der Karte Thoroddsens hat, wie zu erwarten war, der Kontrolle im Gelände oft nicht standgehalten.

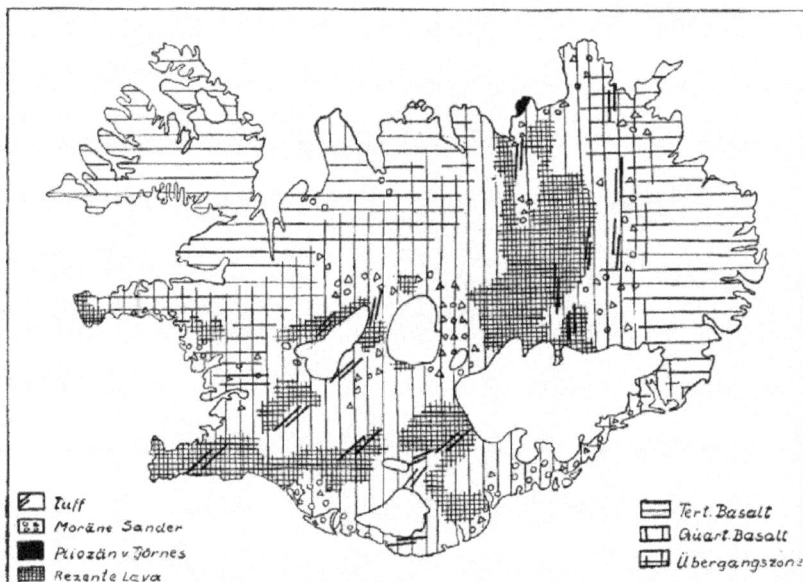

Tuff
Moräne Sander
Pliozän v Tjörnes
Rezente Lava

Tert. Basalt
Quart. Basalt
Übergangszone

Abb. 1      Geologische Übersicht      ca. 1 : 5 000 000

Grundsätzlich neu gegenüber der Darstellung bei Thoroddsen ist das starke Hervortreten der quartären Basalte. Die Tuffgebiete können nur angedeutet, nicht abgegrenzt werden. Sie wurden eingeschränkt zu Gunsten der Moränen. Helgi Pjetursson geht darin so weit, die Tuffe auf seiner geologischen Karte überhaupt zu vernachlässigen (Nr. 406). Einige Korrekturen erfuhr die Grenze der rezenten Laven auf Grund neuerer eigener und fremder Beobachtungen. Im Interesse der Übersichtlichkeit wurde verzichtet auf die Aussonderung der verstreuten Liparite, die nach Thoroddsen höchstens ein Prozent des Areales der Insel bedecken (A. 4).

An exakten geologischen Spezialaufnahmen besitzen wir nur Konrad Keilhacks „Geologische Karte der Umgebung von Reykjavik und Hafnarfjördur im südwestlichen Island" von 1925, die basiert auf Blatt 27SA und 27NA der Dänenkarte. Daneben gibt es eine ganze Reihe von neueren Skizzen über kleine Gebiete (A. 5).

Wir besitzen nur sehr wenige Messungen über die Neigungswinkel der Basaltbänke. Die Mehrheit ergibt ein Einfallen der Basalte gegen das Innere (6—7 Grad). Mit Gudmundur Bárdarson (Nr. 11) können wir uns also den Sockel der Insel vorstellen als eine flache Schale (Abb. 2), deren Ränder vielfach an die Oberfläche treten, während ihr Inneres erfüllt ist von jüngeren Gesteinen (A. 6).

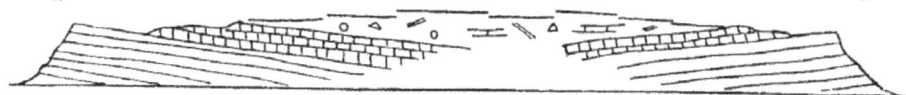

Abb. 2

⬛ Tert. Basalt ▦ Quart. Basalt ▨ Basalt · Moräne · Tuff

## Die tertiäre Vulkanformation.

Die Zone der tertiären Basalte ist beinahe noch völlig unerforscht. Im Grunde kennen wir nur ihren Anteil am Aufbau der Küsten, der durch die Ausbildung von Fjorden besonders augenfällig wird. Von ihrem Aufbau im einzelnen wissen wir sehr wenig.

Die wuchtige Monotonie des massiven tertiären Sockels lockert sich bei näherer Betrachtung. Die langhinziehenden Stufen erweisen sich zusammengesetzt aus zahlreichen aneinanderdrängenden, oft auskeilenden Einzelströmen. Es scheint nicht häufig, daß eine einzelne Decke sich fortlaufend etwa zehn Kilometer weit verfolgen ließe. Jede Stufe in sich stellt also ein kleines Lavameer dar von der Art, wie wir sie noch heute an der Oberfläche ausgebildet finden. Ihre Mächtigkeit schwankt zwischen wenigen Metern und höchstens vierzig bis fünfzig Metern. Die einzelnen Ströme, die die Decke zusammensetzen, zeigen das gewohnte dreiteilige Profil: Über einer ziemlich dünnen Breccienlage eine massige, selten in Säulen gesonderte Gesteinsschicht, die gewöhnlich mehr als die Hälfte der gesamten Mächtigkeit einnimmt. Darüber schließlich die ungeordnete, wulstige, hohlraumreiche, Mandeln führende Oberflächenschicht. Die im Verhältnis zu ihrer Ausdehnung oft sehr geringen Mächtigkeiten der Decken, ebenso ihre tiefdunkle

Färbung kennzeichnen ein basisches, dünnflüssiges Material. Nur ausnahmsweise sind auch vereinzelte hellere doleritische Massen beobachtet worden (A. 7).

Nicht nur das Gefüge des alten Sockels wird vielseitiger bei näherem Zusehen, sondern auch seine Zusammensetzung. Von unten gesehen erscheinen die Wände der Fjorde sehr einheitlich aufgebaut aus kompaktem Basalt. Steigen wir hinan, so zeigt es sich, daß auch am Aufbau des tertiären Sockels erhebliche Lockermassen beteiligt sind.

In erster Linie handelt es sich dabei um vulkanische Breccien und Tuffe. Sie unterscheiden sich, soweit sie bekannt sind, nicht von den später zu besprechenden jüngeren Lockerprodukten im Inneren der Insel. In vielen Fällen aber finden wir auch mehr oder minder mächtige wohlgeschichtete Sedimente, die sehr häufig in Verbindung mit dem eingangs erwähnten Surtarbrandur auftreten.

Um diese Braunkohlenflözchen ist eine reiche Literatur entstanden (A. 8). Zusammen mit den Sedimenten, in die sie eingebettet sind, geben sie uns wichtige Anhaltspunkte zur Entstehungsgeschichte des alten Basaltsockels.

Besonders gut erhaltene Reste deuten auf einen Wald von Ahornen, Eichen und Ulmen in einem wesentlich wärmeren Klima. Gelegentlich liegen die Flözchen eingebettet in Bimssteinmassen (z. B. Hlidarsel am Steingrímsfjördur), dann müssen wir annehmen, daß eine vulkanische Katastrophe den Wald vernichtete. In den meisten Fällen scheint es sich jedoch um gestrandetes und verschüttetes Treibholz von Flüssen zu handeln. Das Material der Sedimente wechselt von ziemlich groben, oft gut geschichteten, meist verhärteten Sanden bis zu sehr feinen weißen oder rostroten Tonen. Diese Bildungen erreichen Mächtigkeiten bis zu hundert Metern (Hrútagil im Kollafjördur) (A. 9). In den Atempausen der vulkanischen Tätigkeit hat es also bedeutende Flüsse gegeben. Der Surtarbrandur verrät auch das zeitweise Bestehen eines ziemlich kräftigen Waldes. Andrerseits fanden — soweit wir wissen — die Flüsse aber auch keine Zeit zur Ausbildung nennenswerter Erosionsformen.

Es wäre eine dankbare Aufgabe, diese Lagerungsverhältnisse an günstigen Profilen eingehender zu untersuchen. Es würden sich wahrscheinlich Anhaltspunkte ergeben für die Dauer der Zeiträume, in denen der alte Sockel aufgebaut wurde. —

Wenn man in einem beliebigen Abschnitte des Basaltsockels die Mächtigkeiten der lockeren Zwischenlagen im einzelnen feststellt, so ergeben sich als Summe fast immer Werte von einem Fünftel bis zu einem Viertel der Gesamtmächtigkeit des untersuchten Paketes (A. 10). Diese Erkenntnis gewinnt Bedeutung für die Entstehungsgeschichte der ganzen Insel: Sie verstärkt den Eindruck, als habe seit dem Tertiär bis in unsere Tage keine so grundsätzliche Veränderung in der Art des Aufbaus stattgefunden, wie manche Forscher es annehmen (Nr. 395, 287, 373).

Trotz der guten Aufschlüsse der nordwestlichen Halbinsel kennen wir noch keinen Ausbruchspunkt der alten Massen (A. 11). Aus der geringen Neigung der Bänke läßt sich nur schließen, daß — ähnlich den heutigen Verhältnissen — große Oberflächenbauten selten waren. Genaue Beobachtungen über die

Abb. 3 phot. Jwan

Kliffküste im quartären Basalt südlich Krisuvik.
Höhe des Kliffes 30 bis 40 Meter; ein Viertel davon aufgebaut aus lockerem Material.

Neigung der Schichten würden — soweit nicht mit jüngeren Störungen zu rechnen ist — vielleicht zur Erkenntnis einiger weitgespannter, flacher Schildvulkane führen.

Viele hundert Gänge sind in dem alten Sockel beobachtet worden. Thoroddsen hat sie eingehend geschildert (Nr. 555, p. 247—254). Die meisten durchschlagen das ganze Basaltpaket. Aber auch bei den übrigen hat sich bisher nirgends ein Zusammenhang zwischen dem Gang und einer Decke nachweisen lassen. Eine einzige Beobachtung im Kögur (Adalvik) hält Thoroddsen selbst für unsicher (A. 12). Reck glaubt aus der Tatsache, daß wir keine Eruptionspunkte der alten Massen kennen, auf einen Aufbau durch „Arealeruptionen" schließen zu dürfen (Nr. 427). Müßte aber bei einer solchen Häufung von Schloten nicht gerade die Wahrscheinlichkeit, daß einer sichtbar wird, sich wesentlich erhöhen? Schließlich besteht ja auch noch die Möglichkeit, daß es in diesen Gebieten gar keine oder nur sehr wenige Schlote gibt. Die alten Massen könnten auch von stärkeren Eruptionen der zentralen Ausbruchsstellen stammen, die heute noch tätig sind. Solange nicht einige Schlote im Gebiet der tertiären Basalte sicher nachgewiesen sind, ist also die herrschende Lehre von einem R ü c k z u g der Vulkane auf die Südwest-Nordost-Achse der Insel noch unbegründet.

In einigen Gebieten scheinen auch bedeutende intrusive Massen am Aufbau des tertiären Sockels beteiligt zu sein. Hierüber haben wir jedoch erst ganz vereinzelte Beobachtungen (A. 13).

Unsere Kenntnis des tertiären Sockels ist lückenhaft, weil das Gebiet der Forschung eintönig und unergiebig erschien. Es besteht aber kein Zweifel mehr, daß die alten Basalttafeln komplizierter aufgebaut sind als bisher angenommen wurde. Die große Cäsur zwischen dem tertiären und dem jüngeren Vulkanismus verliert an Schärfe. Eine bessere Erforschung des alten Sockels wird uns wahrscheinlich zu einer einheitlicheren Betrachtung der ganzen Insel führen (Nr. 239, 496).

### Die quartäre Vulkanformation.

Auf der geologischen Karte Thoroddsens nahmen die tertiären Basalte einen sehr großen Teil der Insel ein. Seit Pjetursson (Nr. 410) unterscheiden wir von den braunkohlenführenden Decken im Liegenden eine Abteilung jüngerer Basalte, die durch die Einschaltung von Moränenmaterial als quartär gekennzeichnet sind.

In keinem der uns bekannten Profile kommt über der ältesten Moräne noch einmal Surtarbrandur vor. Sie liegt bei Búlandshöfdi z. B. immerhin ca. vierhundert Meter unter der heutigen Oberfläche. Die unterste Moräne kündet also einen grundlegenden Wechsel an in der Entstehungsgeschichte der Insel: Sie grenzt das isländische Tertiär ab gegen das isländische Diluvium. Der endgültige, rückfallslose Abschluß der Periode der subtropischen Lignite und das Auftreten von Moränen in großen Räumen, die heute wieder eisfrei sind, deuten darauf hin, daß wir es nicht mit lokalen Erscheinungen zu tun haben.

Da die Braunkohlenflözchen des Surtarbrandur mit großer Wahrscheinlichkeit aus dem Miozän stammen, ist es nicht ganz sicher, ob diese Wendung

zeitlich genau zusammenfällt mit dem Beginn der Vereisung auf dem Kontinent. Die ältesten isländischen Moränen könnten noch hinabreichen in das
Pliozän. In dem fossilienarmen Island haben wir nur an einer Stelle den
exakten Nachweis für ein quartäres Alter der ältesten Moräne: auf Tjörnes
im östlichen Nordland. Auf Tjörnes erreichen die Sedimente eine für Island ungewöhnliche Mächtigkeit von mehr als vierhundert Metern. Sie ruhen auf alten, oberflächlich
stark gefurchten Basalten, die keine Spuren glazialer Bearbeitung tragen
(A. 14). Gut geschichtete und fast geröllfreie Sande schließen Muschelreste
und vereinzelte Surtarbrandurbänkchen ein (A. 2). Stellenweise sind sie stark
verhärtet und bilden Kliffs von sechzig bis siebzig Metern Höhe.

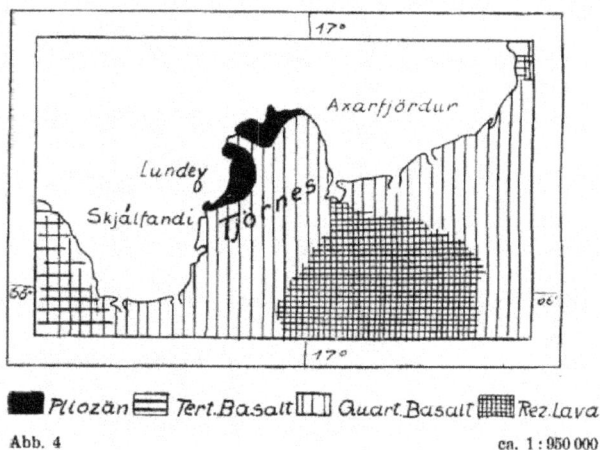

■ *Pliozän* ▤ *Tert.Basalt* ▥ *Quart.Basalt* ▦ *Rez.Lava*

Abb. 4                                              ca. 1 : 950 000

Vereinzelte grobe marine Treibhölzer zwischen den feinen Blattresten des
Surtarbrandur deuten auf eine strandnahe Ausbildung. Basaltbänke fehlen
ganz. Die Muschelschalen bilden zuweilen Schichten von wenigen Dezi-
metern Mächtigkeit, sie gehören eindeutig in das Pliozän. Das Meer, in dem
sie lebten, war wärmer als das jetzige, es glich nach Bárdarson dem heutigen
der englischen Inseln.

Der Crag ist älter als die moränenführenden Basalte im Osten der Halbinsel. Er lagert ihnen nicht an, wie Thoroddsen annahm, sondern taucht
unter sie. Die über fünfhundert Meter mächtige Basaltformation von Ost-
tjörnes rückt damit in das ältere Quartär. Im einzelnen hat sich der Bau
der Halbinsel als ungewöhnlich kompliziert erwiesen. Das erschwert sichere
Schlüsse auf die weitere Umgebung.

Außer dem Crag kennen wir bedeutende marine Sedimente nur noch in
Búlandshöfdi auf Snaefellsnes (Nr. 17, 410). Hier ist einmal die ganze
Folge des isländischen Aufbaues erschlossen. Auf die Frage nach dem Beginn der Eiszeit gibt das Profil jedoch keine Auskunft. Diese Sedimente
führen schon mitten in sie hinein.

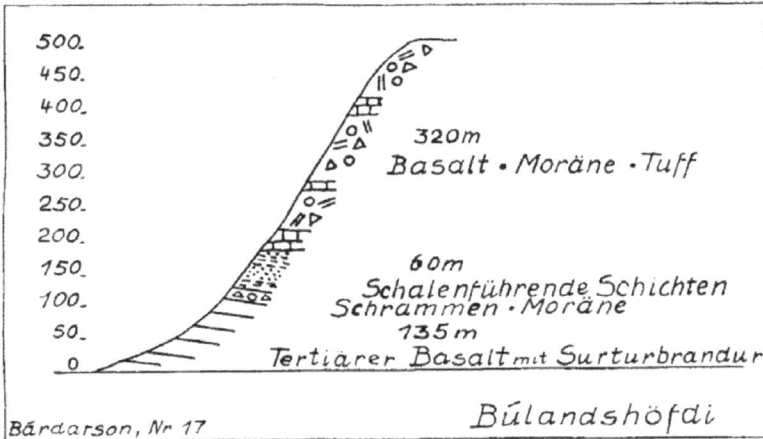

Abb. 5

Die obersten Lagen der Surtarbrandur führenden Basalte, auf denen sie ruhen, sind bereits von Gletschern bearbeitet.

Unter den Muschelresten fanden sich neben den Repräsentanten eines hocharktischen Klimas auch solche einer wärmeren, der heutigen ähnlichen Periode. Vielleicht deuten sie eine Schwankung des Klimas an. Die Artbestimmungen reichen aber noch nicht aus zu sicheren Schlüssen; wir wissen also nicht, in welchen Abschnitt der Eiszeit die Sedimente von Búlandshöfdi gehören.

Angesichts der Fossilienarmut der Insel verdienen die Versuche Ebba H. de Geers ganz besondere Beachtung. Sie glaubt auf Grund neuer Auszählungen von Bändertonen im Westlande und im Südlande die isländische Vereisung sogar in einzelnen Stadien mit der skandinavischen parallelisieren zu können (Nr. 145).

Die vulkanische Produktion hat sich während der Eiszeit kaum verändert. Durch einen langen Zeitraum zeichnen sich zwar die Basalte durch eine lichtere Färbung aus; die allerjüngsten Ergußgesteine aber gleichen wieder völlig den ältesten. Diese große Einheitlichkeit, dazu die unsichere Unterscheidung zwischen Moräne und vulkanischer Breccie (Keilhack Nr. 264) gestatten auf der geologischen Skizze noch keine klare Grenzziehung zwischen der tertiären und der quartären Vulkanformation.

Die meisten der großen Erhebungen, zu denen wir aufblicken an der Südküste, und viele der Höhen im Inneren sind ganz jung. Der Oeräfajökull z. B., der Ok, der Súlur, der Eiriksjökull ruhen auf quartären Bildungen.

Charakteristisch für alle Aufschlüsse im Gebiet der quartären Gesteine ist das Zusammenwirken von Vulkanen und Eis. In vielfacher Wechsellagerung türmen Basalte und Moränen sich übereinander zu Mächtigkeiten von fünfhundert Metern und darüber. Bisher ist noch kein Leithorizont gefunden, der helfen könnte, diese Schichtfolgen im einzelnen zu gliedern. Ihre Entstehungsgeschichte beginnt mit der ältesten Moräne und ist noch keineswegs

14

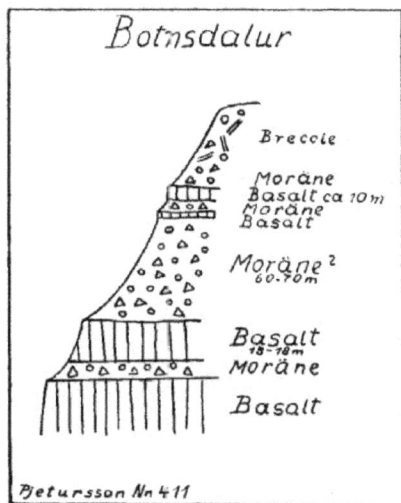

Botnsdalur

Breccie
Moräne
Basalt ca 10 m
Moräne
Basalt

Moräne²
60.70 m

Basalt
18-18 m
Moräne

Basalt

Pjetursson Nn 411

Abb. 6

abgeschlossen. Unmittelbar am Südostrand des Hofsjökull z. B. haben sich ganz junge Lavaströme ausgebreitet auf altem Moränengrund. Die Gletscher rücken an dieser Stelle wieder vor. In wenigen Jahrzehnten wird dort ein Aufbau entstanden sein, der sich durch nichts unterscheidet von den älteren Folgen, die in den Talwänden erschlossen sind.

Wir haben ferner Augenzeugenberichte von den Ausbrüchen der vergletscherten Vulkane an der Südküste. Diese „Gletscherläufe" („Jökullhlaup") haben in historischer Zeit mit einem wüsten Gemenge vulkanischen und glazialen Materials ganze Landschaften verschüttet (Nr. 571, 538, p. 88—99, 139).

Die Entstehung von vulkanoglazialen Schichtfolgen vollzieht sich also in ganz großem Maßstabe vor unseren Augen. Trotzdem besteht noch eine allgemeine Unsicherheit über die Deutung des so entstandenen älteren Aufbaus (Nr. 410, 408, 284, 17, 130, 395, 431, 501, 496, 478). Sie läßt sich zurückführen auf eine empfindliche Lücke unseres Wissens: Es ist nicht bekannt, wie sich Lavaströme unter dem Eise verhalten (Nr. 555, p. 317). Der Schwefelgeruch mancher Schmelzwasserflüsse weist deutlich auf vulkanische Aktivität unter dem Eise. Es ist ja auch unwahrscheinlich, daß gerade die großen Flächen, die das Eis auf Island bedeckt, ganz frei von Vulkanen sein sollten. Die meisten der jüngeren Forscher, unter ihnen Pjetursson, ziehen indessen die Möglichkeit eines Basaltergusses unter dem Eise nicht in Erwägung.

Zahlreiche Profile zeigen zwischen mächtigen Basaltdecken vereinzelte Moränen. Häufig aber finden wir auch einzelne Basaltdecken inmitten großer Moränenmassen (Abb. 7, Seite 15).

Da die dünne Basaltbank sicher nicht intrusiv ist, sehen wir drei Möglichkeiten:

1. der vereinzelte Lavastrom entstand zufällig in einer Periode des Eisrückzuges,

oder 2. das Eis schmolz infolge der steigenden Wärme des Vulkanes und schloß sich wieder nach dem Ausbruch (A. 15),

oder 3. die Lava ergoß sich unter geschlossener Eisdecke.

Wenn die Basaltdecken zwischen den Moränen jeweils einen Rückzug des Eises voraussetzen, dann kommen wir zu einer erstaunlichen Fülle solcher Schwankungen. Das Eis müßte dann mehrere Male nahezu ganz von der

Insel verschwunden sein, denn die heute verglet- scherten Plateaus des innersten Hochlandes bestehen ebenfalls zum Teil aus quartären Ba- salten. Ein viel klareres Ur- teil über die Geschichte des diluvialen Aufbaus wäre möglich, wenn wir eine bessere Kennt- nis der Gletscherlaufab- lagerungen besäßen. Ein einwandfrei nachgewie- senes Jökullhlaup-Sedi-

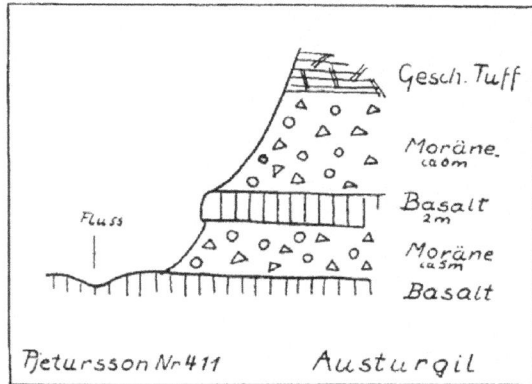

Abb. 7

ment im Liegenden einer Basaltbank würde einen Ausfluß unter dem Eise sehr wahrscheinlich machen. Leider ist es bis heute versäumt worden, die Sedimente der historischen Gletscherläufe zu studieren (A. 16).

Es kann kein Zweifel bestehen, daß es einzelne Rückzugsperioden der dilu- vialen Gletscher gegeben hat. Sie sind ziemlich sicher erwiesen durch einge- schaltete Muschelreste einer wärmeren Zeit (Nr. 405, Nr. 410, p. 78), sowie durch weit in das Innere hineinreichende Erosionsdiskordanzen zwischen den alten Moränen (Nr. 284, Nr. 408). Die Beobachtungen darüber sind jedoch un- systematisch angestellt und noch punkthaft verstreut über die ganze Insel. Solange sie sich nicht in einem größeren Gebiet miteinander verknüpfen lassen, ist eine Übersicht über den Gang der Vereisung in Island nicht zu erwarten (A. 17).

Über den Wechsel vom Surtarbrandur zur Moräne hinweg zeigen alle Aufschlüsse die große Konstanz der vulkanischen Produktion. Auch das Quartär ist eine Vulkanformation, die Basalte sind das Charaktergebende. Wenigstens hundert große Vulkane waren während der Eiszeit tätig von den nördlichen Halbinseln Skagi und Tjörnes bis zu den Westmännerinseln im Süden. Nur der äußere Osten und Westen erlebte seit dem Tertiär keine Eruptionen mehr.

Im Mechanismus des vulkanischen Aufbaus ist während der Eiszeit kein grundsätzlicher Wandel eingetreten. Neben den flachgelagerten Decken, die vielleicht von Spaltenergüssen herrühren, entstanden massive Lavaschilde wie der Ok oder die Dyngjen im Norden des Vatnajökull, — Stratovulkane und spitze Tuffkegel, deren Ruinen noch heute die Landschaft beherrschen am südlichen Langjökull, im Norden des Vatnajökull und auf Reykjanes.

Wo diese Ruinen sich häufen, kann man von einer besonderen Tuff- Formation sprechen. Sie erreicht Mächtigkeiten von achthundert bis zwölf- hundert Metern, scheint aber nur geringe Flächen auf der Insel zu bedecken. Man gewinnt leicht den Eindruck, die quartäre Vulkanformation enthalte mehr lockeres Material als die alten Basalte. Die Masse der Tuffe läßt sich jedoch noch nicht annähernd abschätzen. Es kann sein, daß sie — vom Eise oder trägen Flüssen flach ausgebreitet — auch nur einen jener Horizonte von mäßiger Mächtigkeit bilden würden, wie sie auch in den alten Massen vorkommen. Wahllose Einstreuung von gekritzten Geschieben kennzeichnet oft die Mitarbeit des Eises beim Aufbau der Tuffe. Häufig enthalten sie auch Seetone, Flußbildungen, Windablagerungen, auch ganz grobe Konglomerate (A. 18). Eine verwirrende Fülle von Bezeichnungen für diese Bildungen schwirrt durch die Literatur. Die üblich gewordene Sammelbezeichnung „Palagonittuff" ist auch nur ein Ausdruck der Verlegenheit. In der vorliegenden Arbeit wird in klaren Fällen das Besondere herausgehoben — eine auffällige Breccie im Tuffe etwa — im allgemeinen aber der Ausdruck „Tuff" bevorzugt, nachdem der Verfasser sich am Langjökull und auf Reykjanes vom Vorwiegen reinen Tuffes überzeugt hat.

Für den größten Teil der Insel ist die Eiszeit vorüber. Die Gletscher haben sich zurückgezogen auf die höchsten Erhebungen. Ihre Schmelzwässer fließen durch weite Moränenlandschaften und wandeln die Ablagerungen des Eises unablässig in geschichtete Bildungen, Geschiebe konservieren ihre Schrammen nur kurze Zeit; schon wenige hundert Meter vom Gletscherrande werden sie selten. Die flachen Sander sind ein Endprodukt dieser Entwicklung.

Die Welt der vulkanischen Erscheinungen ist nicht ärmer geworden. Flußsande und äolische Bildungen zwischen den tiefdunklen Lagen jüngster Basalte, die wieder ganz den tertiären ähneln, kennzeichnen die postglaziale Zeit. Jede Generation des isländischen Volkes erlebte alle ihre Erscheinungsformen von der reinen Gasexplosion zu Aschenregen und Lavameeren, die manchmal in wenigen Stunden die Furchen mehrtausendjähriger Erosion erfüllten. Während diese Zeilen geschrieben werden, kommt die Nachricht von einem neuen Ausbruch im Eise des Vatnajökull (Nr. 228). Viele Hunderte von Thermen und Solfataren verstärken den Eindruck großer Labilität in vielen Teilen des Landes (A. 19).

Die tertiären Basalte übertreffen die jüngeren an Masse um das Dreifache. Aber da wir die Zeiträume nicht kennen, während derer der alte Sockel aufgebaut wurde, fehlt uns jeder Vergleichsmaßstab. Ist es ein Abklingen der vulkanischen Intensität, das wir betrachten, oder nur eine Atempause? Jedenfalls wäre es dann eine Pause von ungewöhnlicher Dauer, denn nirgends im alten Sockel kennen wir Erosionsdiskordanzen solchen Ausmaßes, wie sie entstehen müßten, wenn heute wieder Ergüsse tertiärer Größenordnung die Insel überschwemmen würden (A. 20).

# PROBLEME DER GESTALTUNG

Der Schelf
Bewegungen der Strandlinie
Tektonische Grundlinien
Die Zeugenberglandschaft
Überblick

## Der Schelf

Jeder Besucher Islands muß beim ersten Anblick vom Schiff aus den Eindruck haben, als hebe sich hier ein gewaltiger Klotz jäh heraus aus großen Tiefen des Meeres. Es gibt keinen vermittelnden Saum von Schären. Die langen Seen des Ozeanes prallen ungebrochen gegen geschlossene Felswände.

Nur ganz vereinzelt deuten küstennahe Inseln wie die Vestmannaeyjar im Süden oder das nördliche Grimsey auf einen gemeinsamen größeren Sockel. Die folgende Karte (Abb. 8) gibt einen Überblick über seine Ausdehnung. Sie basiert auf der Darstellung Nansens (Nr. 350), die durch eine große Zahl neuer Lotungen im einzelnen korrigiert, bzw. bestätigt werden konnte. Das Kartenbild kann Anspruch auf Genauigkeit erheben im Südwesten und im Südosten, wo die neuen dichten Lotungen des „Meteor", bzw. des englischen Schiffes „Rosemary" vorliegen.

Die Darstellung des Reykjanes-Rückens ist wesentlich präziser geworden. Ein schmales, stark gegliedertes Gebirge setzt hier die herrschende Südwest-Nordost-Ausrichtung des südlichen Island in das Meer fort. Die Ergebnisse des „Meteor" (Nr. 77) deuten auf Zusammenhänge des Reykjanes-Rückens mit der Mittelatlantischen Schwelle.

Gut zum Ausdruck kommt im Südosten die breite, flache Verbindung zu den Färöern. Die Messungen der „Rosemary" zeigen, wie diese Schwelle in stetigem, sanften Anstieg direkt in den isländischen Schelf übergeht (A. 21 u. A. 22).

Im allgemeinen erkennt man jedoch eine deutliche Versteilung im Abfall des Schelfes gegen den ca. 1500 m tiefen Meeresboden. Sie setzt ein in Tiefen zwischen 150 und 250 Metern. Die Gefällswerte des Schelfes (als Ganzes) bewegen sich um 6—9 Minuten, die des äußeren Abfalls erreichen 2—3 Grad. Die Neigung des Schelfes ist also gering, sie wird selbst von jener innerhalb der einzelnen Plateaus des festen Landes übertroffen (9—12 Minuten). Das Profil (Abb. 9) zeigt den Schelf sehr klar ausgeprägt im Nordwesten der Insel.

Zwischen steileren Böschungen eine praktisch waagerechte Ebenheit, die wohl nur zu deuten ist als ein Ergebnis der Abrasion.

Um die geringen Neigungswinkel überhaupt darzustellen, mußte das Profil stark überhöht werden. Der scheinbar so steile Abfall zur Tiefsee im Nordwesten, mehr noch die ausgeglicheneren Böschungen des Ostens bilden also

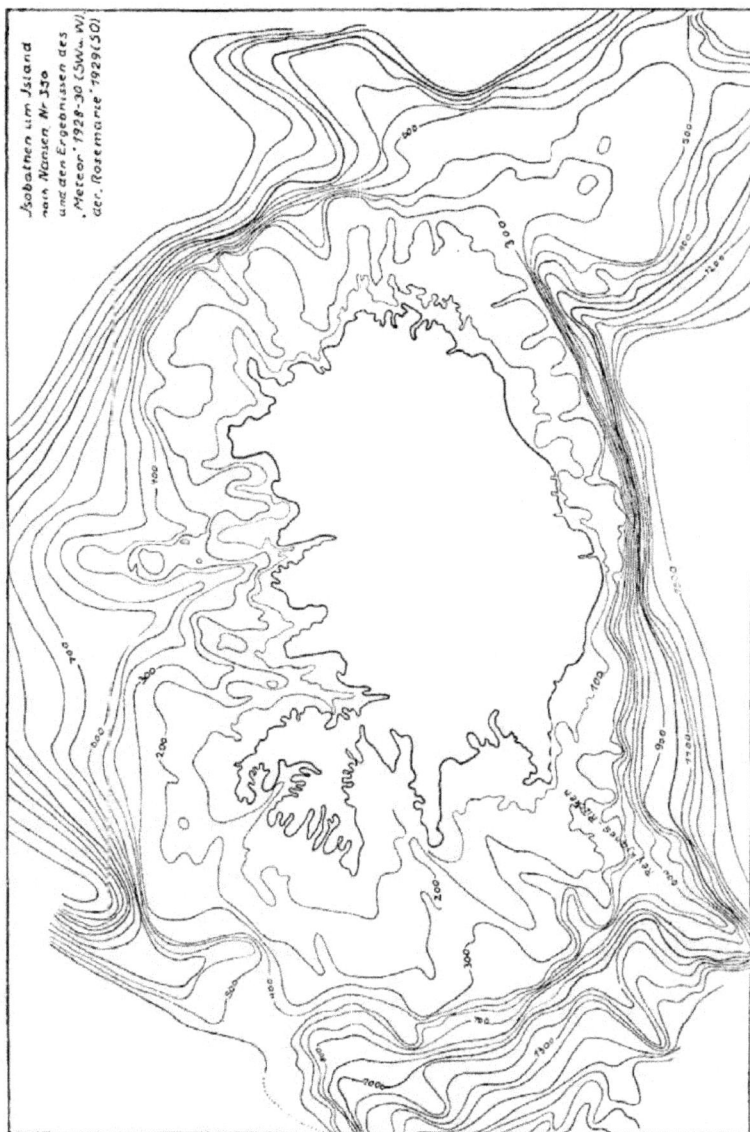

Isobathen um Island
nach Nansen Nr 330
und den Ergebnissen des
„Meteor" 1928-30 (SW u. W),
Ger. Rosemarie" 1929 (SO)

ca. 1 : 6 000 000

Abb. 8

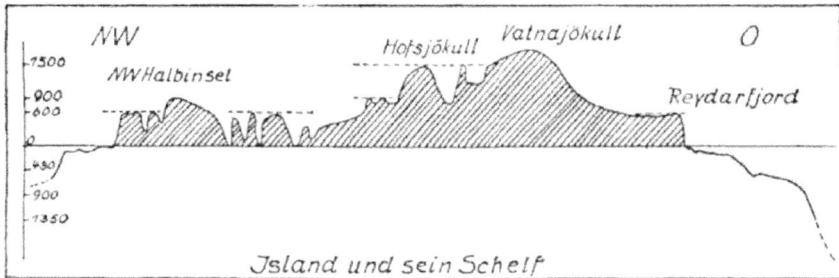

Abb. 9            ca. 1 : 7 000 000; 50 fach überhöht

ganz sanfte Übergänge bis zu Tiefen von mindestens 1500 Metern. Die steilsten Neigungen bleiben unter denen eines isländischen Schildvulkanes.

Die dänischen Seekarten (Seite 152) verzeichnen Lotungen in großer Dichte hinab bis etwa zur 200 m-Isobathe. Darüber hinaus hören die Lotungen fast ganz auf. Dadurch entsteht auf den ersten Blick der unrichtige Eindruck eines sehr einheitlichen Gefällsknickes in dieser Tiefe. Der Schelf ist aber nicht überall deutlich begrenzt. Schon die Osthälfte unseres Profiles zeigt nicht ganz klare Formen. Auch im Nordosten z. B. scheint der Schelf ungewöhnlich tief hinab zu reichen. Sicherlich wird sich das Bild mit jeder neuen Lotung weiter komplizieren.

Die vielen offenen Rinnen, die häufige Wiederkehr der Bodenbezeichnung „festes Gestein" scheinen anzudeuten, daß auch heute die Sedimentation auf dem Schelfe gering ist (A. 23). Im ganzen hat sich Island widerständiger gezeigt gegen die marine Zerstörung als die Färöer, die keine quartären Basalte besitzen. Das heutige Island ist groß im Verhältnis zu seinem Schelf (1:1), während die Färöer nur noch einen kleinen Rest darstellen auf ihrem großen submarinen Sockel (1:18).

Der südliche Abfall mag eine der von Thoroddsen vermuteten (Nr. 555, p. 232 ff.) alten Störungen andeuten. Die Verbindung zu den Färöern dagegen scheint nicht zerbrochen. Wir haben keine Vorstellung von den Konturen der alten miozänen Landmasse. Wahrscheinlich zeigen die heutigen Umrisse des Landes keinerlei Anklänge mehr an ältere Formen.

## Bewegungen der Strandlinie

Es ist überaus schwer, eine klare Vorstellung zu gewinnen von den Schwankungen der Strandlinie. Denn die Vertikalbewegungen, deren Spuren sich hier und da finden, geschahen ja gleichzeitig mit dem Aufbau großer Teile des Landes (Nr. 568, 554, 555, p. 232—42, 410, 406, 405, 13, 15, 17). In großen Zügen ergibt sich etwa folgendes, freilich noch höchst unsicheres Bild:

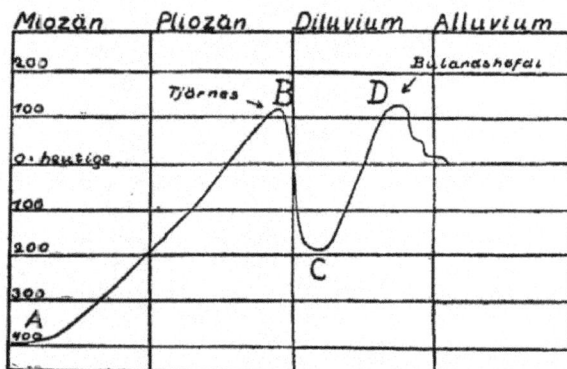

Abb. 10    Die Bewegungen der Strandlinie

Die Mündungen einiger großer, heute versunkener Täler (Faxafjördur, Eyjafjördur, Finna-, Vid- und Bakkafjördur) deuten auf ein vielleicht spätmiozänes ältestes Island, dessen Strandlinie ca. 400—500 Meter tiefer und etwa 150 km weiter nach außen lag als heute. Wir wissen nicht, ob dieses alte Island von Brüchen begrenzt war; wahrscheinlich bestand damals noch eine Verbindung mit den Färöern, vielleicht auch mit Grönland.

Dann muß das Land um etwa 500 Meter abgesunken sein (A-B), denn am Ende des Pliozäns kennzeichnet der Crag von Tjörnes eine Strandlinie, die mehr als hundert Meter über der heutigen lag. Während dieser Bewegung bildete die steigende See den Schelf. In etwa der gleichen Höhe ist das Meer während der Eiszeit bezeugt durch die Muschelbänke von Búlandshöfdi (D). Aber zwischen den beiden hohen Lagen der Strandlinie im Pliozän und zur Eiszeit wurde das Land wahrscheinlich noch einmal gehoben, und zu Beginn der Vergletscherung hatte sich das Meer anscheinend schon weit zurückgezogen.

Denn im Tiefland von Mýrar finden sich im Liegenden der arktischen marinen Tone gescheuerte Basalte und Moränen. — Die tiefen Täler im quartären Basalt — z. B. der Eyjafjördur — wurden auch schwerlich gebildet bei einem Meeresstand, der höher war als der heutige. Vielleicht lag die Küste damals bei der heutigen 200 m-Isobathe. Eine große Zahl der submarinen Täler mündet etwa bei dieser Linie, die im großen und ganzen den heutigen Umriß wiederholt. In diesem Stadium war Island schon eine Insel.

Es mag sein, daß während dieser spätpliozänen Landhebung (B-C) die Ablagerungen des Crag zum allergrößten Teil wieder zerstört wurden und nur in einer besonders geschützten Lage auf Tjörnes erhalten blieben.

Nach dem neuerlichen Ansteigen während der Eiszeit (C-D) scheint das Meer nur kurze Zeit in der hohen Lage von Búlandshöfdi geblieben zu sein. Eine rückläufige Bewegung begann schon bei abklingender Eiszeit und dauert wohl bis in unsere Tage (A. 24). Marine Terrassen, die zum Teil noch glaziales Gepräge tragen, zeigen kurze Ruhelagen um 40, bzw. 20 Meter über dem heutigen Stande.

Diese großen Vertikalbewegungen scheinen die ganze Insel ziemlich einheitlich betroffen zu haben. Auch die submarinen Niveaus lassen Störungen nicht erkennen. Die beträchtlichen Höhenunterschiede der hoch- und spätglazialen marinen Sedimente und Strandbildungen — beispielsweise ihre außergewöhnliche Höhe im Südwesten, oder das Minimum im Osten — (A. 25) erlauben keinen Schluß auf junge Bewegungen. Wo die Anzeichen des höchsten Meeresstandes fehlen, mögen sie schon zerstört sein.

## Die Landschaft Hreppar,
## Nordostrand des südlichen Tieflandes

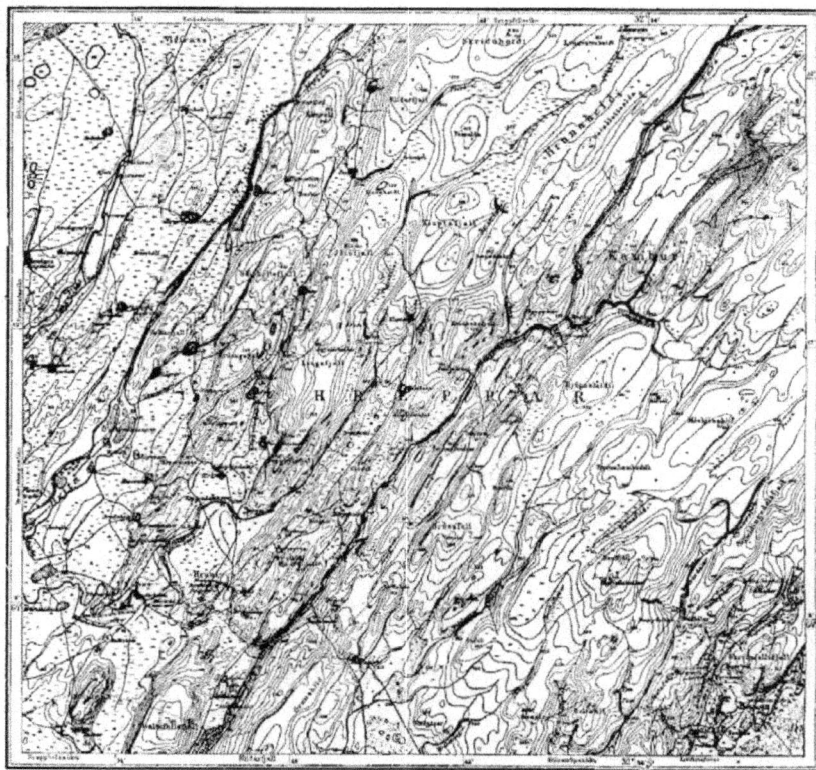

Abb. 11

D. K. 47 NA, Skalholt

# Tektonische Grundlinien

Die Übersichtskarten Thoroddsens (Nr. 555) zeigen auf den ersten Blick eine auffällige Parallelität der Formen im Südlande. Der Lauf der Thjórsá — die Kraterreihen auf Reykjanes — der Langisjór am Rand des Vatnajökull — die Lakispalte, alle zeigen sie eine so ausgesprochene Südwest-Nordost-Ausrichtung, daß der Gedanke an eine tektonische Vorzeichnung der Großformen nahe rücken muß.

Thoroddsens Darstellung ist im Süden der Insel durch die Dänenkarte kontrolliert und im wesentlichen bestätigt worden.

Die große Südwest-Nordost verlaufende Linie wiederholt sich auf den exakten Blättern der 50 000er Karten auch im kleinen Raum überaus häufig. Es ist unwahrscheinlich, daß diese Anordnung eine zufällige ist. Die Landschaft Hreppar (Abb. 11) zeigt diese Beeinflussung der Oberflächenformen sehr deutlich: Die Entwässerung ist — stellenweise dem natürlichen Gefälle entgegen — in eine einheitliche Richtung gezwungen.

Es scheint, als ob diese südwest-nordöstliche Ausrichtung der Großformen nicht auf die Insel beschränkt sei. Die Untersuchungen des „Meteor" machen es wahrscheinlich, daß sich diese Linie im Reykjanes-Rücken noch südwärts geltend macht bis zum 55. Breitengrad (Nr. 77). Um so bemerkenswerter muß es dann erscheinen, daß sie nicht die ganze Insel durchsetzt, sondern mitten im Hochlande ihr Ende findet. Im Norden des Vatnajökull werden die Südwest-Nordost orientierten Formen seltener; vom Gebiet der Askja an beherrschen nord-südliche Linien den größten Teil des östlichen Nordlandes. Sie kommen am wirkungsvollsten zum Ausdruck in der großen Verwerfung des Bárdartales: In einer Erstreckung von wahrscheinlich mehr als hundert Kilometern folgt das Tal des Skjálfandafljót (Bárdartal) einem ungegliederten steilen Abfall etwa nord-südlicher Richtung. Die tausend Meter hohe Basalttafel bricht westlich des Tales ab. Von der Höhe blicken wir nach Osten hinab auf eine fünfhundert Meter niedrigere, ungewöhnlich lebhafte Landschaft, die Pjetursson, „das isländische Mittelgebirge" nennt. Leider sind die Tiefenverhältnisse des Nordmeeres im einzelnen noch ungeklärt; wir wissen daher nicht, ob sich auch die

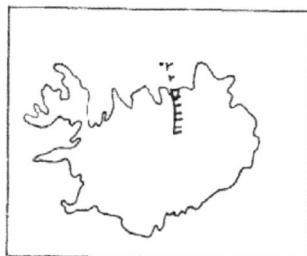

Bárdartalverwerfung

Abb. 12

Bárdartallinie noch über den Schelf hinaus auf dem Meeresboden auswirkt. Auch auf dem Lande fehlt es noch an exakten Beispielen im einzelnen, da die Dänenkarte dieses Gebiet noch nicht erfaßt. Es liegt indessen kein Grund vor, an der Darstellung Thoroddsens zu zweifeln. Sie ist in den großen Zügen von mehreren Forschern bestätigt worden (Nr. 436, 408).

Die Betrachtung dieser beiden tektonischen Systeme drängt zu einer **Ab**schweifung ins völlig Hypothetische: Vielleicht ist es gerade dieses Umbiegen, bzw. Aufeinandertreffen der großen tektonischen Leitlinien, dem **die** Insel ihre Erhaltung verdankt in dem spättertiären Zusammenbruch?

Alle Störungen, die wir heute wahrnehmen, sind im Nordland wie im Südland ganz jung: Am Bárdartal (A. 26), an der Esja (Nr. 408) und an vielen kleinen Dislokationen im Südwesten sind überall quartäre Gesteine mitverworfen. Die zahlreichen Erdbeben im östlichen Nordland und im Südwesten beweisen, daß auch heute noch Bewegungen stattfinden (A. 27). Im Bereich der alten Basalte, also im Nordwesten und im Ostlande (vgl. geologische Skizze (Seite 8) scheint dagegen völlige Ruhe zu herrschen. Die Geländeformen lassen hier eine großräumige tektonische Beeinflussung nicht erkennen. Die von Thoroddsen auf der nordwestlichen Halbinsel konstruierten Spalten und Verwerfungen sind ebenso wenig gesichert wie die Kesselbrüche, die die beiden großen Buchten des Südwestens rahmen sollen (A. 28).

Es scheint also, als ob die tektonischen Kraftäußerungen sich im wesentlichen beschränken auf jenen schmalen Gürtel quer über die Insel, der durch den rezenten Vulkanismus gekennzeichnet ist. Das ist auffällig und deutet wahrscheinlich auf Zusammenhänge zwischen der Tektonik und den Vulkanen, die jedoch hier nicht erörtert werden sollen (A. 29). Diese enge Verquickung von vulkanischen und tektonischen Formenelementen, die manche isländischen Landschaften charakterisiert (Nr. 357, 287, p. 171), erfordert eine scharfe Unterscheidung zwischen beiden.

Im Bereiche der Lavameere sind lokale Verwerfungen überaus häufig. Je nach der Mächtigkeit der ergossenen Massen können Sprunghöhen vorkommen von zwanzig Metern und darüber. — Nehmen wir an, im Norden der eben gezeigten Landschaft Hreppar fände ein großer Ausbruch statt: Die Laven würden sich dann in den tektonisch vorgezeichneten Tälern nach Südwesten wälzen. Sie bewegen sich ruckweise, bleiben stehen, stauen sich, bilden Krusten, brechen wieder aus und so fort. Alle Spalten, Einbrüche und Abrißklüfte, die dabei entstehen, vielleicht auch Reihen sekundärer Kegelchen würden sich dann vorzüglich einpassen in die tektonische Grundlinie, ohne etwas mit ihr zu tun zu haben.

Ein klassisches Beispiel, wie schwer es manchmal ist, solche rein vulkanischen Formen von echter tektonischer Gestaltung zu unterscheiden, bietet die Landschaft von Thingvellir (Abb. 13).

Ganz junge Brüche, die Almannagjá im Nordwesten und die Hrafnagjá im Südosten schließen ein dreißig bis fünfzig Meter abgesunkenes Lavafeld ein, das von zahlreichen Spalten durchsetzt ist. Alle Brüche und Spalten sind deutlich südwest-nordöstlich ausgerichtet. Thoroddsen betrachtete die Landschaft als einen Grabenbruch (Nr. 555, p. 219). Die Echtheit der Tektonik von Thingvellir wurde schon früh bezweifelt. Johnston-Lavis (Nr. 239) sah in Thingvellir nur Zerrungen und Zerreißungen der niedergebrochenen starren Kruste eines anfänglich gestauten, dann aber weitergeflossenen Lavastromes und erklärte die Richtung der Linien für eine zufällige (vgl. A. 74). Das Für und Wider der darauffolgenden Diskussion ergab durchaus keine Klarheit darüber, ob diese scheinbar so eindeutige Landschaft als eine tektonisch oder eine vulkanisch gestaltete aufzufassen sei. Erst die schönen Blätter der Dänenkarte (Bl. 37 NA und 36 SA) ermöglichten einen guten Überblick: Sie zeigen deutlich, daß sich die Al-

Abb. 13                                                                                    phot. Olafur Magnusson

Thingvellir, die Almannagjá.

mannagjá über das Gebiet der jungen Laven hinaus nach Südwesten weiter verfolgen läßt. Überdies hat Niels Nielsen (Nr. 32) nachgewiesen, daß die Laven nicht alle von dem Skjaldbreid stammen, daß also die Verwerfungen schon in ihrem Bereich verschieden alte Gesteine durchsetzen. Sie können also kaum im Sinne von Johnston-Lavis aufgefaßt werden.

Es kann damit als gesichert gelten, daß in Thingvellir ein etwa 5 km breiter und 10 km langer Streifen seit der Eiszeit um den relativ kleinen Betrag von dreißig bis fünfzig Metern abgesunken ist. Nach Niels Nielsen (Nr. 366) haben ähnliche Vorgänge in weiten Teilen der Insel die heutige Oberfläche gestaltet (A. 30). Er spricht von einer „Senkungstektonik" auf Island im Gegensatz zur „Schollentektonik" des mittleren Europa. Im Vorgang von Thingvellir sieht er eine typische Folgeerscheinung von mächtigen Zerrungen, die letzten Endes zurückgeführt werden sollen auf eine Westtrift Westislands im Sinne der Wegenerschen Theorie.

Eine großzügige Überlegung! Sie ermöglicht es, den ganzen jungvulkanischen Gürtel von Reykjanes bis zum Mývatn aufzufassen als eine große Zerrüttungszone zwischen den tertiären Massiven im Osten und im Nordwesten. Ihre Grundlagen freilich bleiben noch zu beweisen. Unsere Auffassungen von den tektonischen Vorgängen tragen wegen der großen petrographischen Einheitlichkeit der Insel in jedem einzelnen Falle immer noch stark hypothetischen Charakter.

# Die Zeugenberglandschaft

Waagerechte Decken der Basalte bestimmen im weitaus größten Teile des Landes den Charakter der Großformen wie der Kleinformen. Ihr Typ ist das Plateau.

Ein Ritt über das Land vermittelt den Eindruck, als überspanne ein einziges Plateau die ganze Insel: Aus der Enge der Fjorde steigen wir über steile Wände hinauf in eine breite, helle Ebenheit. In sanfterem Anstieg erreichen wir sie im Hintergrund der großen Buchten, etwa am Großen Geysir.

Eine grenzenlose Weite tut sich vor uns auf. Der fahlen Beleuchtung des isländischen Sommers fehlen alle Schattierungen. Die merkwürdige Klarheit der Luft erschwert die Schätzung des zurückgelegten wie des kommenden Weges. Weit voraus — ein einziger Halt des Auges — ein blauer Berg, das Ziel eines zwanzigstündigen Rittes (Abb. 14).

Die Erhebungen im Inneren wiederholen die große Gestaltung: Jeder steilere Hang führt hinauf zu neuen Ebenheiten. Kleine vergletscherte Plateaus sind aufgesetzt auf das große. Niedrige Steilwände jungen Basaltes grenzen sie waagerecht ab gegen den Horizont.

Die Höhenschichtenskizze (im wesentlichen nach Thoroddsen) gibt einen Überblick in großen Linien. Die ungleichen Spannen 200—600, 600—800, 800—1200 suchen dem Eindruck gerecht zu werden, den der Reisende im Hochland empfängt. In manchen Gegenden freilich scheint ein einziges Plateau sich über die Höhen von 200 bis 800 m auszubreiten. Mit deutlichem Steilhang heben sich aber überall die 800—1200 m Plateaus über ihre Umgebung.

Die größte Höhe wird erreicht im Oeraefajökull, einem Ausläufer des Vatnajökullmassives, der im östlichen Südland bis auf 20 km heranreicht an das Meer.

Als Wichtigstes schließlich zeigt das Kärtchen die fortschreitende Auflösung in den niedrigen Höhenlagen wie im Gebiete der aufgesetzten Erhebungen. Wir sehen die weitgehende Zerschneidung und Auflösung der nordwestlichen Halbinsel. Nur ein schmaler Isthmus (7 km) von 230 m Höhe verbindet sie noch mit dem Hauptlande. Thoroddsen unterscheidet ihr „kleineres Plateau" von dem großen der Insel (Nr. 555, I p. 2). Hier bereitet sich ein Färöerstadium vor, das nur durch Ergüsse tertiären Ausmaßes aufzuhalten wäre.

Auch die großen Förderleistungen des isländischen rezenten Vulkanismus haben die Kleinarbeit der zerstörenden Kräfte nicht aufhalten können. Das rauhe, feuchte Klima des Hochlandes begünstigt ihr Wirken. Welch beträchtliche Arbeitsleistung wir ihnen zutrauen dürfen, zeigen die vielen kurzen Täler, die sich überall von der steilen Küste aus hineinfressen gegen das Innere. Manche wurden seit der Eiszeit mehr als 500 Meter tief eingesägt in den Basalt (z. B. das Fnjóska-Tal im Nordland). Im Vergleich zu dem stürmischen Tempo der Zerstörung von der Küste aus befinden sich große Teile des Hochlandes in einer gewissen Ruhelage. Immerhin leisten auch die großen Flüsse, die in das Innere reichen, Erhebliches. In der Jökulsá i

Abb. 14

Im südlichen Hochland.

phot. Jwan

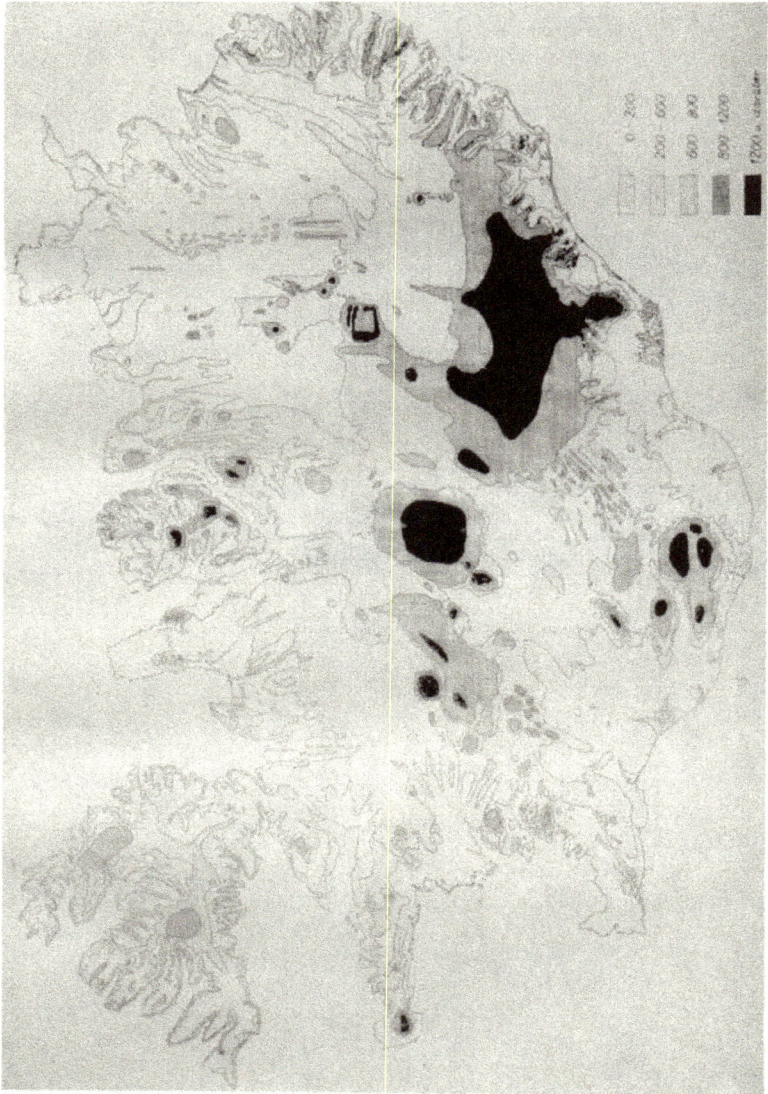

Höhenschichtenskizze.                    ca. 1 : 3 500 000

Abb. 15

Axarfirdi maß Helland an warmen Sommertagen eine Schlammführung von ca. 1000 cbm je 24 Stunden (A. 31). Die weit hinausreichende Trübung des Axarfjordes sowie die historisch belegte ständige Vertiefung des Flußbettes sind weitere Kennzeichen für die bedeutende Arbeit dieses Flusses. Über die übrigen großen Flüsse gibt es kaum Beobachtungen. Das häufige Auftreten von Namen wie Jökulsá und Hvítá, die sich aus der Trübung des Wassers herleiten, deutet jedoch überall auf ansehnliche Transportleistungen.

Das Bild der Auflösung wiederholt sich vielfältig im Kleinen: Aus den einförmigen Plateaus entstand über die ganze Insel hinweg im jüngeren Basalt wie im älteren ein Formenschatz, der in gewisser Übereinstimmung mit dem einer Schichtstufenlandschaft charakterisiert wird durch eine große

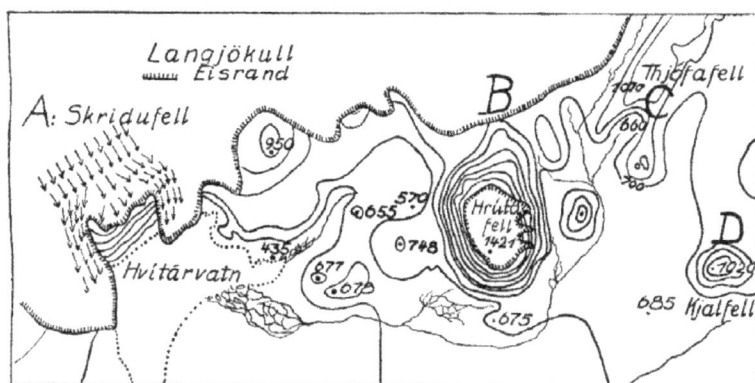

Abb. 16        Westen: eigene Vermessung, Osten: nach Oetting Nr. 373        ca. 1 : 250 000

Zahl von Zeugenbergen. Die Dänenkarte gibt viele Beispiele dieser Entwicklung (A. 32). Leider reicht sie noch nicht in das Innere bis an den Rand eines der höheren Plateaus. Ich ergänze daher ihre Darstellung durch ein Beispiel von dem gut erforschten Ostrand des Langjökull.

Der Langjökullrand in der Umgebung des Hvítárvatn veranschaulicht eine Möglichkeit der Entstehung dieser Zeugenberglandschaft: Das ist ihre Ausbildung in Eisrandlage.

Der Aufbau des Plateaurandes ist einheitlich: Ein Tuffsockel um 400 m relativer Höhe, meist verhüllt von mächtigen Schutthalden. Darüber eine kleine, 30 m kaum übersteigende Steilwand der deckenden Basalte.

Der Kartenausschnitt wurde gewählt auf Grund eigener, sehr eingehender Kenntnis dieser Gebiete. Er zeigt typische Verhältnisse.

Wir erkennen die Loslösung einzelner Höhen aus dem Verbande des Plateaus in vier Stadien:

## A. Skridufell.

Im Rande des Jökulls eine breite Bastion. Sie ist bedeckt von einer dünnen Kappe Firneises, das ringsum über den Basaltwänden abbricht mit einer niedrigen Steilwand. Die Bewegung in der Kappe ist sehr gering. Das gleichmäßige, flächenhafte Fließen der Langjökullmassen staut sich vor dem Buckel des Skridufell (Abb. 16). Die Stromlinien bündeln sich zu zwei deutlich individualisierten, scharf umbiegenden, sehr beweglichen Gletschern, die den Skridufell umfließen. In dem schneearmen Jahr 1927 kamen diese Strömungsverhältnisse gut zum Ausdruck in klar gesonderten Spaltenzonen.

Der Name Skridufell bedeutet „Steinschlagberg". Es scheint also den Leuten, die hier gelegentlich nach Schafen suchen, die unerhörte Beweglichkeit dieser Landschaft aufgefallen zu sein. Nur an wenigen Stellen ist es überhaupt möglich, die Halden zu ersteigen. Im Sommer rinnt und rieselt es dauernd über sie herab.

Kaum merkliche Rutschungen großer Flächen feinen Materials — ruckweise abwärts drängende, schmale Ströme kopfgroßer Brocken — selteneres Abstürzen größerer Blöcke, die dann in weiten Sprüngen über die Halde hinabeilen, — alles summiert sich, zusammen mit dem Dröhnen der häufigen Gletscherkalbungen zu einer eindrucksvollen Demonstration der Zerstörung.

Schmelzwässer der Eiskappe und zahlreiche Schneeflecken vergrößern durch ständige Befeuchtung noch stellenweise die Beweglichkeit des Materiales (A. 33). Der Weg des Haldenmateriales endet in einer bis mehrere Meter breiten, jedoch stark veränderlichen Randkluft gegen den Gletscher. Ein starker Bach schafft das feine Material hinaus in den See, die größeren Blöcke geraten in das Eis. Die Unterschneidung durch den Bach leistet im Kleinen, was der Gletscher im Großen tut: Die Halde wird in ständiger Bewegung gehalten.

Es besteht ein großer Unterschied zwischen den Halden über den Gletschern und der über dem See. Vom See aus läßt sich der Berg ersteigen, das Material liegt fester, ist gleichmäßiger. Die Stille der Landschaft wird nur selten unterbrochen von vereinzelten Steinschlägen in der Basaltwand.

Ein Vergleich mit ähnlichen Formen außerhalb der Eisregion läßt ohne jeden Zweifel erkennen, daß die Landschaft um den Skridufell ein Gebiet ganz besonders intensiver Zerstörung darstellt. Mauerförmig herausgewitterte Gänge veranschaulichen das Tempo der Abtragung. Wir erleben Schlag um Schlag, wie der Skridufell herausgemeißelt wird aus dem Langjökullsockel. Noch besteht eine breite Verbindung mit dem Plateau, allein die beiden Gletscher arbeiten unablässig an ihrer Verschmälerung. Das Ergebnis der vereinten Aktion von Gletschererosion und Frostverwitterung zeigt einige Kilometer weiter östlich das Hrútafell.

### B. Hrútafell.

Die Herauslösung aus dem Plateau ist fast vollendet. Nur ein schmaler Rücken leitet noch hinüber. Er ist schon eisfrei, während das Hrútafell selbst — seiner großen Höhe wegen — eine kräftig entwickelte Eiskappe trägt. Abbildung 17 (von C nach Westen) zeigt die beginnende Lösung des letzten Zusammenhanges.

Abb. 17

phot. Jwa

Hrútafell, gesehen vom Thjófafell.

Abb. 18

phot. Jwa

Langjökullrand am Thjófafell.

## C. Thjófafell.

Das Thjófafell krönt ein kleines, eisfreies Plateau, dessen Zusammenhang mit dem Langjökullplateau völlig gelöst ist. Der Abstand zum Eisrand beträgt schon mehrere hundert Meter. An der weiteren Formung dieses kleinen Plateaus haben die Gletscher selbst keinen Anteil mehr. Nur indirekt tragen sie noch bei zur Vertiefung der trennenden Scharte durch die kräftige Erosion der dem Eisrand folgenden Schmelzwässer (Abb. 18 von „C" nach Norden).

## D. Kjalfell.

Das Stadium des Kjalfell, das deutliche Spuren früherer Vereisung trägt, zeigt gegenüber dem des Thjófafell keinen wesentlichen Unterschied mehr. Das Kjalfell liegt schon weit außerhalb der Einflußsphäre des Eisrandes. Seitdem es durch das zermürbende Stadium der Eisrandlage hindurchging, verlangsamte sich wahrscheinlich das Tempo seiner weiteren Umbildung infolge der Wasserarmut des Gebietes ganz wesentlich (A. 34).

Unvermittelt ragt es auf aus der Ebenheit. Seine Formen sind schwer erklärbar ohne die Kenntnis der vorher geschilderten Stadien.

Für jeden Betrachter dieser Landschaft sind die geschilderten Verhältnisse so klar, daß wir mit einer gewissen Skepsis den Beweisen der neuerdings wieder hervorgetretenen Theorie einer tektonischen Entstehung der Höhen über dem Kjölur entgegensehen dürfen (Nr. 272). Schon v. Knebel hält das Kjalfell für einen Zeugenberg (Nr. 284).

Mit der geschilderten Entwicklungsreihe am Langjökull ist e i n e Möglichkeit zur Entstehung der Zeugenberglandschaft gegeben. Damit soll keine generelle Erklärung der Formen auf der ganzen Insel versucht werden. Schon die Vielfältigkeit der Erscheinung spricht gegen eine einheitliche Entstehungsgeschichte. Wichtig erscheint aber, daß in der Eisrandlage die verstärkten Kräfte der Zerstörung nur verhältnismäßig kurze Zeit benötigten zu der geschilderten Arbeit.

Bei dem Rückzuge der letzten großen Vereisung müssen weite Landschaften durch dieses Stadium hindurchgegangen sein. Die Episoden A-B-C mögen sich hundertfach zugetragen haben. Am Ende steht — nachdem das Eis verschwand, und das Wasser versiegte — der Kjalfelltyp D mit steilen Hängen über einer weiten, welligen Moränenlandschaft.

Die im Kjölur gewonnenen Erkenntnisse geben vielleicht auch einen Hinweis auf die Entstehung der umstrittenen Landschaft zwischen Skjálfandafljót und Jökulsá í Axarfirdi im Norden des Vatnajökull (A. 35). Über einen nordwärts vorspringenden Ausläufer des Hochlandes, der vielleicht der herrschenden tektonischen Linie folgt, ragen einzelstehende Berge auf bis zu einer relativen Höhe von mehr als 1000 Metern. (Sellandafjall, Bláfjall, Herdubreid, Dyngjufjöll u. a.). Alle sind gletscherfrei. Es sind Vulkanruinen, wahrscheinlich Zentren alter Schildvulkane. Ihr Aufbau gleicht dem der Höhen am Langjökull: Tuffsockel, die in ihrer gesetzmäßigen Höhenzunahme nach Süden vielleicht eine alte Landoberfläche andeuten, darüber Basaltpakete von 200 bis 500 Metern Mächtigkeit.

Die Gesetzmäßigkeit dieser Tuffsockelhöhen legt eine erosive Herauspräparierung dieser Berge nahe. Das Kartenbild zeigt, daß der Rücken auch heute stark angegriffen wird von den Quellflüssen des Skjálfandafljót, der Kráká und der Jökulsá. Bei seinem letzten Rückzuge auf das heutige Stadium mag das Eis auf diesem Rücken in einem schmalen Zipfel am längsten weit gegen Norden gereicht haben. (In kleinerem Maßstabe zeigt der Oeraefajökull im Süden heute eine ähnliche Situation.) In einem solchen Gebiet ungewöhnlicher Eisrandverlängerung könnten einzelne Vulkane wohl herauspräpariert worden sein aus den wenig widerständigen Tuffmassen.

Nach Reck freilich schließt die Steilheit und Eckigkeit der Formen eine erosive Entstehung aus. Er erklärt die Höhen als Horste, — als Resistenzzentren in einer ringsum absinkenden Umgebung. Diese Vorgänge sieht er im Zusammenhange mit der großen Verwerfung des Bárdartales (Seite 23). Zu datieren sind diese Bewegungen nach Reck in das frühe Postglazial, da überall postglaziale Laven mitverworfen seien. Wahrscheinlich sind die Formen jedoch älter. Wir wissen jetzt, daß die meisten „verworfenen" Laven glazial geschrammt sind. Dazu deuten auch ausgedehnte Moränenlandschaften am Fuße des Sellandafjall eher auf eine glaziale Ausbildung der Tafelberge (A. 36).

Abgesehen von der Datierung spricht noch eine Reihe von Umständen gegen die tektonische Theorie (A. 37): Die von Reck betonte gesetzmäßige Höhe der Tuffsockel im Niveau der alten Landoberfläche würde besagen, daß die Resistenzzentren sich samt und sonders nicht ein bißchen gerührt hätten bei dem Absinken einer mehr als 10 000 qkm umfassenden Scholle. Ferner stimmen die Sprunghöhen nicht zu der von Thoroddsen-Reck vertretenen Auffassung, daß die Bewegungen vom Nordwesten gegen den Südosten allmählich abklängen. Gerade die Herdubreid, die dem Einfluß der Bárdartalsenke am weitesten entrückt ist, zeigt mit einer Sprunghöhe von 1100 Metern nahezu die höchsten Werte. (Bárdartal 600 m, Sellandafjall 700 m, Bláfjall 900 m, Herdubreidartögl 500 m, bzw. 1100 m, Dyngjufjöll 1500 m.) Über alle Einzelheiten hinaus aber spricht schon die Häufigkeit solcher isolierter Tafelberge im ganzen Lande gegen die Wahrscheinlichkeit einer tektonischen Entstehung. Die Formen am Langjökull haben gezeigt, daß es auch andere Möglichkeiten gibt, und daß sich die tektonische Hypothese nicht ohne weiteres projizieren läßt auf alle Teile des Landes.

Es bleibt eine der großen Aufgaben künftiger morphologischer Forschung zu untersuchen, wie weit das eine, wie weit das andere maßgebend ist für die Gestaltung der Insel.

phot. Jwan

Die Kerlingarfjöll von NW.

# Überblick

Die Einheitlichkeit der Formen auf den Basaltplateaus ist unterbrochen durch unruhige Linien in den Gebieten vorherrschenden Tuffes. (Vgl. geol. Skizze, Seite 8). In kleinen stumpfen Kegeln — schmalen Rücken — in einer deutlichen Neigung zu linienhafter Anordnung hebt sich dort eine besondere Landschaft klar ab gegen die richtungslosen Ebenheiten der Basalte.

Die jungen vulkanischen Aufbauten bleiben praktisch ohne Bedeutung für die große Linie der Landschaft. Einzelnstehende große Stratovulkane von typischer Kegelform kennen wir mit Sicherheit nur drei: den Snaefellsjökull mit 1000 Metern, die Hekla mit 900 und das Helgafell auf Heimaey mit 200 Metern relativer Höhe. Die Schildvulkane ordnen sich in ihrer großen Flachheit der fast ebenen Landschaft unauffällig ein. Der Skjaldbreid dankt seinen Ruf als Musterbeispiel eines Schildvulkanes zum Teil wohl gerade seiner außergewöhnlichen Steilheit (Nr. 555, p. 127; 499 p. 382). Die meisten Schildvulkane werden von den Vorüberreisenden gar nicht bemerkt.

Ungemein auffällig dagegen, geradezu fremdartig wirken die vereinzelten Zacken und Zinnen, die an das Vorkommen saurer, hellerer Gesteine gebunden sind (Abb. 19). Sie sind die markantesten Wegweiser bei den tagelangen Ritten über das Hochland. Da die sauren Gesteine — wie schon gesagt wurde (Seite 11) — fast ausnahmslos intrusiv auftreten, so sind die spitzen Liparitgebirge zugleich Marksteine der Abtragung. Die Kerlingarfjöll, die Baula, die Randgebirge des Torfajökull erheben sich um mehr als 400 Meter über ihre Umgebung.

Angesichts solcher Beweise der Abtragung geraten wir im Hochland heute oft in Verlegenheit bei der Frage nach den Kräften, die diese Arbeit leisteten. Die Armut an fließendem Wasser trägt viel dazu bei, daß manche Landschaften — speziell in der sommerlichen Reisezeit — wie abgestorben erscheinen. Auch Thoroddsen hatte manchmal den Eindruck einer „seit Jahrtausenden unveränderten" Landschaft Die große Jugendlichkeit der meisten Formen im Hochland dagegen scheint auf ihre Ausbildung in einer geologisch nicht allzu fernen Zeit zu verweisen. So entsteht der Eindruck einer unstetigen Entwicklung. Der Gedanke an eine sehr junge tektonische Einwirkung liegt nahe. Andrerseits deuten die Beobachtungen über die Eisrandlage darauf hin, daß — besonders im wasserdurchlässigen Gestein — starke Schwankungen möglich sind im Tempo der Formentwicklung.

Große Gebiete des eisfreien Hochlandes mögen also im wesentlichen noch die Züge einer späteiszeitlichen Gestaltung tragen. Ihre einfachen, groben Konturen werden feiner, je mehr wir uns der Küste nähern. Ihre weiten Räume verengen sich im Einflußgebiet der sehr aktiven kleinen Küstenflüsse. Feingliedrige peripherische Landschaften rahmen die zentrale ältere. Das Sockelplateau des Vatnajökull zeigt diese Verhältnisse sehr deutlich in der verschiedenen Ausprägung des Nordrandes und des Südrandes.

Noch reicht das Grundplateau, besonders in den Basaltgebieten, in großer Höhe dicht heran an das Meer. Aber man muß schon auf die Höhen steigen, um es noch zu erkennen. Gut erhalten ist es auf der Nordwest-Halbinsel. Dagegen ist die alte Ebenheit weitgehend zerschnitten im Gebiet der südöstlichen Fjorde und im Westen des Eyjafjordes. Hier wie dort finden wir spitze Pyramiden auch im Bereiche des Basaltes, sehen wir die breiten Tröge tief gekerbt von jungen Flußtälern.

Eine detaillierte Analyse der Großformen Islands ist heute noch nicht durchzuführen (A. 38). Sie könnte wohl beginnen auf dem hier eingeschlagenen Wege, indem sie — ausgehend von den Plateaus im Innern — den Formenschatz gliederte nach dem Grade der Erhaltung der vom Eise bearbeiteten und jetzt freigelegten Ebenheiten. Vielleicht würden dann Inkongruenzen der Entwicklungsreihen hier und da beitragen zu einer klareren Vorstellung von den jungen tektonischen Vorgängen (A. 39).

# TYPISCHE ZÜGE DES KLIMAS

Unsere Kenntnis der Grundzüge des isländischen Klimas beruht haupt-sächlich auf den mehr als fünfzigjährigen Beobachtungen der vier Stationen Grimsey, Berufjördur, Vestmannaeyjar und Stykkishólmur. — Jede Dar-stellung, die über dieses Material hinausgeht, gerät auf unsicheres Gebiet. Trotzdem sollen im Folgenden unter Verzicht auf lange Beobachtungsreihen die Messungen der neuen Stationen berücksichtigt werden. Es ergibt sich so ein lebendigeres Bild, wenn auch die Ergebnisse vielleicht nicht immer „typisch" sind im Sinne des Mittelwertes (A. 40).

Das Klima Islands steht ganz unter dem Einfluß des umgebenden Meeres. Mit seinen kühlen Som-mern und milden Wintern trägt es im ganzen wohl ozeanisches Ge-präge, im einzelnen aber zeigen sich unberechenbare Schwankungen solchen Ausmaßes, wie sie nur schwer in Einklang zu bringen sind mit der Ausgeglichenheit eines In-selklimas. — Sie erklären sich dar-aus, daß die Insel gerade im Misch-gebiet polarer und atlantischer Wassermassen liegt.

Unter diesen Umständen ver-stärkt das Meer die Differenzen, statt sie abzuschwächen. Je nach-dem die Insel mehr unter den Ein-fluß des kalten oder des warmen Wassers gerät, kann sich der Charakter der betroffenen Jahres-zeit wesentlich verändern.

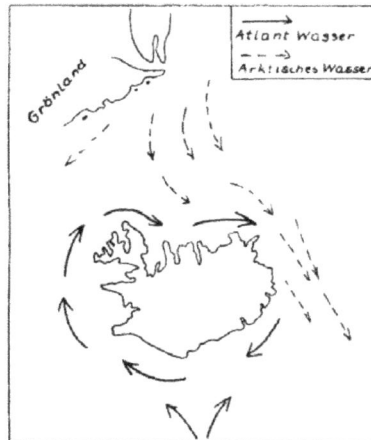

Meeresströmungen um Island nach N 487. 393
Abb. 20

Eine Betrachtung der Temperaturen des Meeres zeigt sofort die Begünsti-gung des Südens. Den Strömungsverhältnissen entsprechend melden die gar nicht so weit von einander entfernten Stationen auf den Westmännerinseln und Papey extrem verschiedene Werte, während sich das nördliche Grimsey ungefähr in der Mitte hält.

Die Westmännerinseln verkörpern den Golfstromtypus am reinsten, sie stehen das ganze Jahr hindurch unter dem Einfluß des warmen Wassers. Für die Verhältnisse im polaren Wasser haben wir kein ähnlich klares Bei-spiel, denn Papey wird nur noch von den Ausläufern der kalten Wasser-massen berührt und kann merklich wärmer werden in Zeiten schwächerer Ausbildung des ostisländischen Polarstromes.

An der Westküste fehlt überhaupt eine Inselstation. Die Meeresoberflächen-temperaturen, die in Reykjavik, Stykkishólmur und Sudureyri gemessen werden, sind wesentlich niedriger als die der Westmännerinseln. Sudureyri meldet mit — 0,4 im Februar die tiefste Meerestemperatur um die Insel überhaupt. Es scheint jedoch, als ob die Messungen dieser drei Stationen auch schon Einflüsse des Landes spiegeln. Speziell die flachen Buchten von Stykkishólmur und Reykjavik scheinen im Sommer übernormal warm zu sein (A. 41). Das warme atlantische Wasser kommt in den Kurven von der Westküste nicht zum Ausdruck. Es scheint hier, speziell im Winter, nicht kräftig genug zu sein, um seine Umgebung zu erwärmen.

Der Einfluß des Wassers auf die Temperaturen der Luft ist unverkennbar. Die Spanne zwischen Norden und Süden der Insel wäre unerklärlich ohne die Unterschiede im Meerwasser. Freilich darf man die Übereinstimmung nicht in den einzelnen Daten suchen. Gemessen an den Temperaturen der Luft, würde sich nicht die Reihenfolge der Abbildung 21 ergeben.

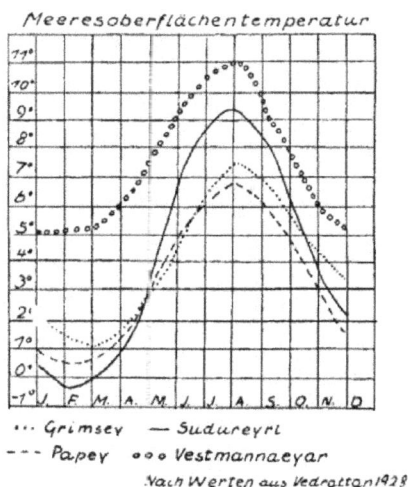

Meeresoberflächentemperatur

··· Grimsey   — Sudureyri
- - - Papey   ∘∘∘ Vestmannaeyar

Nach Werten aus Vedrattan 1929

Abb. 21

Im Januar, Februar und März reicht das begünstigte Gebiet ungefähr von Seydisfördur im Osten bis Reykjavik. Der Westen dagegen ist schlecht gestellt. Von Reykjavik nach Stykkishólmur besteht ein Sprung in der Temperatur. Am kältesten ist immer der Nordosten, wenn man von der 380 m hoch gelegenen Binnenstation Grimsstadir absehen will (Abb. 22).

Mit einem merklichen Anstieg beginnt dann im April etwas Neues. Die Achse des begünstigten Gebietes verschiebt sich. Der Osten erwärmt sich nicht mehr in gleichem Maße, dafür ist der bisher benachteiligte Westen mit einbezogen. Der Temperatursprung von Reykjavik nach Stykkishólmur verschwindet, ein Gegenstück zu ihm bildet sich nun im Südosten aus.

Das Zentrum des warmen Gebietes liegt nicht mehr bei den Westmännerinseln, sondern im Südwesten der Insel, d. h. im südlichen Tiefland und in der Umgebung von Reykjavik. Dieser Zustand dauert ungefähr bis zum August.

Im August beginnt der Abstieg der Temperaturen. Das stark erwärmte Gebiet im Südwesten kühlt sich schneller wieder ab als der Norden. Infolgedessen zeigt der September eine seltene Ausgeglichenheit auf der ganzen Insel mit Temperaturen um 7 Grad. Aus diesem Zustand führt ein jäher Sturz der Temperaturen im Oktober unvermittelt hinein in den isländischen Winter. Der Südwesten hat seine begünstigte Stellung wieder verloren. Die Isothermen liegen ähnlich wie im Januar, Februar und März. Das Westland kühlt sich stärker ab als der Osten, und die Westmännerinseln melden wieder die höchsten Temperaturen.

TAFEL VI

Der Gang der Temperaturen

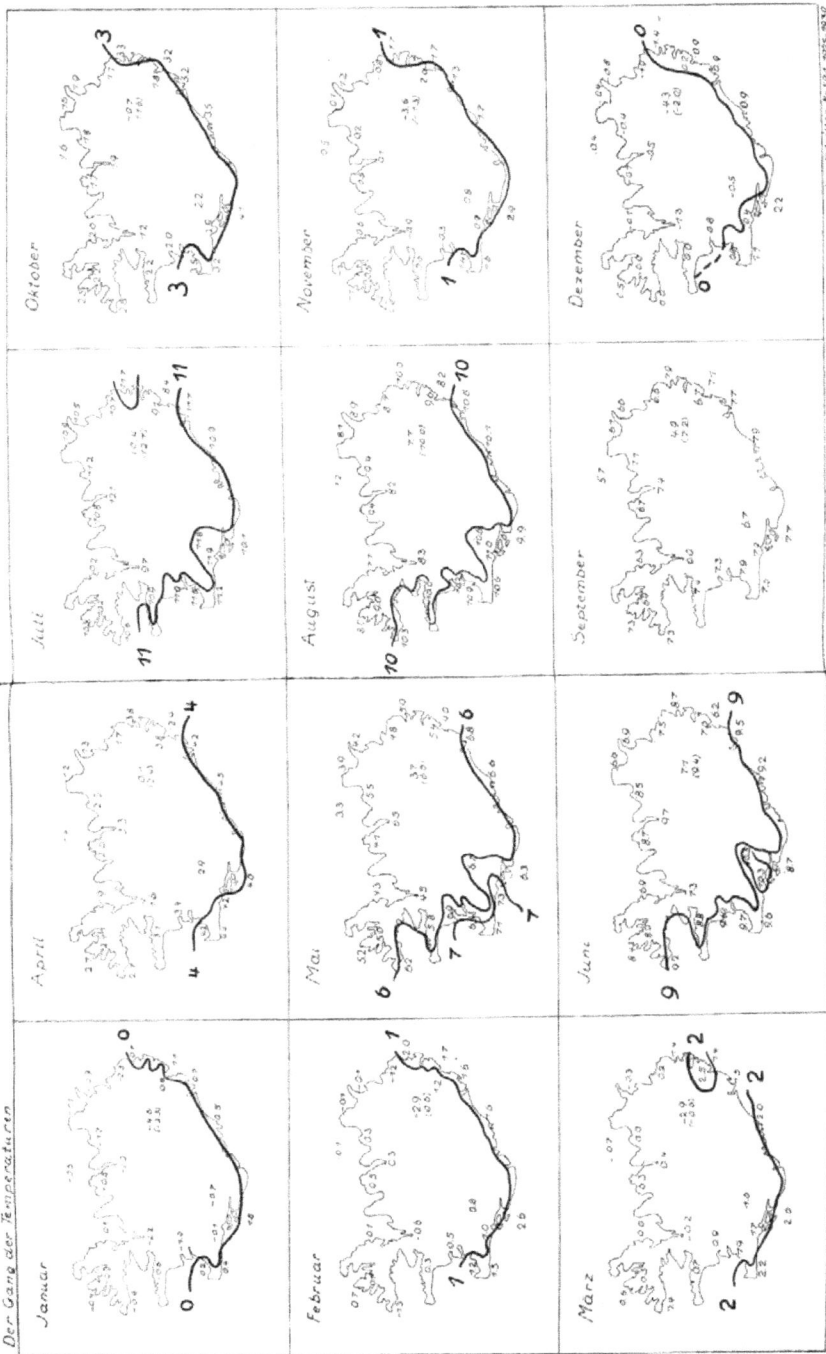

Januar

Februar

März

April

Mai

Juni

Juli

August

September

Oktober

November

Dezember

Aus Nachrichten Nr. 39 - 40/5. 1930

Abb. 22

Es ergibt sich also eine deutliche Scheidung von zwei Jahreszeiten, die durch zwei auffällige Sprünge in der Temperatur begrenzt werden.

Auch die Hochlandstation Grimsstadir (380) zeigt im jährlichen Gange der Temperaturen den Anstieg im April und den jähen Sturz im Oktober. Daneben aber machen sich hier schon Ansätze zu einer kontinentalen Ausprägung bemerkbar, obwohl Grimsstadir nur ca. 90 km bzw. 80 km vom Meere entfernt liegt. Im Sommer erwärmt sich die Luft mehr als an der Küste, und wenn man die Temperaturen reduziert, so ist Grimsstadir im Juli mit 12,7 Grad der wärmste Punkt der Insel. Im Winter freilich besteht keine entsprechend große Abkühlung, doch ist die Differenz zwischen kältestem und wärmstem Monat mit 15 Grad in Grimsstadir merklich höher als an den Küstenstationen, wo sie 12 Grad kaum übersteigt.

Die nördliche Hauptstadt Akureyri scheint ebenfalls dem Einfluß des Meeres schon teilweise entzogen zu sein (60 km Abstand). Sie ist im Sommer auffallend warm, im Juli sogar der wärmste Ort der Insel.

Leider gibt es im Süden kein Gegenstück zu Grimsstadir und Akureyri. Stórinúpur am Rande des südlichen Tieflandes steht noch unter dem Einfluß des Meeres.

Bei der Kürze der Beobachtungsreihen wird man Anomalien einzelner Stationen noch keinen großen Wert beimessen können. Der unstete Gang der Temperaturen an der stark gegliederten Ostküste mag zum Teil begründet sein in den örtlichen Verhältnissen der einzelnen Stationen.

Im Norden ist es die Station Kollsá, deren Werte häufig etwas aus dem Rahmen fallen. Hier wird es in erster Linie das Eis sein, das die Temperaturen beeinflußt; der Hrútafjördur ist ein typischer Treibeiswinkel.

Das grönländische Treibeis beeinflußt zeitweise die Temperaturen der Insel ganz erheblich. An der Nordküste ist es ein häufiger Gast. In 129 Jahren (1800/1892 und 1895/1930) waren nur 25 ganz ohne Eis.

Zuerst erscheinen die Schollen fast immer im Nordwesten, der auch in leichten Eisjahren häufig blockiert ist. Dann treiben sie an der Nordküste ostwärts, stauen sich gewöhnlich vor Langanes und gehen dann bei beständigem Nachschub an der Ostküste südwärts. In Ausnahmefällen erreichen sie — an der Südküste westwärts ziehend — sogar die Westmännerinseln.

Der Südwesten ist immer eisfrei — ein unschätzbarer Vorteil für Reykjaviks Hafen —, und nur ganz selten treiben einmal geringe Mengen Eises von Norden hinein in die Breidibucht. In den Jahren 1900—1930 ist das einmal vorgekommen. An den Westmännerinseln erschien das Eis in der gleichen Zeit einmal, an der Ostküste fünfmal, um Grimsey zehnmal und am Hornstrandur achtundzwanzigmal.

Mehr als ein halbes Jahr, von Januar bis in den August, muß der Norden der Insel mit dem Auftreten des Treibeises rechnen. Freilich bleibt das Eis selten längere Zeit hintereinander liegen. Dauerhafte Packeisgürtel gehören zu den Seltenheiten, aber sie kommen vor. Speziell im Húnaflói, auch im Thistilfjord verfängt sich das Eis oft und wird landfest. Im Januar 1918 war das Packeis in sämtlichen Fjorden des Nordlandes zu Pferde passierbar.

Die Kärtchen Abb. 23 zeigen an drei Beispielen den ganz unberechenbaren Verlauf eines solchen Eisjahres.

36

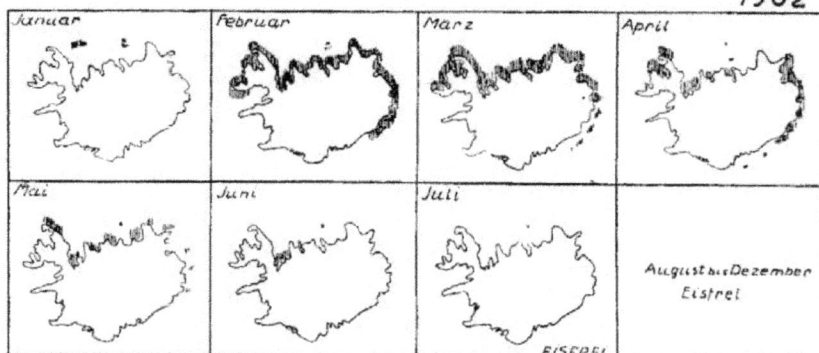

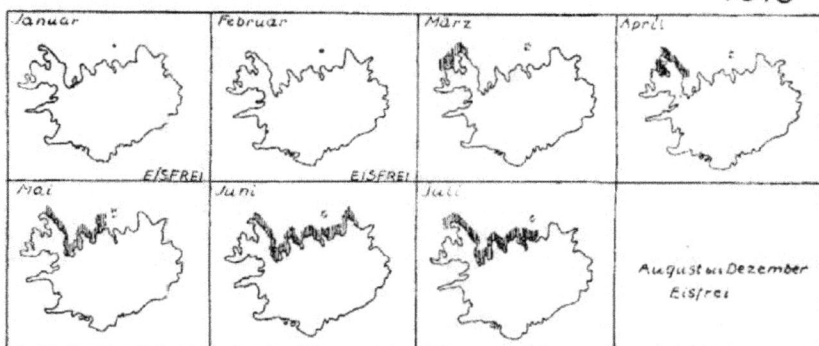

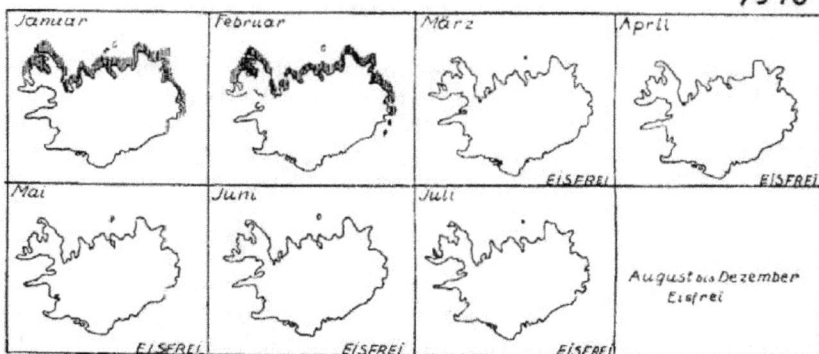

Drei typische Eisjahre · nach Angaben in Nr. 352

Abb. 23

Monatsmittel der Temperatur

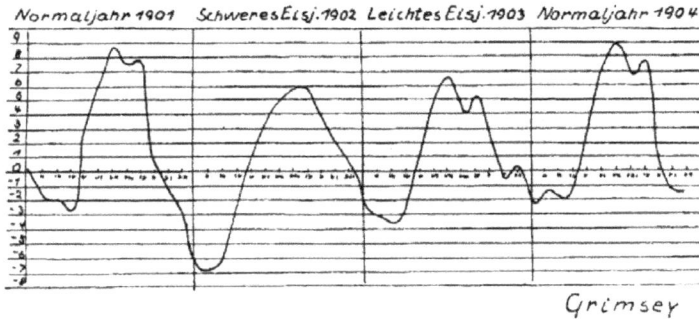

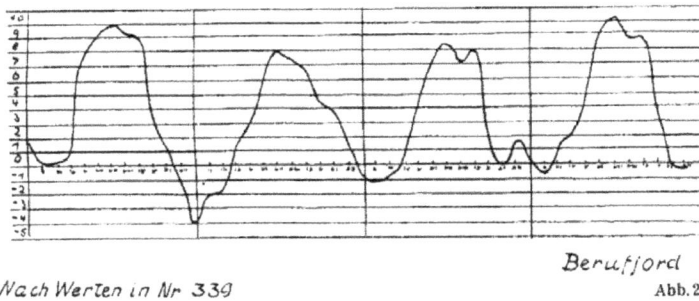

Normaljahr 1901   SchweresEisj.1902  LeichtesEisj.1903  Normaljahr 1904

Grimsey

Berufjord

Nach Werten in Nr 339

Abb. 24

Die Temperaturen der Küstenstationen im Norden und Osten zeigen den Einfluß des Eises ganz deutlich.

Wie weit auch das Innere von dieser Verschlechterung betroffen wird, wissen wir nicht. Thoroddsen berichtet, daß auch im Südlande kaltes und regnerisches Wetter herrsche, wenn das Eis im Norden erscheint. Die meteorologischen Daten lassen eine Vermehrung des Niederschlages in den Eisjahren nicht erkennen.

Der isländische Winter ist milde. In Reykjavik ist es im Januar nicht kälter als in Hamburg.

Die ersten Fröste treten um die Mitte des September auf, die letzten Mitte bis Ende Mai. Es scheint, als ob in dieser Hinsicht keine großen Unterschiede auf der Insel bestünden.

Aber ganz sicher frei vom Froste ist doch nur der Juli.

Die Zahl der Frostwechseltage ist ziemlich hoch.

| Ort | Jahre | Ganzer Tag $<0$ | Frostwechseltag | Ganzer Tag $>0$ |
|---|---|---|---|---|
| Stykkishólmur | 19 | 61 | 101 | 203 |
| Berufjord | 20 | 38 | 117 | 210 |
| Grimsey | 20 | 71 | 118 | 176 |
| Vestmannaeyjar | 19 | 17 | 90 | 258 |
| Grimstadir | (7) | (122) | (113) | (130) |

Die große Verschiedenheit zwischen dem nördlichen und dem südlichen Meere kommt auch in der Verteilung der Niederschläge klar zum Ausdruck. Das Nordland ist regenarm im Verhältnis zu dem überreichen Süden. Zwischen beiden vermittelt der Westen, der also auch bezüglich der Regenmengen die gemäßigtere Zone der Insel darstellt.

Das niederschlagsreichste Gebiet reicht von den Westmännerinseln und Eyrarbakki bis etwa zum Berufjord. Das Maximum wird wohl in dem Streifen südlich des Vatnajökull zu suchen sein, wo die schweren Wolken dicht am Meere auf vergletscherte Höhen von 2000 Metern stoßen. (Fagurhólmsmýri 1886 mm). Aber auch die Station Vik südlich des Eyjafjallajökull meldet Beträge von 2175 mm/Jahr.

Der südliche Teil der Ostküste gehört, wie bei den Temperaturen, noch zum Südlande. Vom übrigen Osten gibt es anscheinend noch keine ausreichenden Messungen; es scheint jedoch, als ob auch in der Verteilung der Nieder-

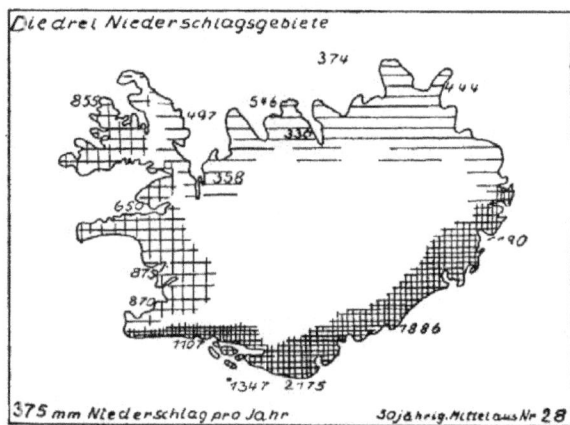

Abb. 25

schläge in der Gegend um Seydisfjördur der merkwürdige Sprung bestünde, der in den Temperaturen so deutlich zum Ausdruck kommt. Jedenfalls besteht eine erhebliche Differenz zwischen dem Berufjord und Thorvaldsstadir.

Auch im Südwesten und Nordwesten sind die Niederschlagsprovinzen klar gegeneinander abgesetzt. Im Südwesten bildet die Halbinsel Reykjanes die Scheide gegen den gemäßigten Westen, und ein ganz schroffer Sprung trennt schließlich auf der Nordwest-Halbinsel ihre atlantische Westküste von dem schon in das Nordgebiet gehörenden Osten (Sudureyri-Graenhóll).

Der ganze Norden ist sicher relativ regenarm. Die fünf Stationen melden sämtlich geringe Werte, die unter denen des Alpenvorlandes liegen. Allerdings ist es nicht sicher, ob diese Stationen auch die Schneemengen immer richtig erfassen; die Werte der Insel Grimsey z. B. sind entschieden zu niedrig (A. 42). Aus dem Inneren fehlen fortlaufende Niederschlagsmessungen überhaupt.

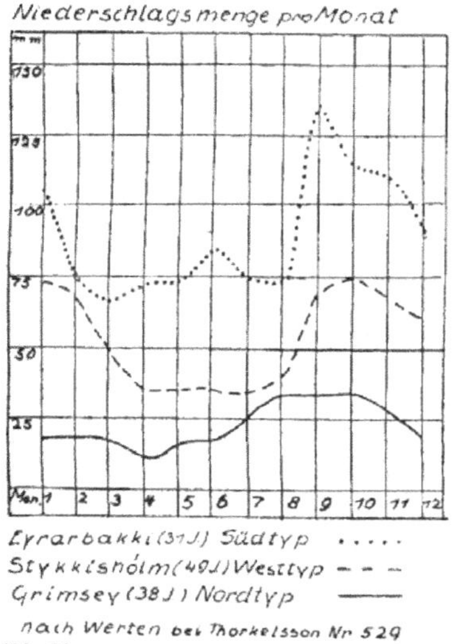

Niederschlagsmenge pro Monat

Eyrarbakki (31J) Südtyp ·····
Stykkishólm (49J) Westtyp – – –
Grimsey (38J) Nordtyp ───

nach Werten bei Thorkelsson Nr. 529
Abb. 26

Der jährliche Gang der Niederschlagsmengen ist in den drei Gebieten annähernd der gleiche: Allen drei gemeinsam ist das stete Sinken der Werte vom Ende des Winters bis in den Hochsommer und dann das plötzliche Hinaufschnellen bis nahe an die maximalen Mengen im August und Anfang September. Dieses heftige Ansteigen der Niederschläge fällt keineswegs zusammen mit der Abnahme der Temperaturen, die ja erst im Oktober deutlich fühlbar wird.

Im Verhältnis zu den niedrigen Temperaturen empfängt die Insel ein Übermaß an Niederschlägen. Der Süden ertrinkt geradezu im Regen. Der durchschnittliche Regenfaktor (A. 43) erreicht in Fagurhólmsmýri und auf den Westmännerinseln Werte von 125 bzw. 100. Demgegenüber ist der ganze Norden mit Werten von 40—45 trotz seiner niedrigen Temperaturen ganz erheblich günstiger gestellt. Darauf beruht ein guter Teil des bäuerlichen Wohlstandes dieser Gegend (A. 44).

Wieviel vom Niederschlag als Schnee fällt, wissen wir nicht. Wahrscheinlich sind auch die Messungen darüber nicht auf allen Stationen zuverlässig. Die ganze Südhälfte der Insel, die insgesamt mehr Niederschlag empfängt, ist jedenfalls schneearm. Am meisten schneit es im Ostnordosten (Fagridalur-Raufarhöfn) und auf der Nordwest-Halbinsel.

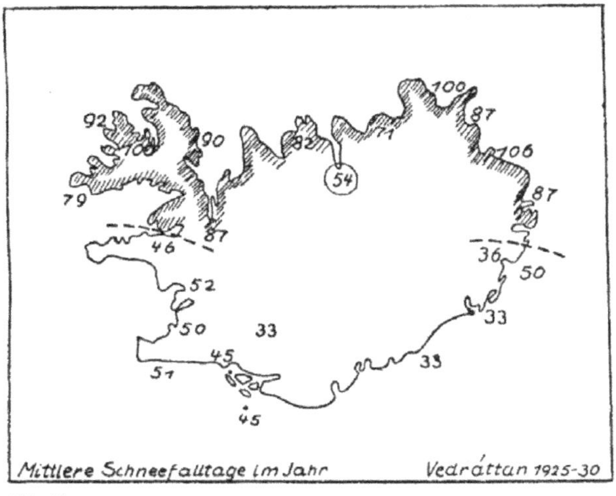

Mittlere Schneefalltage im Jahr        Vedráttan 1925-30

Abb. 27

In den Monaten Juni, Juli, August schneit es höchstens einmal im Ostnordosten und auf der Nordwest-Halbinsel (A. 45).

Die eigentliche Schneeperiode beginnt im Oktober und erreicht ihr
Maximum Ende Januar und im Februar.

Infolge der Unbeständigkeit des Wetters bleibt der Schnee jedoch selten
längere Zeit liegen. Allein im Nordosten der Insel sind Skier und Schlitten
im Gebrauch.

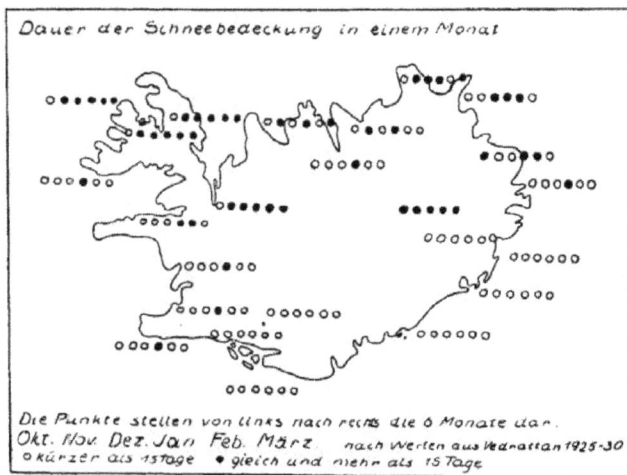

Abb. 28

Die Insel steht überwiegend unter dem Einfluß östlicher und nördlicher
Winde. Der Südwesten hat also viele Landwinde, die oft klares Wetter
bringen.

Abgesehen von kleinen lokalen Störungen ist die ganze Insel jeweils erfaßt von einem einheitlichen Windsystem. Es kommt nicht vor, daß gleichzeitig im Nordlande Nordwinde und im Südlande Südwinde von nennenswerter Dauer wehen. Wenn Nordwind herrscht, dann hat das ganze Nordland schlechtes, das ganze Südland gutes Wetter und umgekehrt.

Die großen Gletscher sind anscheinend ohne nennenswerten Einfluß auf
die Windrichtung. Die dem Eise am nächsten gelegene Station Fagurhólmsmýri und Vík lassen jedenfalls keine Einwirkung erkennen. Vielleicht
machen sich Wirkungen des Eises bemerkbar in der auffälligen Süd-Nord-
Richtung des Hochlandes nördlich des Vatnajökull. Hier gibt es aber noch
zu wenig Messungen, und speziell Akureyri zeigt sicher einseitige Ergebnisse
infolge seiner Lage im tiefen Fjorde.

Häufig erwähnt finden sich in der Literatur, auch in Reisebeschreibungen,
föhnartige Fallwinde in den Fjorden der Nordwest-Halbinsel und südlich der
großen Gletscher im Südlande. Aber auch sie lassen sich zahlenmäßig noch
nicht kontrollieren.

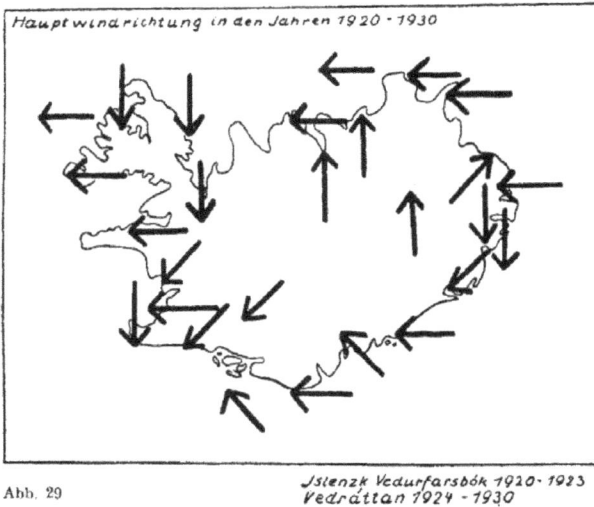

Abb. 29

*Jslenzk Veŏurfarsbók 1920 - 1923*
*Veŏráttan 1924 - 1930*

Eigentliche Stürme sind nicht sehr häufig auf der Insel, aber es gibt eine große Zahl von Tagen mit mittelstarken Winden. Ganz allgemein nehmen zum Winter die Windstärken zu. Mit einem deutlichen Anstieg der Windstärke beginnt im September die Zeit des schlechten Wetters (A. 46 und A. 47).

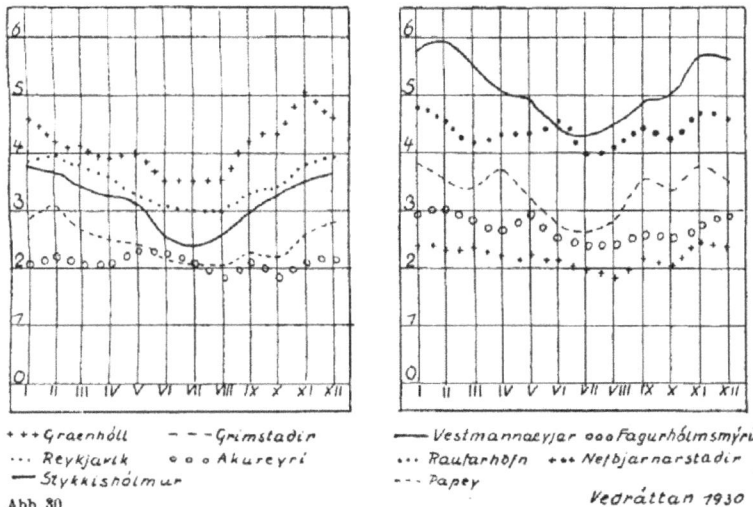

+ + + Graenhöll        – – – Grimstaŏir
··· Reykjavík         o o o Akureyri
— Stykkishólmur

—— Vestmannaeyjar  ooo Fagurhólmsmýri
··· Rauŧarhöfn      +•• Neŧbjarnastaŏir
– – – Papey

*Veŏráttan 1930*

Abb. 30

Würde man in Deutschland einige Menschen nach ihrer liebsten Jahreszeit fragen, so würden sich ohne Zweifel viele für den Frühling, manche für den Herbst entscheiden.

In Reykjavik gibt es nur eine Antwort: der Sommer.

Zwischen dem launischen Winter, der heute schwere feuchte Wärme und morgen rasenden Schneesturm bringt — und dem kurzen Sommer liegen im Mai und im Oktober nur wenige Tage des Überganges, der freudigen Erwartung der hellen Nächte, der ersten Blüten — der besorgten Vorbereitung auf eine lange, dunkle, lastende Zeit.

„. . . Eines Tages wurde sie von dem wütenden Gebrüll des Flusses geweckt, der die Eisfesseln durchbrach, und sie eilte hinaus. Das Eis war ins Meer hinausgetrieben, und der Fjord lag da, blau und grün, und rein in der Farbe, leicht bewegt.

Aber im Laufe des Tages veränderte sich seine Farbe und wurde trübe von all dem Lehm und Sand, den die Flüsse mit sich führten. Überall, wo eine Bodensenkung war, rauschte ein Bach dahin oder sammelte sich das Wasser zu kleinen Seen . . .

Und plötzlich eines Tages lag das Wiesenland grün da. Und nach und nach begann die grüne Farbe sich auszubreiten und die Oberhand zu gewinnen.

Die Zugvögel hielten ihren Einzug. Goldregenpfeifer und Brachvögel . . .

Endlich öffnete dann die erste Ranunkel ihr gelbes Auge der Sonne, dem Tag und dem Leben entgegen. Sie war so frühzeitig daran, daß der Frost ihre Blätter verbrannte und sie am Rande weiß färbte, trotzdem sie aber so verkommen aussah, lächelte sie doch hell und freundlich.

Und noch ehe es jemand ahnte, waren die hellen Nächte über dem Land."

„. . . Der Herbst ließ sein schweres Lied über dem Lande erklingen. Die Töne wechselten — kein Tag war dem andern gleich. Es gab graue Regentage, wo die Nässe herabsank und der Himmel wie eine blaugraue Decke über der Landschaft lag, die man nur in undeutlichen Umrissen durch die regenschwere Luft erkennen konnte.

Es gab trockene Sturmtage. Die Häuser zitterten und bebten, es pfiff bei jedem Fenster, der Sturm führte Wolken von Sand und Erde mit sich. Die Luft war gelbbraun von dem feinen Staub; bisweilen erfaßte der Sturm ganze Heuhaufen wie Flocken und wirbelte sie in allen Richtungen davon, oder er drang durch ein offenes Fenster oder eine Tür ein, hob Dächer von Häusern und Scheunen und zerschmetterte sie. Selbst starke Männer konnten nicht aufrecht gehen, sondern mußten über die Erde hinkriechen und liefen dennoch Gefahr, in Bodenvertiefungen und Klüfte hinuntergefegt zu werden. Am ganzen Strand entlang wurden zahlreiche Boote zerschmettert. Und nach einem solchen Tag weinten viele Kinder und Frauen, deren Väter und Männer auf dem Meer gewesen waren.

Es gab auch stille Tage, mit Sonne und klarer Luft. Da war es, als ruhten die Elemente aus. Und es lag eine eigene wehmütige und sanfte Stimmung über dem Tag.

Dann gab es launische Tage. Der Wind jagte den Sonnenschein in Fetzen über die Landschaft hin. Die Schatten der eilenden Wolken führten seltsame Tänze über Fjord und Bergen auf. Regen und Hagelböen brausten dahin und dorthin und hinterließen ein wunderbares Netz von Streifen, dunkel auf der braunen Erde oder den grauen Klippen, wenn es Regen, weiß, wenn es Hagel war.

Aber durch all dieses zog sich ein Unterton von Düsterkeit hindurch. Es war die Nacht, die länger und länger wurde, und die ihre tiefe Stimme in den Chor des Herbstes mischte."

(Aus Gunnar Gunnarsson: Die Leute auf Borg. München 1929.)

# DAS PFLANZENKLEID

Es gibt eine Reihe zusammenfassender Darstellungen der isländischen Pflanzenwelt, aber nur sehr wenige auf längerer Beobachtung beruhende Spezialarbeiten. Alle Versuche zu einer Gliederung im einzelnen leiden unter dem Mangel an Material und weichen daher nicht unwesentlich voneinander ab (A. 48). Die folgenden Bemerkungen beschränken sich deshalb auf eine Schilderung der großen Züge, wie sie sich jedem Reisenden darstellen bei einer Durchquerung des Landes.

Große Gebiete sind in Island ganz wüst. Aber überall, auch im innersten Hochland, finden sich kleine Flecken mit verhältnismäßig üppiger Vegetation, die darauf deuten, daß das isländische Klima im ganzen nicht als ein pflanzenfeindliches zu betrachten ist.

Eine der schönsten dieser Hochlandsoasen liegt im Tale der Fródá (Nordrand des Hvítárvatn) ungefähr 450 Meter über dem Meere. Nach einem vielstündigen Ritt über die nahezu vegetationslosen Schotterfelder nördlich des großen Geysir öffnet sich dicht am Rande des Eises in dem flachen Tal eine üppige Landschaft: Eine saftige Wiese breitet sich über den feuchten Talboden. Nur an einzelnen versumpften Stellen heben sich bräunliche Inseln von Wollgras deutlich ab gegen die gleichmäßig dichte, blaugrüne Matte von Rispengräsern, Seggen und vielem Schachtelhalm. Hahnenfuß, Schaumkraut, Löwenzahn, Habichtskraut, Grasnelken und andere gute Bekannte beleben die Fläche und vervollständigen den Eindruck einer Wiese im Riesengebirge. Der dichte Grasteppich ist jedoch beschränkt auf die Sohle des Tales. Er wird an den flach ansteigenden Flanken beiderseits gerahmt von einer bunten Fülle üppig blühender Kräuter. Die violetten Töne von Storchschnabel und Grasnelken geben diesen Hängen ihr sommerliches Gepräge, im Frühling mag die prächtige weiße Blüte des Silberwurz die Gegend völlig beherrschen. Die Gräser sind stark zurückgedrängt, Steinbrecharten bedecken hier und da größere Flächen. Häufig stehen leuchtende Blüten auf winzigen Stielchen in den nackten Schottern.

Zwischen die blühenden Kräuter schieben sich düstere Gesträppe von Heidekrautgewächsen. Heidelbeeren, Calluna, Rauschbeere und Preißelbeere stehen bunt durcheinander. Die zahlreichen kniehohen Weiden und Birken dazwischen passen sich vollkommen ein in die Heide. Das verkümmerte Aussehen dieser dicht auf den Boden niedergedrückten Sträucher gibt wohl einen besseren Eindruck vom Kampfe der Pflanzen als die bunte Pracht der Blüten. Vereinzelt, aber wie es scheinen will, in ganz besonderer Intensität leuchtet eine Alpenrose durch das unfreundliche Gestrüpp. An einer Stelle — knapp über der Sohle an der rechten Flanke des Tales — fällt ein starker Quellhorizont weithin ins Auge durch einen Streifen schwammigen Mooses, dessen gelbes Grün auch bei trübem Wetter so hell herausleuchtet aus seiner Umgebung, als träfe es stets ein vereinzelter Sonnenstrahl. — —

Es ist nur ein recht schmaler Gürtel besonders üppigen Wachstumes, der an den Hängen die feuchte Talbodenwiese umgibt. Hangwärts lockert sich die Pflanzendecke schnell. Die nackten Schotterflächen werden größer, die Pflanzen bilden isolierte Polster, ihre Vielfältigkeit hört auf, und schließlich sind es nur winzige Kissen von Grasnelken und stengellosem Leimkraut, die in weiten Abständen vom Rande der Oase überleiten zu den wüsten Schottern des Hochlandes.

Die Landschaft im Fródátale kann als ein Musterbeispiel gelten für die zahlreichen größeren und kleineren Oasen des Hochlandes. Ihre Pflanzenwelt bleibt im ganzen Lande ungefähr die gleiche. Trotzdem bilden sich augenfällige Unterschiede heraus dadurch, daß häufig eine einzelne Art vorherrscht und charaktergebend wird für ihre Umgebung. Der Oase des Fródátales wird sich niemand erinnern, ohne eine Vorstellung von den blauen und violetten Blüten des Storchschnabels. — — Einzelne kleine Oasen stehen

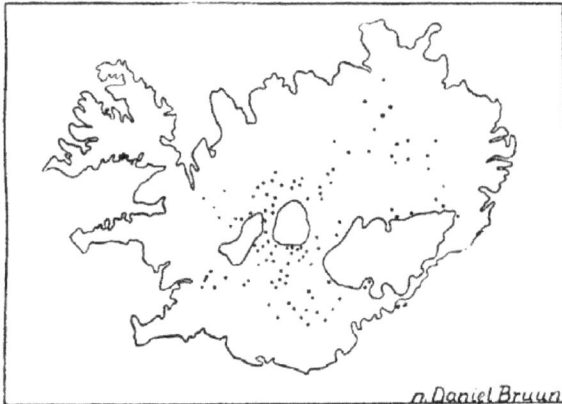

*Die Oasen des Hochlandes.*

Abb. 31                                   ca. 1 : 8 000 000

wieder ganz unter dem Zeichen der Schafgarbe. — — Am ganzen Ostrande des Hofsjökull sind es neben vielen Weidenröschen vor allem die anderthalb Meter hohen Engelwurzstauden, die dem Vorüberreitenden auffallen.

Die Verbreitung der Oasen mag sich ungefähr decken mit den „Zeltplätzen" auf der Karte Daniel Bruuns (Abb. 31). Nur wenige dieser Grasplätze kann der Reisende ganz fest in seine Pläne einsetzen. Sie sind unstabil in ihrer Größe; nicht selten verarmen sie völlig im Laufe weniger Jahre, um dann späterhin wieder aufzuleben.

. In den küstennäheren Gebieten werden die grünen Flecken immer beständiger. Aber selbst in der zusammenhängenden und ausdauernden Pflanzendecke der Tiefländer gibt es überall kahle Stellen, die nie zuwachsen und nicht selten in schlechten Jahren sich ausdehnen auf Kosten der umgebenden Vegetation.

Die weiten Wiesen des Tieflandes unterscheiden sich in ihrer Zusammensetzung nur wenig von denen der Oasen im Inneren. Sie sind häufig feuchter als diese, und dementsprechend scheinen das Wollgras, Schachtelhalme,

Borstengräser und auch Binsen verhältnismäßig größere Flächen zu behaupten. Auf den winzigen Flächen gedüngter Wiese bemüht sich der Mensch, diese harten Gräser zurückzudrängen zu Gunsten der hochwertigen Poa-Arten.

So wenig sich die Tiefländer in der Zusammensetzung ihrer Arten vom Hochlande unterscheiden, so sehr zeichnen sie sich vor jenem aus durch die große Intensität ihres Wachstumes. Es scheint charakteristisch für die ganze Insel, daß man ihre Pflanzenwelt weit eher gliedern kann nach einer Skala zwischen den Begriffen „üppig" und „arm" als etwa nach typischen Pflanzen. Nirgends auf der ganzen Insel, weder an der Küste noch im Hochland, haben sich bisher mit Sicherheit einzelne Gebiete mit einer besonderen Vegetation aussondern lassen. Nicht einmal in der warmen, feuchten und gut aufbereiteten Umgebung der Thermen wachsen ungewöhnliche Arten. — Die Armeria maritima, eine Grasnelke, ist z. B. bei uns eine typische Strandpflanze; in Island gedeiht sie hoch im Inneren genau so wie auf den Sandern der Südküste. — Der Strandhafer ist geradezu eine Charakterpflanze im nordöstlichen Hochlande und bildet dort häufig das einzige Futter für die Schafherden der obersten Höfe.

Für die weitaus größere Zahl der isländischen Pflanzen (A. 49) kennen wir keine Begrenzung nach Höhenlagen oder Himmelsrichtung. Es scheint somit, als ob es nicht die klimatischen Faktoren seien, die den Ausschlag geben bei der Gestaltung der Pflanzenwelt.

Die isländischen Pflanzen hängen in erster Linie ab von der Verteilung des Grundwassers. Der reiche Niederschlag nützt den Pflanzen wenig, wenn er in den vorwiegend durchlässigen Gesteinen schnell so tief versickert, daß ihn die Wurzeln nicht mehr erreichen können. Die kleinen Grasflecken in den jungen Lavafeldern zeigen diese Abhängigkeit in aller Deutlichkeit: Wo ein Grundwasserstrom in eine Senke heraustritt, erzeugt er selbst in diesem zackigen, unzerstörten Gestein einen grünen Schimmer, eine kleine Oase. Überraschend taucht sie auf, und unvermittelt endet sie wieder dort, wo das Wasser versinkt. Die eingangs geschilderten Verhältnisse im Fródátale zeigen überdies, wie sehr auch der Charakter der Vegetation im einzelnen abhängt von der Verteilung des Grundwassers: Die Talsohle hat zu viel Feuchtigkeit, und wenn nicht der schnellfließende Fluß das Übermaß ständig fortführte, so würde hier ein artenarmer Sumpf harter Halbgräser und Binsen entstehen. Die Schotterfelder beiderseits hoch über dem Tale sind schon zu trocken. Es halten sich nur noch vereinzelte kleine Vegetations-

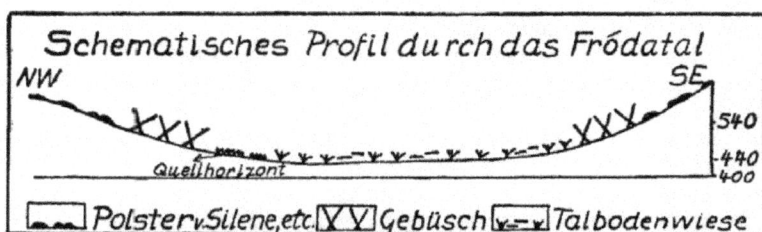

Abb. 32

polsterchen. Zwischen beiden, beginnend über dem erwähnten Quellhorizont, liegt das begünstigte Gebiet. Hier auf der Böschung entwickelt sich eine höhere Vegetation, gedeihen allein kleine Bestände eines kaum kniehohen Buschwaldes von Weiden und Birken.

Diese dreifache Gliederung ist im ganzen Lande erkennbar: Zwischen dem trockenen, armen Hochland und den peripheren Tiefländern, die oft unter einem Übermaß an Feuchtigkeit leiden, steht die üppige „Hlidstufe" (Nr. 319) (isl. hlid: Böschung, Hang, Halde) als eine Zone gemäßigten Grundwasserreichtums.

Abgesehen von der Wasserverteilung scheinen die Hänge auch sonst begünstigt dadurch, daß sie die intensivere Sonnenstrahlung empfangen. Die isländischen Pflanzen sind auf ein Minimum an Sonnenschein eingerichtet. Viele von denen, die in Mitteleuropa zu den einjährigen Arten gehören, brauchen in Island zwei Jahre, um eine reife Frucht zu erzeugen. In dem ersten Jahre bereitet die Pflanze die Knospen vor. Früh im folgenden Mai öffnet sich dann eine überraschende Pracht leuchtender Blüten. Die meisten sitzen in einer unscheinbaren Rosette dicht auf dem Boden. Zur Ausbildung eines Stengels hat die Pflanze keine Zeit, es bleiben ihr zur Bereitung der reifen Frucht nur drei höchst unsichere Monate. Da es nicht viele Insekten gibt, die die Bestäubung vermitteln können, mag überdies ein großer Teil der Blüten unbefruchtet bleiben.

Bei so beschränkten Verhältnissen pflanzlichen Lebens muß schon eine geringe Verstärkung der Bestrahlung mitunter große Wirkungen haben. Der Einfluß orographischer Faktoren wird daher auch im kleinen überall deutlich erkennbar.

Unterschiede der Exposition wirken sich im Hochlande manchmal noch aus bei jedem einzelnen der kleinen, zwei Hände großen Polsterchen. Gelegentlich schaut man von Süden her in eine blühende Landschaft, die dann — rückblickend — von Norden gesehen noch farblos und tot erscheint.

Am einheitlichsten ist die Vegetation zweifellos im Tieflande. Die geringen Unterschiede in ihrem Charakter scheinen hauptsächlich zu beruhen auf Differenzen in der Höhe des Grundwasserspiegels.

Im Hochlande erwächst aus der Trockenheit der Pflanzenwelt noch eine neue Gefahr im Winde: Die trockene Krume ist auch bei Winden geringer Stärke schon überaus beweglich. Überall sehen wir die Polster des Leimkrautes oder der Grasnelken, die der Trockenheit trotzend, schon eine gewisse Größe erreicht hatten, getötet vom Winde. Er bläst ihnen das Erdreich zwischen den Wurzeln heraus. Da keine Windrichtung vorherrscht, gibt es auch kaum geschützte Stellen. Nur die engen Spalten in den Lavafeldern geben guten Schutz, und häufig sind sie dicht bestanden mit Weidenröschen, Storchschnabel und Löwenzahn, die dann ganz entgegen ihrer normalen Gestaltung phantastisch lange Stiele entwickeln, um die Blüten ans Licht zu tragen.

Noch in einer anderen Weise wird der Wind dem Wachstum gefährlich: Die winterlichen Stürme verhindern in manchen Gegenden das Zustandekommen einer geschlossenen Schneedecke. Sie häufen den Schnee zu einzelnen großen Wällen, während die Partien dazwischen nicht selten ganz kahl gefegt sind. Den Pflanzen, die hier stehen, fehlt einmal die ständige Feuchtigkeit einer anhaltenden Schneedecke, und überdies sind sie Kälte und Wind schutzlos preisgegeben. Verleger (Nr. 593) beobachtete wiederholt die vernichtende Wirkung der Schneestürme. Blätter, die über die Schneedecke herausragten, wurden von den vorüberjagenden Eisnadeln abgeschnitten; von den holzigen Stengeln der Weidenbüsche wird die Rinde abgeschabt, so daß sie später verkümmern.

Auf der Höhe der nordwestlichen Halbinsel heben sich die Flecken, wo der Schnee sich zu sammeln pflegt, im Sommer deutlich heraus als einzige wirklich grüne Flächen in den nackten Schottern (Nr. 386) (A. 50).

Im ganzen behindert weniger die verhältnismäßig geringe Kälte des Winters auf Island die Pflanzen als die Kühle und Kürze des Sommers. Die eigentliche Wachstumsperiode reicht von der Mitte des Mai bis in die späten August, also wenig mehr als drei Monate. Auch der isländische Hochsommer ist nicht wärmer als der Mai in Kopenhagen. Im frühen Juni haben die Birken ihr Laub voll ausgebildet; Anfang September beginnen sie schon es abzuwerfen (A. 51).

Auf die Kürze des Sommers hat sich die isländische Pflanzenwelt eingestellt durch die Ausbildung mehrjähriger Arten. Sie kann sich aber nicht einstellen auf die ungewöhnliche Launenhaftigkeit der Witterung und die häufige Verzögerung des Frühlingsbeginnes. Überraschende Wärme bringt nicht selten im Oktober die prallen, auf den Frühling wartenden Knospen zu einer vorzeitigen, fruchtlosen Blüte. Andererseits kommen manche Pflanzen überhaupt nicht zum Blühen, wenn der Frühling zu spät eintritt. Thoroddsen berichtet z. B. von elf aufeinander folgenden Treibeisjahren (1878—1888) an der Nordküste, während derer das sonst jährlich blühende Weidenröschen im ganzen nur zweimal zur Blüte kam (Nr. 555, p. 168). Solche Perioden führen schließlich zur Ausrottung einzelner Arten in den betroffenen Gebieten.

Den besten Eindruck von der Dauerwirkung des isländischen Klimas auf die Pflanze gewinnt man wohl beim Besuch eines der seltenen „Wälder". Es handelt sich um verstreute Bestände von unbedeutendem Areal. Sie bedecken insgesamt etwa 6⁰/₀₀ der Insel. Weiden, Birken und einzelne Ebereschen bilden einen lichten Buschwald, der die Hänge bevorzugt, aber auch trockene Stellen des Tieflandes einnimmt. Zwischen den Büschen bleibt Raum und Licht genug für eine ziemlich üppige Bodenvegetation von Heidekrautgewächsen, die aber bald verschwindet, wenn der Wald zerstört wird. Manche Bäume sind 60—80 Jahre alt geworden. Sie sind über eine Höhe von durchschnittlich zwei bis drei Metern nicht hinausgekommen, ihr Durchmesser beträgt kaum zehn Zentimeter. Die Jahresringe sind so dünn, daß sie mit bloßem Auge selten zu zählen sind. Junge Sprößlinge zeigen hier und da, daß sich die Bäume durch Samen fortpflanzen. Wir wissen aber, daß die Birken längst nicht jedes Jahr zur reifen Frucht kommen. Die Berichte des dänischen Forstmannes Flensborg zeigen sehr anschaulich, mit welchen Schwierigkeiten die jungen Pflanzen zu kämpfen haben (Nr. 133). Er bemüht sich, Koniferen auf Island anzusiedeln. Seine Pflanzen gingen jedoch großenteils daran ein, daß der Bodenfrost sie wiederholt heraushob

34                                                            phot. Jwan

35                                                            phot. Jwan

Ruhende Partien am Westrand des Hofsjökull.

, 35                                                    phot. Jwan

Langjökull am Thjófafoss. Das Eis schreitet kräftig vor.

. 37                                                    phot. Jwan

lafell (1400 m). Der kleine Plateaugletscher sendet nach Norden drei
· bewegliche Blaueiszungen hinab auf die 500 m tiefere Ebenheit an
em Fuße.

b. 38 phot. Jwan

b. 39 phot. Jwan

strand des Langjökull. Der kleine „Schreitgletscher" kalbt in den Hvítá-See. Ungewöhnliche
rrissenheit der Eisoberfläche.

b. 40                                                                                    phot. Jwan

ndnahe Partie auf dem Hofsjökull (ca. 850 m).  Vernarbte Spalten beleben
 Oberfläche.

b. 41                                                                                    phot. Jwan

lationserscheinungen auf dem Hofsjökull in etwa 800 m Höhe unweit des
ndes.  Im Vordergrund eine fußtiefe Lage lockerer, bis hühnereigroßer
körner.

42                                                                phot. Jwan

43                                                                phot. Jwan

nen am Westrand des Hofsjökull. Die Höhenunterschiede auf Abb. 42
gen vier bis sechs Meter. Das Gestein bildet nur einen dünnen Mantel
dem Eiskern der Erhebungen.
42 zeigt schon eine Sortierung des Materials: Die schwersten Blöcke
heruntergerutscht. Einige frische Gleitspuren sind erkennbar an ihrer
leren Färbung. Abb. 43 zeigt ein jüngeres Stadium, grobe Blöcke und
r Schutt liegen wahllos durcheinander. Das Material ist ein grauer Dolerit.

b. 44     phot. Jwan

Schmutzkegel am kleinen Hvitárvatn-Gletscher.

b. 45     phot. Jwan

amutzkegel auf rückschmelzendem Eisrand am westlichen Hofsjökull.

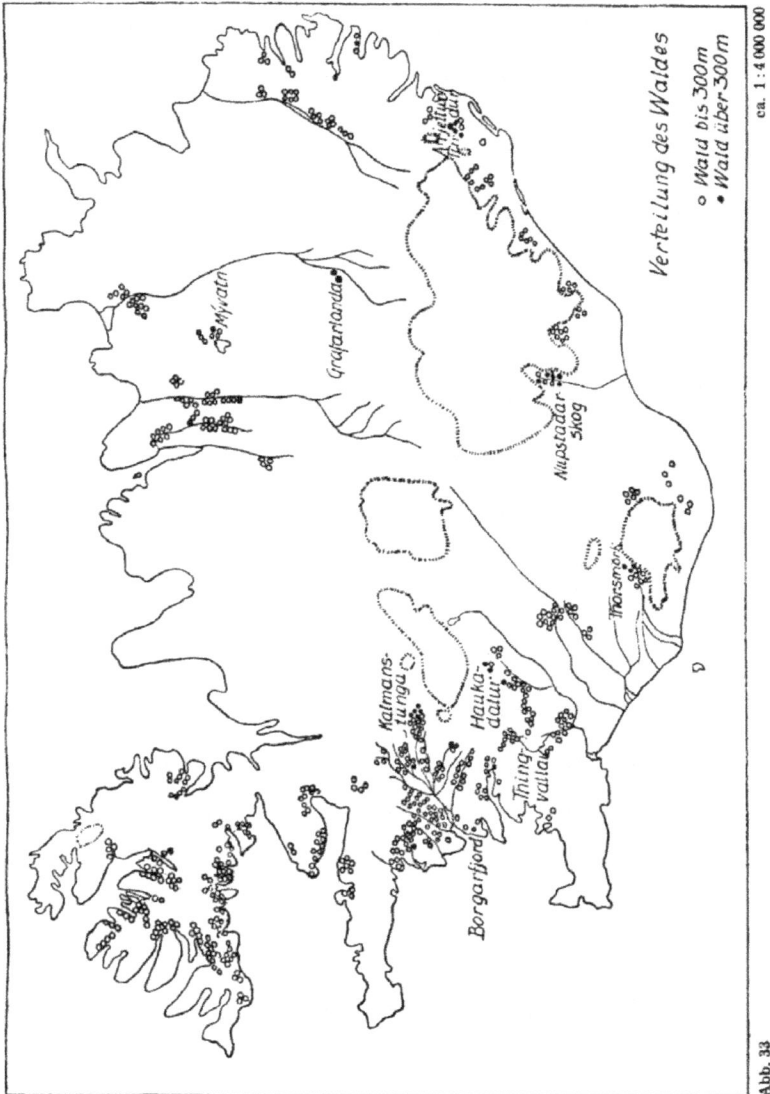

Verteilung des Waldes

○ Wald bis 300m
● Wald über 300m

ca. 1 : 4 000 000

Abb. 33

Akureyri
Hallgrims-kirkja
Mývatn
Grafarlönd
Núpstaðar-skog
Þórsmörk
Katmans-tunga
Hauka-dalur
Thing-vallla
Borgarfjörð

aus dem Erdreich. Vermutlich werden aber auch Koniferen festen Fuß fassen können, wenn es gelingt, aus dort gereiften Samen harte Arten zu züchten.

Offensichtlich hat der Wald einen schweren Stand in Island. Trotzdem sind die heutigen Bestände durchaus lebenskräftig und gewinnen wieder an Boden, wo man sie vor Menschen und Tieren schützt. Das Kärtchen der Standorte (Abb. 33) erlaubt keine Schlüsse auf die allgemeinen Lebensbedingungen des Waldes, denn die heutigen Wälder stehen ja nicht auf den Plätzen, wo sie am besten gedeihen, sondern dort, wo niemand hinkam. Wir wissen also nicht, welche Gebiete der Wald bevorzugen würde, wenn er sich selbst überlassen bliebe (A. 52).

Flensborg hält das ganze Nordland, daneben auch die Umrahmung des Borgarfjordes und einzelne Strecken der Arnes- und Rangárvallasýsla für besonders geeignet zur Aufforstung. Am Mývatn gedeihen 400 Meter über dem Meere kräftige Bäume in ganz ungeschützter Lage. Watts (Nr. 603) berichtet von dichtem Gebüsch in fast 600 Meter Höhe an der Grafarlanda nördlich der Herdubreid. Vielleicht gibt es auch für den Wald keine obere Grenze in Island. Im allgemeinen scheint er sich unterhalb der 300 Meter-Linie zu halten, im einzelnen mag es aber auch im Hochlande an feuchten Stellen überall kleine Bestände gegeben haben.

Ein eigentliches Waldland ist Island jedoch nie gewesen. Die Stämme, die sich in den Mooren finden, sind nicht dicker als die heutigen. Die oft zitierte Stelle aus dem ersten Kapitel von Aris „Islendingabók (Nr. 9, p. 44), Island sei von den Bergen bis zum Strande bewaldet gewesen, dürfen wir vielleicht so verstehen, daß ein Buschwald eben die „Hlidstufe" einnahm (A. 53). Die große Wertschätzung des Holzes, die in den Sagas häufig hervortritt, beweist, daß es in historischer Zeit immer knapp gewesen ist auf der Insel (Nr. 331, p. 12—16).

Bisher ist es nicht ganz geklärt, wie die Vegetation überhaupt nach Island gekommen ist. Nach der Eiszeit muß das Land völlig wüst gewesen sein. Die Verbindung zu anderen Ländern war schon lange zerstört (A. 54). Wahrscheinlich waren es Seevögel, welche die ersten Samen einschleppten. Unter diesen Umständen mußten viele glückliche Zufälle zusammenwirken, bis ein Pflänzchen auf Island Fuß fassen und groß werden konnte. Hieraus erklärt sich vielleicht die Artenarmut der heutigen Pflanzenwelt. Die allermeisten Arten weisen auf eine Herkunft aus dem Nordwesten Europas. Von 344 isländischen Arten finden sich 339 auch in Skandinavien, speziell in Norwegen. In Grönland ist nur etwa ein Drittel heimisch (Nr. 520). So zeigt das Pflanzenkleid eindeutig und anschaulich die organische Verbundenheit Islands mit dem europäischen Kontinent (A. 55).

# Die typischen Landschaften

Die bisherige Betrachtung der Insel als Ganzes ergab eine weitgehende Einheitlichkeit von Material und Form. Innerhalb dieses Rahmens jedoch haben sich Landschaften ganz verschiedenen Charakters entwickelt. Gewiß gibt es große, tageweite Räume einheitlicher Prägung, in denen Reiter und Pferd melancholisch werden — aber meist ist es doch so, daß die Karawane im Laufe eines Tages mehrfach hinüberwechselt aus zackiger Lava auf eine weite diluviale Schotterfläche — aus knietiefen Wollgrassümpfen in die Mondlandschaft der Tuffe — aus magerster Wüste in liebliche Oasen.

In jener merkwürdigen Schroffheit, die uns so häufig auf der Insel begegnet, setzen die einzelnen Landschaften oft unvermittelt gegeneinander ab; der schmale Pfad macht eine Wendung, und überrascht stehen wir vor etwas ganz Neuem.

Auf einer längeren Reise freilich merkt man bald, daß der Abwechslung Grenzen gesetzt sind. Es sind immer wieder die gleichen landschaftlichen Typen, die einander in unregelmäßiger Folge und verschiedener Intensität ihrer Ausprägung ablösen. Im folgenden sollen fünf solche Typen näher betrachtet werden: das Eis — die Landschaft der glazialen Schotter — die jungvulkanische Landschaft — das Tiefland — und die Fjordlandschaft.

# DAS EIS

Die Welt der isländischen Gletscher ist von eigenartigem Reiz dadurch, daß sie sich oft unmittelbar berührt mit den Zeugen junger vulkanischer Tätigkeit. Zu der unruhigen Vielfältigkeit der dunklen Laven gibt es kaum einen größeren Gegensatz als diese flachen, weißen Wölbungen des Eises im inneren Hochland.

Es sind Landschaften von klarer, kühler Schönheit. Sie bergen keine Geheimnisse und versprechen keine Abenteuer. Manch einer, der nach tageweitem Ritt eine der verheißungsvoll leuchtenden Kuppeln erreicht, kehrt verdrossen um, weil er nichts anzufangen weiß mit dieser so ganz und gar unromantischen leblosen Weite.

Die isländischen Gletscher lassen sich nicht im Sturm nehmen. Man muß sich an sie gewöhnen. Blind und ohne Gefühl für Entfernungen tappen wir zunächst durch den Schnee. Aber bald lernt das Auge an zarten Schattierungen kleine Unebenheiten zu unterscheiden, die uns hier und da eine Richtung weisen können, und schließlich beginnt die eintönige Fläche sich sanft zu beleben. Wer dann in dem fahlen Licht einer nordischen Spätsommernacht über die federnde Schneedecke ein paar Stunden weit in den Jökull hineinwandert, der empfindet, daß Islands ödeste Landschaft zugleich seine großartigste ist.

Am reinsten ist diese Landschaft ausgeprägt im Inneren der Inlandeismassen des Vatnajökull, des Hofsjökull, des Langjökull und auf dem Mýrdalsjökull. Kleine Kuppeln von wundervoller Regelmäßigkeit krönen den Eiriksjökull, den Hrútafell, den Ok. Allein ihnen fehlt die uferlose Weite der großen Schneefelder, die am Vatnajökull wenigstens 8000 qkm, auf dem Hofsjökull etwa 1400 qkm bedecken. (Langjökull 1100 qkm.)

Die starre Ruhe im Inneren der Eislandschaft weicht gegen die Ränder hin häufig lebhafter modellierten Gebieten. Besonders am Südrande des Vatnajökull zwingt der reich gegliederte steile Abfall des mehr als 1500 Meter hohen Plateaus die Masse des Eises in zahlreiche einzelne Ströme, die in relativ großer Beweglichkeit fast bis zum Niveau des Meeres hinabreichen (D. K. Bl. 87 SA, SV, NA, NV; Bl. 58 SV).

Der Untergrund ist hier stärker als das Eis, das ihn nicht mehr zu verhüllen vermag, und so entsteht hier eine malerische, manchmal fast alpin anmutende Landschaft, die eine Sonderstellung einnimmt im Rahmen der isländischen Gletscherwelt.

Im inneren Hochland sind die Randgebiete der Eisfelder einfacher gestaltet. Die breiten Loben des Hofsjökull gleiten in sanft geschwungener Linie hinab auf eine große Ebenheit. Die Kante des höheren Plateaus, auf dem die Hauptmasse des Jökulls ruht, markiert sich hier und da in einzelnen Bruchzonen. Nur selten tritt sie völlig heraus als kleine schwarze Bastion in der Masse des Eises, die sich unter ihr wieder zusammenschließt.

Mit weit gebuchtetem, ruhigem Rande endet der Jökull im Vorland. Es zeigt sich aber, daß schon auf kleinem Raum einzelne Teile dieser scheinbar so ausgeglichenen Masse sich durchaus verschieden verhalten. Einige Partien schieben sich kräftig vor, während dicht daneben andere zurückgehen oder wenigstens stillstehen; an einer Stelle steigen wir trockenen Fußes aus dem Grase hinauf auf die blanke, steile Stirn des Eises, an anderen finden wir den flachen geborstenen Rand kaum unter den Massen schlammigen Schuttes, die ihn umgeben.

Die große Kuppel des Eises ist also komplizierter zusammengesetzt als ihre einfachen Konturen vermuten lassen. Es gibt in ihr Sonderbewegungen einzelner Teile, die sich in überraschend auftretenden Spaltenzonen bis weit in das Innere zu erkennen geben. Im Innern des Jökulls muß es einzelne Eisströme geben, die — anfänglich vielleicht ausgelöst durch Unebenheiten im Sockel — nun dazu beitragen, diese noch zu verstärken.

Die interessantesten Stellen im Rande der Jöklar sind zweifellos die Gebiete des Rückzuges, bzw. Stillstandes:

Etwa in der Höhe von Hveravellir gab es 1928 im Westrand des Hofsjökull einige Gebiete, die in kleinem Maßstabe einleuchtend demonstrierten, wie es zeitweilig am Rande des Inlandeises in Norddeutschland ausgesehen haben mag.

In einer Breite von einigen Kilometern hatte sich der Eisrand etwa 100 Meter weit zurückgezogen. Auf dem verlassenen Streifen befand sich ein romantisches Gewirr ziemlich spitzer, bis 15 Meter hoher Hügel, zwischen denen vereinzelte große (d < 1 m) und sehr viele mittlere Blöcke (d < 0,5 m) verstreut lagen. Die ganze Landschaft war überzogen von einem schwarzen, zähen Schlamm, der noch weit auf den Gletscher hinaufreichte.

Es zeigte sich, daß das ganze kleine Gebirge im Kerne aus Eis bestand. Die einzelnen Hügel ließen sich nur in den Morgenstunden ersteigen, wenn der gefrorene Schlamm noch fest an der Unterlage haftete. An vielen Stellen war es nicht festzustellen, wo eigentlich der Eisrand lag. Große, flache Schollen vermitteln zwischen der zersprungenen Stirn und den schon zu spitzen Formen zerschmolzenen Blöcken des Außenrandes. Unter der Last des Schuttes sind einige schräg gestellt und halb versunken in den aufgeweichten, tiefgründigen Schottern des Untergrundes.

Von der Höhe eines kleinen Nunataks gewinnen wir einen Überblick über die Landschaft: Der Rückzug des Eises vollzog sich in höchst unregelmäßigen Formen. Der bewegungslos gewordene Gletscher schmolz nicht vom Rande her gleichmäßig zurück, sondern zerfiel in einzelne Teile, die zweifellos eine ganz verschiedene Lebensdauer haben. Thoroddsen berichtet von Eisklötzen, die in längst eisfrei gewordenen Gebieten unter ihrem Schuttmantel noch 30 Jahre der Auflösung widerstanden (Nr. 555, p. 191).

Wer an einem warmen Tage das Gebiet der Auflösung um die Mittagsstunde durchwandert, kann ein merkwürdiges Schauspiel erleben: Der schwarze Schlamm an den Hängen der Eiskegel gerät überall langsam in Bewegung. Ein Ausgleiten des Fußes, ein Steinwurf rufen bedeutende Schlammströme ins Leben, die minutenlang nicht wieder zur Ruhe kommen. Sie enden meist in einem der zahllosen kleinen, wassergefüllten Kessel.

Unheimlich lautlos gleiten große Blöcke auf der schlüpfrigen Unterlage langsam hinab in schlammige Pfützen. Scharfkantige Scherben, die der Frost löste — schmutzige Eisbrocken — Geröll der Schmelzwasserströme — alles schiebt sich, eingebettet in unendlichem Schlamm, am Grunde zusammen zu einer jener schnell erhärtenden Bildungen, die den größeren Teil des Hochlandes bedecken.

Eine weit verbreitete Erscheinung im äußeren Randgebiet der Jöklar sind die wiederholt beschriebenen „Schmutzkegel" (Nr. 500; 506; 562 II, p. 54). Der Name trifft nicht genau das Richtige, es sind schlanke Eiskegel, die im Schutze eines Schuttmantels einen bis mehrere Meter hoch aus der Fläche des Gletschers herausragen. Sie entstehen in der Weise der Gletschertische an Stellen besonders starker Schuttanhäufung. Eine Art ihrer Ausbildung läßt sich gelegentlich beobachten: Bei Sonnenschein schmelzen Staubflecken bis zur Größe von einigen Quadratmetern in die Oberfläche des Eises hinein und bilden so eine flache Wanne. Diese Vertiefung zieht die kleinen Oberflächengerinne an sich, die ihre feine Schlammlast in ihr absetzen. Es kommt dann ein Zeitpunkt, wo die Schlammablagerung zu dick wird, nicht tiefer einschmilzt, sondern anfängt ihre Unterlage zu schützen: In allmählicher Umkehr des Reliefs wird aus der Wanne eine Erhöhung.

Sehr häufig sind die Schmutzkegel angeordnet in Reihen; sie mögen dann schmutzerfüllte alte Spalten andeuten oder verlassene Tälchen der Oberflächenbäche, deren Wände stets — auch in schnell fließendem Wasser — eine zäh zusammenhaftende Schlammschicht bekleidet.

Am Westrande des Hofsjökull scheint die Ausbildung der Schmutzkegel langsam vor sich zu gehen; viele machen den Eindruck, als seien sie mehrere Jahre alt. Auch am Langjökull zeigte ein drei Meter hoher Kegel, der auf dem lebhaft kalbenden, kleinen „Schreitgletscher" (A. 56) im Juli 1927 zu Vermessungszwecken gekennzeichnet wurde, im August des folgenden Jahres keine auffallende Veränderung.

Neben den Schmutzkegeln sind es vor allem die mannigfachen Erscheinungen der Oberflächenentwässerung, die die randlichen Partien der Jöklar beleben. Steilwandige, windungsreiche Tälchen von knapp einem Meter Tiefe und wenig größerer Breite furchen den Gletscher. Ein paar Zehner von Metern weit schießt das Wasser in ihnen dahin, verschwindet plötzlich gurgelnd in der Tiefe und steigt dann weiter unten aus enger Röhre unvermutet herauf zu neuem, kurzem Lauf an der Oberfläche. Das Tälchen, das gestern einen reißenden Bach barg, liegt heute trocken; morgen kann es wieder Wasser führen oder auch völlig verschwunden sein unter der Menge hineingewehten Schnees.

Mitunter sammelt sich das Wasser in flachen Senken zu einem kleinen See von wundervoll klarer, blauer Färbung. Im Sommer 1927 gab es am Langjökull einen solchen See von etwa 15 Metern Durchmesser hoch über der Schneegrenze. Er war meist offen und fror nur oberflächlich in den frühen Morgenstunden. Eines Tages verschwand er plötzlich, ohne eine deutliche Abflußöffnung zu hinterlassen.

In ungleich weiterem Raume als am Hofsjökull und am Langjökull entfaltet sich der Formenschatz der Eislandschaft am Nordrande des Vatnajökull.

Ungegliederte, riesenhafte Loben gleiten nieder auf ein weitwelliges Vorland von 700 bis 900 m Höhe. Sie bilden einen einheitlichen Rand von mehr als hundert Kilometer Länge, der nur einmal, fast in der Mitte, durchbrochen wird von den Vulkanruinen der Kverkfjöll. Seit den 80er Jahren des vorigen Jahrhunderts scheint die gesamte Masse in einer Periode des Rückzuges begriffen. In dem schmalen Gürtel jüngst verlassenen Gebietes fanden Thoroddsen (Nr. 555, p. 201, 200) und Spethmann (Nr. 500) die gleichen Erscheinungen, wie sie vom Hofsjökull beschrieben wurden.

Der Vatnajökull ist in den letzten Jahrzehnten verschiedentlich durchquert worden (Nr. 603; 289; 600; 445; 594; 609). Es stellte sich heraus, daß selbst diese gewaltigen Eismassen nicht mächtig genug sind, das Relief ihres Untergrundes völlig zu verhüllen. Bruchzonen großen Ausmaßes verraten tief im Innern eine weitgehende Gliederung des Sockels (A. 57).

Neben diesen großen Eiskuppeln, zu denen wir auch den Mýrdalsjökull zählen müssen, tragen die kleinen Jöklar oft nur den Charakter von Firnfeldern. Es sind abwechslungsreiche, fast alpine Landschaften. Der Fels tritt gleichberechtigt neben das Eis. Ihre malerischen Reize liegen im Kontrast zwischen weißen Flächen und scharfen, braunen Graten, die die Decke überall durchbrechen. „Tindfjallajökull" heißt treffend ein solches Gebiet nordwestlich des Mýrdalsjökull, — „Spitzberggletscher".

Fast alle diese Gebiete — speziell der Hofs- und der Thrandarjökull vor dem Ostrand des Vatnajökull, die vergletscherten Höhen im Westen des Eyjafjordes und der Drangajökull auf der Nordwest-Halbinsel sind noch nahezu unbekannt. Aber gerade diese Außenlieger der Eislandschaft können beitragen zur Klärung der Frage, wie weit im heutigen Klima die vereisten Gebiete noch einen lebendigen Bestandteil bilden unter den Landschaften der Insel, bzw. wie weit wir sie betrachten müssen als Ausklänge der Eiszeit.

Die Massen dieser kleinen Jöklar sind so gering, daß sie längst verschwunden wären, wenn das Klima ihnen nicht entspräche. Spricht also schon ihr Vorhandensein für ausreichende Lebensbedingungen, so würde eine vergleichende Betrachtung ihrer Intensität darüber hinaus auch im einzelnen wertvolle Aufschlüsse bringen über die Höhe der Schneegrenze.

Zur Zeit freilich reichen unsere Kenntnisse erst zu einer Übersicht ganz groben Maßstabes.

Der kleine Drangajökull z. B. auf der nordwestlichen Halbinsel macht keineswegs den Eindruck einer Toteismasse. Von den 600—900 m Plateaus, die er bedeckt, senkt er mehrere, zeitweise kräftig vorstoßende Gletscher hinab in die Fjorde (A. 58). Die starke Schrumpfung der Gláma aber (D.K.Bl. 12 SA), die in gleicher Höhe südlich des Isafjordes liegt, zeigt zugleich, welch enge Schranken der Entwicklung der Gletscher in diesem Gebiete gesetzt sind. Die Plateaus reichen also in ihren höchsten Teilen nur eben hinein in die Region des ewigen Schnees (700—900 m). Ein Jahresmittel um — 1,5 Grad und eine jährliche Niederschlagsmenge von etwa 1000 mm kennzeichnen hier die klimatischen Bedingungen, unter denen der Drangajökull sich gerade noch erhält.

Am Snaefellsjökull im äußersten Westen und an der ganzen Südküste hält

sich die Schneegrenze durchweg knapp unter 1000 Metern. Bei der Höhe
der Gebirge kann an der ausreichenden Ernährung der südlichen Gletscher
also kein Zweifel bestehen (A. 59). Dagegen bleibt die mittlere und nördliche Ostküste, in deren Schluchten sich der Firn gut sammeln könnte, gletscherfrei, obwohl sie Höhen von 1100 Metern mehrfach erreicht. Auch im
Nordland liegt die Schneegrenze sicher höher als im Süden; die Erhebungen
westlich des Eyjafjordes tragen erst in 1200 Metern Höhe eine wirklich dauerhafte Schneedecke.

Schon dieser Unterschied zwischen dem Nordland und dem Südlande
deutet auf eine weitgehende Abhängigkeit der Schneegrenzhöhe von den Niederschlagsmengen (Abb. 25, Seite 38).

Ganz klar ist ihr entscheidender Einfluß im inneren Hochland: Wir finden
im Inneren Erhebungen eisfrei, die an der Küste tief vergletschert sein würden. Die Herdubreid im Norden des Vatnajökull scheint mit mehr als
1600 m Höhe nur gerade an die Schneegrenze heranzureichen. Die leuchtende
Firnhaube, die sie zeitweise trägt, zerfällt in trockenen Jahren zu unansehn-
lichen Flecken. Die Dyngjufjöll (1500 m) bergen nur ein paar winzige Glet-
scherchen in vereinzelten, sonnenarmen Schluchten. Auch die 1500 m hohe
Trölladyngja trägt keine geschlossene Firndecke.

Dieser Anstieg der Schneedecke auf wenigstens 1500 Meter ist ohne
Zweifel eine Folge der größeren Trockenheit im inneren Hochland. Es besteht ein allseitiges Gefälle vom Inneren zur Küste: Am Nordrand des Vatnajökull liegt die Schneegrenze bedeutend höher als an seinem Südrande. —
Von den Dyngjufjöll zum Snaefellsjökull an der Westküste sinkt sie um rund
600 Meter, der Hofsjökull mit einer mittleren Schneegrenzhöhe um 1300 Meter,
der Langjökull mit einer solchen um 1100 Meter bestätigen die Gleichmäßig-
keit dieses Abstieges.

Speziell für den Westrand des Hofsjökull, der von mehreren Forschern in
ganz verschiedenen Jahren untersucht wurde, kann die Bestimmung der
Schneegrenze zwischen 1200 und 1300 Metern als gesichert gelten. Indessen
schien es im Jahre 1928, als ob schon am Ostrande des Hofsjökull die
Schneegrenze wesentlich höher läge.

Aus der hohen Lage der Schneegrenze ergibt sich am Hofsjökull ein offen-
sichtliches Mißverhältnis zwischen Nährgebiet und Zehrgebiet. Der Jökull
erreicht knapp 1600 Meter. Oberhalb der Schneegrenze bei 1300 Metern
verbleibt nur ein kleines Gebiet von ca. 12 km Durchmesser. Wir kennen
am Hofsjökull weder die Beträge der Akkumulation noch die der Ablation.
Immerhin müßte diese kleine Kappe zur Ernährung des wenigstens zehnmal
größeren Jökull einen sehr beträchtlichen Zuwachs erhalten. Dem wider-
spricht aber gerade die große Höhe der Schneegrenze (die doch andeutet,
daß die Summe der Niederschläge kaum höher sein kann als an der Küste,
also 900—1000 Millimeter im Jahre nicht übersteigt).

Unter diesen Umständen will es fast scheinen, als sei der Hofsjökull in
seiner heutigen Gestalt noch zugeschnitten auf eine frühere, tiefer gelegene
Schneegrenze, — als habe er sich noch nicht vollkommen angeglichen an die
klimatischen Verhältnisse der Gegenwart.

Hier liegt ein Problem in der isländischen Eislandschaft (A. 60).

Abb. 46

Glaziale Schotter im Kjölur.

phot. Jwan

# DIE LANDSCHAFT DER GLAZIALEN SCHOTTER

Mit wenigen Schritten treten wir aus der vielgestaltigen Landschaft des Eisrandes hinaus in ein offenes, einfaches, flaches Gebiet, das wir die Landschaft der glazialen Schotter nennen wollen.

Sie bedeckt ungeheure Flächen, wahrscheinlich den größeren Teil der ganzen Insel. Die Grenzen der Moränen und Sander auf der geologischen Skizze umreißen nur ihre Kerngebiete. Darüber hinaus tragen noch weite Gebiete im älteren wie im jüngeren Basalte — z. B. die ganze nordwestliche Halbinsel — eine Decke von Gletscherschutt.

Die Landschaft der glazialen Schotter ist nächst der Eislandschaft die einförmigste der Insel. Doch sondern sich auch in ihrem Bereiche deutlich Gebiete minder klarer Prägung von solchen, in denen der nivellierende Einfluß der aufgeschütteten Massen Landschaften von vollendeter Ausgeglichenheit formte. So finden wir in der Nachbarschaft des Eises zwischen den Moränen am Gletscherrand und den großen Schotterflächen Übergangsgebiete geringer Breite, die keineswegs eben sind. Manchmal sind die Schottermassen durchlöchert von vielen Söllen und kleinen dolinenartigen Einsturzformen (A. 61). An anderen Stellen liegt der Schutt noch unregelmäßig geballt in breiten, niedrigen Kuppen. Vereinzelt deuten auch kleine Haufen loser kantiger Brocken auf einen spät geschmolzenen Eisrest.

Das sind Ausklänge der früher geschilderten Landschaft am Eisrande, — Übergangsgebiete von relativ kurzer Lebensdauer, ihr Relief verfällt schnell der Verebnung. Im inneren Hochland sind manche dieser Gebiete im größeren Teil des Jahres wasserarm; ihre Umgestaltung mag hauptsächlich stattfinden während der frühsommerlichen Schneeschmelze. Um diese Zeit hat freilich bisher noch kein Forscher diese Gegenden besucht.

Mit der Entfernung vom Gletscher verschwinden allmählich die Hohlformen, verflachen sich alle Böschungen zu kaum mehr meßbaren Beträgen. Die Schuttmassen fließen zusammen zu einer geschlossenen Decke. Nur selten verrät eine fremd herausschauende Lavaspitze das tief verschüttete, alte Relief.

Große Mächtigkeit der Schotter und vollendete Einebnung ihrer Oberfläche charakterisieren die Kerngebiete unserer Landschaft. An ihrer Peripherie, wo die Schotterdecke dünner wird, werden sie gerahmt von Gebieten, in denen der Untergrund sich immer deutlicher bemerkbar macht. Flache, glatte Rundhöcker beginnen schärenähnlich aufzutauchen aus dem Trümmermeer; — alte Täler lassen sich weit verfolgen unter die Schotter, die schon zu dünn sind, um sie noch auszufüllen; und schließlich setzen grüne Sümpfe der Schotterwüste ein klares Ende.

Diese drei Varianten der Schotterlandschaften sind sehr deutlich ausgeprägt in dem Gebiet zwischen dem großen Geysir und dem Südostrande des Langjökull. Aber über die kleinen Unterschiede hinweg bleibt die gemeinsame Grundstimmung einer wasserarmen, lebensfeindlichen Wüste.

Ihre eindrucksvollste, höchste Entwicklung erreicht die Landschaft der glazialen Schotter im Sprengisandur östlich des Hofsjökull. Hier beherrschen ihre Massen ungestört durch junge Lava ein Gebiet von 725 qkm.

Sprengisandur: In flimmernder Hitze eine jauchzende fünfzehnstündige Jagd am Gletscher entlang im fliegenden Schotter der Wüste . . . — Morgen vielleicht erbitterter Kampf, wenn Pferd und Mann im eisigen Staubsturm halberstarrt und beinahe blind sich vorwärts tasten an den Warten, die in weitem Abstand die Richtung weisen . . . — Ein feierlicher, leerer Raum im Dämmern der Sommernacht, innerstes Hochland in unendlicher Ruhe, in dem wir Schritt reiten möchten. —

Aber die Pferde gehen nicht Schritt im Sprengisandur; sie tun ihr Möglichstes wieder herauszukommen aus der futterlosen Wüste. So bleibt den meisten nur ein einziger Tag, und der Sprengisandur ist abseits des markierten „Weges" immer noch eines der unbekanntesten Gebiete.

Im Gegensatz zu vielen isländischen Schotterflächen ist der Sprengisandur nicht eben. Er schwingt auf und ab in flachen, weiten Wellen wie eine ganz lange Dünung. Das Pferd erreicht die Höhe, — für einen kurzen Augenblick gewinnen wir eine Übersicht und gleiten wieder hinunter in das andere Tal.

Ein Pflaster von faustgroßem, kantengerundetem Schotter wechselt mit Strecken groben Kieses. Unvermittelt stehen überall, bald dichter, bald weiter, meterhohe, massige Blöcke in dem lockeren Material. Manche sind vom Spaltenfrost schon völlig zerlegt und lassen sich auseinanderstoßen. Manchmal deutet auch nur noch ein Haufen kantiger Scherben auf den gewesenen Stein. An ein paar Stellen sind diese Scherbenhaufen so deutlich nach einer Richtung auseinandergezogen, daß wir Bewegungen im Boden vermuten müssen. Indessen scheinen sie selten; nur ganz vereinzelt zeigen sich in langen, handbreiten Streifen größeren Materials Ansätze zu einer Art Strukturboden in dem Schotter (A. 62).

Das ganze Gebiet ist ausgesprochen trocken. Die Schmelzwässer des Hofsjökull sammeln sich in drei Quellflüssen der Thjórsá, deren scharfgeschnittene Täler sich unvermutet neben uns auftun.

In ihren meist verstürzten Wänden bietet sich nur selten ein guter Einblick in den Aufbau der Landschaft. Die Basalte des Liegenden sind nirgends erschlossen. Die Decke der glazialen und fluvioglazialen Massen ist wenigstens zwanzig Meter mächtig. Gletschermaterial und Sediment der Flüsse verknüpfen sich in tausend Varianten. Größere Partien einheitlichen Aufbaues sind selten. Im ganzen zeigt es sich, daß die steil gebröschten harten Massen der Moränen vorherrschen. Die langen, weiten Wellen sind wohl die ihnen entsprechende Form der Oberfläche. Der Sprengi„sandur" ist zum größeren Teil eine Moränenwüste. Ist man erst mit der Landschaft vertraut, so sondern sich auch an der Oberfläche immer deutlicher die Gebiete reiner Moräne von solchen, in denen die Arbeit des fließenden Wassers überwog. Die eigentlichen Sanderflächen sind etwas ebener, noch viel trockener und zeichnen sich aus durch feineres Material, obwohl auch hier die einzeln stehenden großen Blöcke keineswegs fehlen.

In der dichteren Masse der Moräne scheint das Wasser nicht so tief zu versickern wie im Sandermaterial. Im Gegensatz zu dessen völliger Wüste zeigt sich in der Moräne doch hier und da ein leiser Anflug von Vegetation, ein grüner Schimmer leuchtenden Mooses, das freilich weder Schafe noch Pferde fressen mögen. Je unverfälschter die Moräne, desto reicher ist sie an oberflächlichem Wasser. Die meisten Seen Islands liegen im Gebiete der Moräne (A. 63). Im Sprengisandur freilich finden sich, abgesehen vom Randgebiet des Gletschers und vom Fjórdungsvatn, nur hier und da noch Spuren kleiner Seen. Aber in den jugendlicheren, weniger ausgeglichenen Schotterlandschaften nördlich des Hofsjökull, rings um den Langjökull, am Nordrand des Vatnajökull, auf der nordwestlichen Halbinsel, auf der Melrakkasljetta und wahrscheinlich noch an vielen anderen Orten sind die häufig gruppenweise auftretenden, kleinen Seen geradezu ein Kennzeichen für das Vorwiegen reiner Moräne.

Es ist ein eigentümlicher Eindruck, wenn man aus der stundenweiten Trockenheit an das Ufer eines solchen Sees tritt: Manchmal setzen grüne Ränder das graue Wasser ab gegen das graue Gestein — manchmal liegt ein kleiner Restsee inmitten einer Fläche zähen, dunklen Schlickes — manchmal brandet tiefes Wasser kräftig gegen nackte Schotter. Immer liegt etwas Herbes, Abweisendes über diesen Moränenseen, sie lächeln nicht, sie sind ein Teil der großen, grauen Wüste.

Von Zeit zu Zeit klingt die Stimmung der Landschaft auf in dem melancholischen Schrei eines Singschwanes. An einigen entlegenen Seen am nördlichen Ostrand des Hofsjökull bringt das schnatternde, dichtgedrängte Treiben brütender Gänse zeitweilig einen starken Kontrast in die Öde der Landschaft (A. 64).

Die Ruhe der Kerngebiete wandelt sich am Rande der Schotterfluren in lebendige Beweglichkeit. Die Wüste der glazialen Schotter erweist sich als ein höchst aktives Element unter den Landschaften der Insel. Sie ist kein diluviales Relikt, kein leerer Raum, in den die Pflanzen langsam einrücken, — sondern die Wüste wächst, und wo die Pflanzen sich zurückzogen, erscheinen die graubraunen, kantigen Schotter.

In hundertfacher Wiederholung beobachten wir den gleichen Tatbestand: Die Vegetation setzt mit geschlossener Kante ab, und wir treten eine tiefe Stufe hinunter auf absolut kahle Schotter. Eine scharfe Linie trennt das Weideland von der Wüste. Aber vereinzelt bezeugen kleine Fetzen, die sich auf schmalen Sockeln pilzartig über die Schotter erheben, daß die Pflanzendecke einmal weiter reichte. Die Wüste kann hier nicht klimatisch bedingt sein, sie ist ein Produkt zerstörender Kräfte. Wir wissen nicht, wie weit die Vegetation einmal hinreichte in das innere Hochland. Es ist gar nicht unwahrscheinlich, daß weit in das Hochland hinein Gebiete der ausreichend feuchten Moränen schon einmal dicht bewachsen waren. Die mannshohen Engelwurzstauden am Ostrande des Hofsjökull, der üppige Graswuchs am östlichen Nordrand des Vatnajökull beweisen jedenfalls, daß unter den klimatischen Bedingungen des Hochlandes auch heute Pflanzen gedeihen können.

Die reinen Sanderflächen freilich, in denen jedes Wasser schnell und tief versickert, sind wahrscheinlich immer wüst gewesen. Von ihnen mag die Ausbildung der heute so weite Flächen umfassenden Schotterlandschaft ihren Ausgang genommen haben.

Die gestaltende Kraft bei dieser Ausweitung der Wüste ist ohne Zweifel der Wind. Am Rande der grünen Gebiete bläst er den Pflanzen das Erdreich aus den Wurzeln heraus und legt Schritt für Schritt die Schotter wieder frei. Im Hochlande hält er die gefährliche Wunde ständig offen, indem er die Bildung einer Krume verhindert, die den Schutt abdichten und Pflanzen ernähren könnte. Durch dieses ständige Fortführen der feinsten Teilchen hat die Landschaft der glazialen Schotter überhaupt erst ihr einheitliches Gepräge erhalten. Ursprünglich haben die Gebiete, in denen die Moräne vorherrscht, ganz anders ausgesehen als die Sanderflächen. Aber sie haben sich angeglichen. Die feine Grundmasse, in der die Schotter eingebettet lagen, wird trotz ihrer starken Verfestigung herausgeblasen. Über der kompakten Moränenmasse entsteht eine dünne Decke losen trockenen Schuttes, die sich Pflanzen gegenüber nicht günstiger verhält als die tiefgründigen Schotter der Sander. Häufig sehen wir gebleichte, kleine Weidenleichen am Boden, die nur mit einer zähen Wurzel noch an einem Steine haften. Der Wind treibt sie im Kreise herum und wird sie bald abreißen — aber es kann doch nicht lange her sein, daß sie grün waren, daß eine Krume den Boden bedeckte, der heute wüst ist. Es wird wenige Stellen geben im inneren Hochlande, wo sich nicht bei einigem Suchen genügend totes Holz zu einem Kochfeuer fände.

Wir wissen, daß es nur ganz selten windstill ist auf Island. Wir kennen die große Häufigkeit hoher Windstärken (vgl. Seite 41), aber eine rechte Vorstellung von der Leistung des Windes gewinnt man doch erst mitten in einem der Staubstürme des Hochlandes: Das ist nicht nur Staub, das sind spitze Glasteilchen von Lavafeldern, das ist ein Sandstrahlgebläse, das die Schutzbrille stumpf macht und die Haut zerschneidet, das sind unerhörte Massen Gesteines, die da durch die Luft fliegen, gemessen an den Mengen, die allein an dem Reiter haften bleiben.

Diese Stürme sind nicht selten. Wer mehrere Tage im Hochland herumstreift, hat wenig Aussicht, ihnen zu entgehen. Aber trotz der starken Beanspruchung durch den fliegenden Sand gehören windpolierte Flächen zu den Seltenheiten. Die großen Blöcke, die im Sprengisandur stehen, haben ringsum rauhe Oberflächen, nichts an ihnen deutet auf eine vorherrschende Windrichtung. Es mag sein, daß im Hochlande die Frostverwitterung schneller arbeitet als der polierende Sand (A. 65).

Eine graziöse Variante der Staubstürme sind die Staubwirbel, die man fast täglich im Hochlande beobachten kann. Unverhofft — manchmal kurz nach langem Regen, richtet sich die schlanke, schwarze Säule auf, tänzelt mit großer Geschwindigkeit auf einem kleinen Gebiete hin und her, sinkt zusammen, richtet sich wieder auf und ist mit einem Male verschwunden. Die Erscheinung dauert zwei, drei Minuten. Geringe Mengen feinsten Staubes steigen in diesen Wirbeln zu Höhen von 100—200 Metern auf. Sie werden oft vom Winde erfaßt und dann wahrscheinlich sehr weit fortgetragen.

Abb. 47                                                                 phot. Jwan

Staubsturm im Kjölur, gesehen vom Kjalfell, der die Ebene um 400 m überragt

Abb. 48                                                                 phot. Jwan

Ein altes, bewachsenes Lavafeld wird ausgeweht. Pflanzenreste im Vordergrund. (Südrand des Kjalhraun.)

Im isländischen Sprachgebrauch ist das Wirken des Windes klar gekennzeichnet: er bläst das Land so lange aus, bis es „Örfoka" ist — „un-
fliegbar". „Örfoka" wird in erster Linie glazialer Schutt; aber auch ein
vulkanischer Tuff, von dem dann oberflächlich nur noch die zahlreichen
kleinen Schlacken und Glasklümpchen übrigbleiben, — auch ein alter Lavastrom, der bewachsen war, können „Örfoka" werden.

So wird der Wind auf Island zu einem Landschaftsbildner ganz großen
Stiles. Weite Räume, die vom Eise gestaltet wurden, befinden sich in einem
Prozeß lebhafter Umformung. Die Landschaft der glazialen Schotter wandelt
sich in eine Windwüste. Kälte und Trockenheit erleichtern dem Winde die
Arbeit.

*Ödhöfe im südlichen Tiefland* nach d D.K.

Abb. 49                    ca. 1 : 250 000

Die Einflußsphäre des Windes reicht noch weit über die Landschaft der
glazialen Schotter hinaus. Den ungeheuren Abtragungsgebieten der Windwüste, deren Schwerpunkt im Hochlande liegt, entsprechen äolische Auf-
schüttungslandschaften, die hinabreichen in die Tiefländer. Vegetations-
arme Flächen groben Flugsandes wechseln mit besser bewachsenen, mächtigen Massen eines feinen, lössartigen Materials, das die Isländer Móhella
nennen. Die Flugsandgebiete setzen die Windwüste fort, sie geraten immer
wieder in Bewegung und ersticken immer größere Gebiete des kostbaren
Weidelandes.

Das Kärtchen zeigt das verhängnisvolle Wirken des Windes im Nordosten
des südlichen Tieflandes. Ein früher dicht besiedeltes Gebiet fiel dem Flugsand zum Opfer. Die hohlraumreichen, jungen Lavaströme der Hekla werden

fast völlig verhüllt. Die Landschaft ist flach, das häufige Wechseln der Windrichtung verhindert die Bildung von Dünen (A. 66). Gemessen an der Beweglichkeit des Flugsandes, liegt das feine Material der Móhella ziemlich fest. Daher bildet sich in ihrem Bereich auch eher eine Vegetationsdecke. Wo der Wind ihre Gebiete neuerdings angreift, bildet er in ihnen charakteristische Systeme schmaler, bis einige Meter tiefer Kanäle, zwischen denen die erhaltenen Partien wie riesenhafte Bülten sich erheben. Die steilen Wände dieser Gräben zeigen massige Packungen fluvioglazialer und vulkanischer Herkunft, denen nur hier und da eine auffällige Bimssandlage den Anschein einer Schichtung gibt. Die Móhella zeigt Eigenschaften eines echten Lösses: Sie steht so fest, daß man Keller darin ausgräbt, sie birgt eine Menge wunderlich geformter Konkretionen, sie neigt infolge kapillar aufsteigenden Wassers zur Bildung oberflächlicher Krusten (A. 67).

Viele Zeugnisse aus historischer Zeit beweisen, daß die Móhella im gegenwärtigen Klima entstand und noch heute in vielen Teilen des Landes entsteht. Über ihre Verteilung auf der Insel und ihre Zusammensetzung im einzelnen wissen wir noch kaum mehr, als Thoroddsen mitteilt (Nr. 555, p. 29). Damit bleibt auch die Frage noch ungelöst, wie weit etwa die Móhella sich identifizieren ließe mit dem diluvialen Löß am Südrand des Norddeutschen Flachlandes. Hier wie dort liefert eine Landschaft der glazialen Schotter dem Wind das Material, das freilich in Island noch bereichert wird durch das Hinzutreten der vulkanischen Aschen (A. 68).

# DIE JUNGVULKANISCHE LANDSCHAFT

Lavameere

Tuffgebiete

Solfataren

## Die Lavameere

Im Bereiche der glazialen Schotter bewies die scheinbar vollendete, ruhende Landschaft eine höchst aggressive Beweglichkeit. Die jungvulkanischen Gebiete verhalten sich gerade umgekehrt: Die Vielfältigkeit ihrer Kleinformen scheint nur für den Augenblick geschaffen, sie tragen alle noch die Linien der Bewegung, während derer sie erstarrten. Der Beschauer würde sich nicht wundern, wenn die Wülste weiterliefen, wenn die scheinbar eben aufgeworfenen Blasen wieder in sich zusammensänken. — Aber die Landschaft ist starr; manche dieser zarten Spitzen stehen so seit mehr als tausend Jahren; die jungvulkanischen Gebiete sind das beständigste, am längsten der Zerstörung trotzende Element der Insel (A. 69).

Die jungvulkanische Landschaft ist zugleich ungewöhnlich vielseitig: Die weiten Lavameere beherrschen zwar sehr große Flächen, aber zum Bilde der Landschaft gehören auch die fremdartig spitzen Kegelreihen der Tuffe, gehören vor allem auch die zahllosen, überall verstreuten kleinsten Gebiete der Thermen, Fumarolen und Solfataren, die dem düsteren Grunde charakteristische grelle Lichter aufsetzen.

Zögernd setzen die Pferde den Fuß auf die Lava. Der freie Trab über die Schotter gefiel ihnen besser. Sie haben ihre Erfahrungen. Das dunkle Gestein klingt manchmal verdächtig hohl, bei jedem Schritt kann eine dünne Kruste einbrechen, und dann heißt es, den Fuß vorsichtig herauszuheben zwischen messerscharfen Kanten. So entsteht der steife, unendlich langsame und ermüdende Gang von Tier und Mensch auf dem Lavafeld.

Eine Flut von abenteuerlichen Formen schlägt über der Karawane zusammen. Das eben noch unendliche Blickfeld schrumpft zu einem Umkreis von oft nur einigen Metern. Aber in diesen kleinen Räumen drängt sich ein erdrückender Reichtum der Gestaltung, häuft sich ein beziehungsloses Durcheinander, das keine Spuren einer einheitlichen Prägung durch eine dominierende Kraft zeigt.

Neben klotzigen Trümmerhaufen glitzern zarte Glasgespinste, — steigt aus einem Teppich grauer Moose eine Säule schlank empor zu dreifacher Manneshöhe, — schieben sich dünne Schollen wie beim Eisgang eines Stromes übereinander zu unpassierbaren Barrieren. Jede einzelne noch hat ihre Besonderheiten. Manche stehen steil in die Höhe, auf einer Seite die schweren Falten und zierlich gedrehten Stricke der Fließstruktur, auf der anderen schwarz verbrannt zu bröckelnder Schlacke. Bei manchen sind die Fließwülste abgeplatzt in dünnen Scherben und geben glatte, hellgraue Flächen frei. — Wenige Schritte weiter wieder ein völlig verändertes Bild:

Niedrige, kleine Kuppeln drängen sich dicht zusammen und geben dem Hraun fast das Aussehen einer zerdrückten Eierschale (A. 70).

Der Führer steht auf einem der Buckel und lotst die lange Reihe der Packpferde auf vielerlei Umwegen vorsichtig vorwärts. Eine einzige klaffende Spalte kann uns dann plötzlich ganz aus der Richtung werfen. In ihren dunklen Wänden erscheinen zerquetschte Packungen formloser Wülste — selten eine einheitliche Masse — fast niemals gut gebildete Säulen. Hörbares Aufatmen der Pferde, wenn sich mitten im Hraun eine kleine Flugsandfläche öffnet! Ein schneller Trab über dreißig, fünfzig Meter, bis dann drüben das mühselige Tasten wieder beginnt. — Lieblicher Lichtblick für den Reiter, wenn aus engen Spalten unvermutet ein Geranium herausleuchtet oder die gelben Köpfchen des Habichtskrautes! Aber diese Momente sind selten.

Stumpfe, dunkelbraune Farben ziehen das Vielerlei zu einer Einheit zusammen. Seit Stunden reiten wir so hinein in das Kjalhraun. Von Zeit zu Zeit erblicken wir eine einsame Spitze vor uns über dem grauen Gewirr: sie gibt uns die Richtung. Um hundert kleine Buckel sind wir herumgeklettert, und noch immer kann hinter jedem eine Überraschung warten. Aber langsam werden wir stumpf wie die Pferde, die Freude am Entdecken erstickt unter der Fülle der Erscheinungen. Seit geraumer Zeit spricht niemand mehr ein Wort. Während wir noch vorwärts reiten, beginnen wir stillschweigend Steine zu setzen für den Rückweg. Der Kompaß ist unzuverlässig im Hraun.

Die leblose, düstere Enge lastet schwer auf Reiter und Pferd. Die bizarren Formen fangen an, die Phantasie zu reizen. Unzählige Hohlräume locken zu unterirdischen Exkursionen. Es ist klar, hier müssen Trolle wohnen und Ächter, die in dunklen Höhlen von gestohlenen Schafen leben. Unschwer lassen sich hier und da Spuren menschlicher Ordnung erraten. Wer einmal ins Träumen gerät, gleitet leicht hinüber in die Welt der Sagas, bis ein Straucheln des Pferdes ihn zurückruft in seine Umgebung.

Mit einem Male ist die spitze Klippe doch erreicht. Einsam ragt sie auf am Rand eines lotrecht abfallenden Kessels. Wir sind es kaum gewahr geworden, daß es ständig aufwärts ging. Nun weitet sich das Blickfeld wieder. Das Hraun fällt sanft nach allen Seiten: Wir haben eine Dyngja erstiegen, einen der unendlich flachen, isländischen Schildvulkane (A. 71), über die man hinwegreiten kann, ohne sie zu erkennen.

Der ovale Kessel vor uns ist etwa 900 Meter lang und höchstens 15 Meter tief. Ein Einbruch im Hraun scheint es, wie viele andere, aber es muß der Krater sein, aus dem die Laven ringsum stammen, es gibt keine andere Ausbruchsstelle im Bereiche des Kjalhraun. Nach der Eiszeit brodelte hier ein Lavasee, der ab und zu über die Ufer trat und ringsum eine schnell erstarrende Schichtflut ergoß. Dann erschöpfte sich die Zufuhr, und die erkaltenden Massen zogen sich zusammen. — Oder das glutflüssige Gestein fand einen seitlichen Ausweg wie bei der Kollotadyngja (Nr. 499) oder der Sólkatla über dem Hvításee: In beiden Fällen brach die erstarrte Decke des Sees nieder und hinterließ die heutigen Einbruchsformen, die nur in den hinaufgespritzten Schlackenzinnen rings am Rande ihren alten eruptiven Charakter noch zu erkennen geben. Nach einer dieser Spitzen heißt der Krater „Strýtur". Tiefe Einsenkungen im Kraterboden deuten wahrscheinlich auf nachträgliche Kontraktion im Schlote (A. 72).

Flankeneinbrüche und tiefe Spalten zeigen den massiven Aufbau des Schildes aus dünnen Decken, die sich übereinander ergossen in nicht allzu langen Abständen (A. 73). Und so erklärt sich der bei aller Mannigfaltigkeit doch einheitliche Charakter der Lavameere. Am Vesuv, an der Hekla kreuzen wir Lavaströme ganz verschiedenen Alters, frisch erhaltene und schon zerstörte. Hier entstammen die fest verschweißten Massen fast alle der jüngsten Eruption. Das Hraun ist aus einem Guß.

Die Formen der Abkühlung, die die Oberfläche der Laven so vielseitig gestalten, machen sich auch im Inneren des Gesteines noch deutlich bemerkbar. Statt einheitlicher, geschlossener Wände, — statt massiver Packungen gut gebildeter Säulen zeigen die Spalten häufig einen stark gegliederten, lockeren, hohlraumreichen Aufbau. Die merkwürdigen langgestreckten Röhren der Oberfläche, zwischen deren schnell erkalteten Wandungen noch eine Zeitlang flüssiges Material floß, finden sich in größeren Dimensionen auch in der Tiefe. In größerem Abstand vom Krater scheint das einheitliche Fließen der Lavaflut sich gesondert zu haben in einzelne Ströme, die nebeneinander und übereinander, jeder innerhalb seiner eigenen erhärteten Krusten, dahinflossen und alle Erscheinungen eines großen Lavastromes zeigten. Hörte der Nachschub auf, so blieben die Wandungen stehen, und es bildeten sich die zahllosen langgestreckten Hohlräume, in die wir hineinblicken in jedem Anschnitt der Lava.

Sie können beträchtliche Größe annehmen, die Surtshellir ist 1400 Meter weit begehbar (Nr. 418, p. 95 ff.; 618; 282; 280). Mehrere hundert Meter lange, scharfkantige, grabenähnliche Einbrüche über solchen Höhlen sind keine Seltenheit, aber bei der Mehrzahl halten sich die lichten Weiten unter einem halben Meter (A. 74).

Aus den flüssigen Massen im Inneren stiegen Gase auf, hoben die deckende Kruste und sprengten sie an vielen Stellen.

So entstanden die vielen kleinen Wölbungen, die das Hraun charakterisieren. Auf einer Basis von 3 bis 15 Metern Durchmesser erheben sie sich zu einem bis vier Metern Höhe. Ihr Gewölbe ist oft geborsten, der Riß eröffnet einen Hohlraum, der manchmal groß genug ist, einzelnen verirrten Schafen, auch Menschen, Unterschlupf zu gewähren. Das selten mehr als einen halben Meter starke Gewölbe zeigt häufig klar ausgebildete Säulen. Vom Gaskanal sind keine Spuren hinterblieben. Die Blasen setzen also ein flüssiges Inneres voraus unter einer Decke, die in langsamer, stetiger Abkühlung schon erhärtet war. Sie scheinen besonders zahlreich dort, wo die Lava Senken ausfüllte oder durch Stau eine ungewöhnliche Mächtigkeit erreichte (A. 75 und A. 76).

Ein Tagesritt durch das Hraun führt uns vorbei an Hunderten solcher Höhlungen. — Hunderte andere liegen verschlossen und dröhnen nur dumpf, wenn wir darüber hinwegreiten. Die Lava ähnelt einem schlechten Guß: zwischen dichten homogenen Massen ein Übermaß an porösen Bildungen.

Und hierin liegt die große Bedeutung der jungen Laven für das Gesamtbild der Insel. Ein großer Teil des Hochlandes ist trotz der reichlichen Niederschläge trocken, weil die Lava das Wasser schluckt. Die meisten Schmelzwässer versickern dicht am Rande des Eises und treten erst in weiter Entfernung wieder zutage. Es gibt keine Bäche im Hraun, die Lavalandschaften sind die einzigen, in denen man Durst leidet auf Island (A. 77).

Ein Teil der Schmelzwässer des Eiriksjökull erscheint nach 25 Kilometern unterirdischen Laufes im Barnafoß, einem rauschenden Wasserfall in der rechten Talwand der Hvítá.

Manchmal bleiben Gletscherbäche solange an der Oberfläche, bis die dünne Schuttdecke zerschnitten ist und verschwinden dann in der liegenden Lava.

Die zahlreichen Bäche, die am Westrand des Odádahraun entspringen, zeigen, welche ungeheuren Wassermassen die Lava am Dyngjujökull aufnimmt. Quellen, die Wassermühlen treiben, sind am Rande des Hraunes nicht selten. Es besteht kein Zweifel, daß ein großer Teil des Hochlandes Weideland sein könnte, wenn das Wasser an der Oberfläche bliebe.

Auf seinem Weg durch die Laven wird das trübe Wasser der Gletscherbäche gefiltert. Auf dem Plateau über dem Hvítárvatn am Ostrand des Langjökull stürzen schlammig braune Bäche über die Gletscherstirn herab und verlieren sich in der Lava. Einige hundert Meter tiefer tritt das Wasser kristallklar als starker Quellhorizont über der Fródá aus (vgl. Seite 44).

Hunderte von Beispielen rings um die Jöklar zeigen den gleichen Vorgang. Quellen am Rande des Hraunes sind immer klar. Die Schwebestoffe blieben in der Lava. Seit Hellands Messungen (Nr. 196, vgl. Seite 27) haben wir eine Vorstellung, um welch bedeutende Gesteinsmengen es sich dabei handelt. Es muß eine ganz gewaltige Sedimentation im Inneren der Laven stattfinden.

Die wasserführenden Lavaschichten sind oft von geringer Mächtigkeit. Das Odádahraun nördlich vom Dyngjujökull mag im Durchschnitt 30—40 m mächtig sein. Durch diese dünne Schicht rinnen die Schmelzwässer des riesigen Gletschers. Die starken Quellen am Rande beweisen, daß die Lava auf undurchlässiger Unterlage — wahrscheinlich Moräne — ruht.

Am Westrand des Hofsjökull nehmen nur 10—15 Meter mächtige Lavadecken ganz bedeutende Wassermengen auf.

Es kann nur eine Frage der Zeit sein, bis die Hohlräume der Lava erfüllt sind. Das ist wahrscheinlich zuerst der Fall in der Nähe des Gletschers. Die unterirdischen Gewässer werden langsam in die Höhe gezwungen und fließen schließlich auf der nunmehr undurchlässig gewordenen Unterlage oberflächlich ab bis dorthin, wo die Lava noch porös genug ist, das Wasser aufzusaugen. Eine Oberflächenzerschneidung des Hraunes wird erst dann stattfinden, wenn es zum größeren Teile undurchlässig geworden ist.

Es scheint, als ob dieser Zustand teilweise erreicht sei bei einigen Lavafeldern am südwestlichen Vatnajökull.

Spalte in der Lava von Thingvellir. Das Hraun ist alt, sehr
eben und schon überwachsen

ne Lavakuppel im Kjalhraun. Die einen Meter hohe steinerne Warte oben
ent als Wegweiser. Im Vordergrund grasbewachsene Trümmer.

Ein ungewöhnliches Bild aus
dem Hraun: Ein Schlacken-
turm ragt unvermittelt heraus aus einer beinahe ebenen,
moosbewachsenen Lava-
oberfläche (A. 76).

bb. 52                                    phot. Jwan

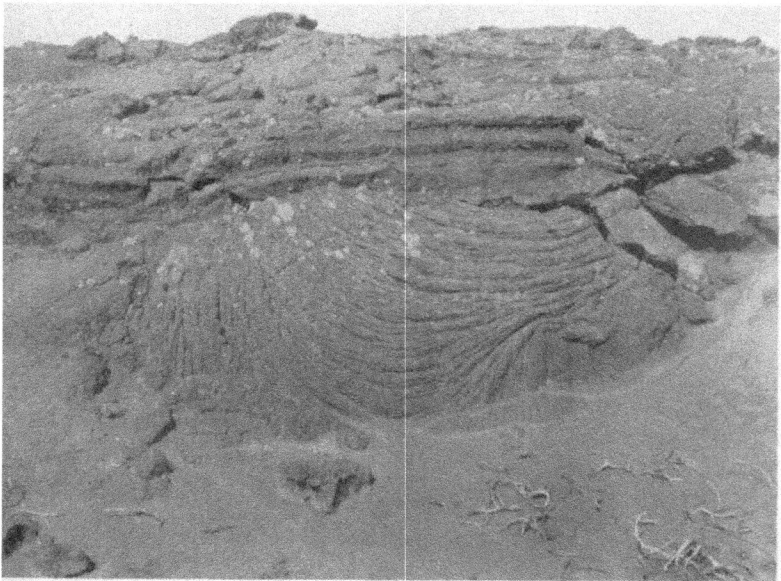

bb. 53                                              phot. Jwan

in typisches Bild aus dem Hraun: Zertrümmerte Fließ-Strukturen, Flugsand, vertrocknete kleine
'eiden und die ersten Anfänge der Moosdecke.

Abb. 54                                                    phot. Jwan

Aufschluß in einem namenlosen Lavastrom am Westrand des Hofsjökull. Das
Bild zeigt ein Extrem: Der auf den Beschauer zu fließende Lavastrom ist
völlig aufgelöst in Einzelströme. Deutliche Neigung zur Bildung von Hohlräumen.

Abb. 55                                                    phot. Jwan

Eine drei Meter hohe Gasblase im Kjalhraun. Säulenstruktur im Gewölbe.

Über alle diese Vorgänge haben wir bisher nur wenige Beobachtungen (Nr. 433, p. 86; Nr. 404).

Die geologische Skizze (Seite 8) gibt einen rohen Überblick über die Verteilung der jungen Laven.

Es wird kaum ein Tag vergehen auf einer Reise im inneren Hochland, an dem wir nicht auf einen ihrer Ausgangspunkte träfen. Manchmal ist es ein einziger Krater, ein mehr oder weniger zentraler Schildvulkan, der die Lava ergoß. — Ein anderes Mal stammt das Hraun aus mehreren, annähernd gleichzeitig tätigen Vulkanen wie das Odádahraun oder die Laven von Thingvellir. Auf Reykjanes berühren wir während weniger Stunden Dutzende von Kratern und Kraterreihen, die alle beitragen zu dem gewaltigen Lavapanzer der Halbinsel. Ebenso oft sind es klaffende Spalten, denen die Massen entquollen (A. 12). — Die Lakispalte (A. 1), die Eldgjá, die Sveinagjá und die Spalten auf Reykjanes (D.K. 27 SV und 27 NV) sind nur einige Beispiele für eine Erscheinung, die auf der Insel so häufig ist, daß die Isländer ein besonderes Wort für sie haben: „gjä", d. h. vulkanische Spalte.

In allen diesen Fällen, die sich natürlich häufig kombinieren, entsteht das Hraun als festverschweißte Masse von verhältnismäßig geringer Mächtigkeit und großer flächenhafter Ausbreitung, ein Lavameer, in dem wir tagelang umhertasten (A. 78).

Eine starre, beständige Landschaft, in der das oberflächlich fließende Wasser nur wenig vermag!

Der Flugsand kann das Hraun verschütten — ein Gletscher kann es abhobeln und mit Moräne bekleiden — die Frostsprengung wirkt wie überall im Hochlande — Pflanzen beginnen seine Oberfläche zu ätzen —, aber die entscheidende Verwandlung des Hraunes vollzieht sich, unserer Beobachtung entzogen, in der inneren Sedimentation durch die Schwebestoffe der Schmelzwässer (A. 79).

## Die Tuffgebiete

Im Bereich der Tuffe hat die jungvulkanische Landschaft ein völlig verändertes Aussehen: An Stelle flach hingegossener Massen beherrschen schmale Rücken und zackige Kegelreihen das Landschaftsbild. Das Material ist ziemlich weich und in viel geringerem Maße wasserdurchlässig als die Lava. Die Folge ist, daß die Tuffe überall dort, wo sie nicht durch Basaltdecken geschützt sind, verhältnismäßig reich gegliedert werden durch oberflächlich abfließendes Wasser. Tief eingegrabene Tälchen, enge Klammen gehören zum Bilde der Tuffe; nirgends ist das innere Hochland „gebirgiger" als in ihrem Bereich (A. 80).

Im Hochland sind die Tuffe hundertfach verzahnt mit jungen Moränen. Beiden gemeinsam ist die intensive Zerschneidung durch kurze, enge Wasserrisse, — aber in der Moräne behalten alle Formen geringe Ausmaße, weil sie nur als dünne Decke über dem vulkanischen Gestein liegt. Die Mächtigkeit der Tuffe schwankt zwischen einigen hundert und mehr als 1000 Metern. Ihr unruhiges Relief kennzeichnet die jungen Tuffgebiete schon auf weite Entfernung. Die Jarlhettur-Kegel weisen uns stundenweit den Weg zum südöstlichen Langjökull. Der Tuffberg Keilir auf Reykjanes ist eines der markantesten Seefahrtszeichen in der ganzen Faxa-Flói (Nr. 487, p. 148). Auch im Kartenbild heben sie sich deutlich ab von ihrer Umgebung: Die langen Rücken östlich der Herdubreid z. B. auf der Höhenschichtenkarte Thoroddsens können nur Tuffgebiete sein. Und zu der auffälligen Erscheinung des Ganzen gesellen sich wunderliche Kleinformen in der Nähe. Die sehr ungleiche Festigkeit des Materials führt vielfach zur Herausarbeitung übersteilter Einzelformen. Das lockere Gefüge dieser Türmchen und Mauern gibt der Landschaft häufig einen ruinenhaften Charakter.

Eines der am besten zugänglichen Tuffgebiete und eines der lehrreichsten zugleich ist die Halbinsel Reykjanes.

In knapp fünf Stunden sind wir zu Pferd von Reykjavik aus mitten in der Landschaft der Tuffe. Zwei langgestreckte Südwest-Nordost gerichtete parallele Rücken, der Sveifluháls und der Núphlidarháls, geben dem Gebiete seine große Gliederung (D.K. Bl. 27 SV, NV; 27 SA; 28 NV; 28 NA). Sie erreichen Höhen bis 400 Meter und erheben sich etwa 250 Meter über ihre Umgebung. Die kaum zwei Kilometer breite Senke (A. 81) zwischen beiden Rücken ist fast ganz bedeckt von jungen Laven.

An klaren Sommertagen kann es hier ungewöhnlich heiß werden. Aus dem dunklen Gestein strahlt uns überall trockene Wärme entgegen. Ein feiner brauner Staub hängt in der flimmernden Luft, setzt sich tief in den Rachen von Pferden und Reitern und läßt den Mangel an Wasser doppelt fühlbar werden. —

Wir reiten entlang am Fuß einer Halde, die in sanft konkavem Abschwung von den Höhen zur Linken überleitet zu den jungen Lavaströmen in der Senke.

Glänzend schwarze jüngste Laven, — metallischer Schimmer der vielen Schlackenkraterchen und die grauen Töne der älteren, schon moosbewachsenen Ergüsse beherrschen die Senke. Darüber zieht sich hier und da ein

Streifen kräftiger Gräser und Zwergbirken einige zehn Meter die Halde hinauf. Und dann beginnen die matten braunen Töne des kahlen Tuffgebirges. Wolkenloser, blaßblauer Sommerhimmel vollendet das Gemälde einer schlichten, freundlich-ernsten Landschaft.

Schlackenteilchen, brauner Staub und faustgroße Tufftrümmer decken den Fuß der Halde. Wo der Pfad aus der Lava in den Tuff hinüberwechselt, kommen wir schnell ein gutes Stück vorwärts. Aber nicht selten ist die flach ausklingende Schräge der Schuttmassen derb unterbrochen von Reihen großer Blöcke (Durchmesser bis 2 m), die den Fuß der Halde einige hundert Meter weit begleiten: — Bergsturztrümmer, die der Bauer von Stóri Nýibaer in einzelnen Fällen zurückführen kann auf das große Beben von 1923 (A. 82). Am Paß von Brennisteinsnámur führt uns ein leichter Weg die Halde hinan: Wir stehen auf der Höhe eines langen, schmalen Rückens. Spitze Zinnen, steile Abbrüche, zackige kleine Kämme ragen durch den weichen Mantel der Schuttmassen und erwecken fast den Eindruck eines Hochgebirges. In flachen Mulden tauchen, überraschend, seichte Seen auf: das erste Wasser, das wir seit vielen Stunden erblicken, auf schmaler Höhe 250 m über der trockenen Senke. Aber während unten selbst die öde Lava dreißig Zentimeter dicke Moosdecken nährte, aus verborgener Spalte manchmal auch ein Löwenzahn oder Farne herausschauten, vermag in der Höhe auch das Wasser kein Leben zu erwecken. Denn das nackte Tuffgebirge ist das zweite große Wirkungsfeld des Windes.

Lange, graubraune Staubfahnen kennzeichnen oft das Wüten der Stürme in dem weichen Material. Der Tuff wird örfoka (vgl. Seite 61) wie die Moräne; eine Schotterdecke der schwersten Teile bleibt zurück, in der Pflanzen nicht Fuß fassen können.

Der Wind heult um die kleinen Türme und einzeln stehenden Blöcke und arbeitet zierliche Leisten aus dem plumpen Material. — Der Wind stürzt sich auf eine vom Firn geglättete Schräge und meißelt aus der Fläche ein Netzwerk erhabener Grate (A. 83). — Der Wind schließlich höhlt wahrscheinlich auch die merkwürdigen, einem engen Topfe ähnelnden Vertiefungen aus, die an manchen Stellen — z. B. auf der Trölladyngja — gruppenweise den Tuff durchlöchern (A. 84).

In der Senke, aus der wir heraufkamen, übersehen wir jetzt das wilde Durcheinander deutlich gesonderter Lavaströme. In zahlreiche kleine Krater blicken wir hinein, wundervoll regelmäßige Kegel und formlose, schlackige Öffnungen. Nur selten scheinen sie wahllos verteilt auf der Fläche, die lineare Anordnung der ganzen Landschaft kommt auch hier wieder zum Ausdruck. An einer Stelle zählen wir mehr als 20 Krater ganz eng aneinander über einer schmalen Spalte (A. 85). Die Lavaströme sind durchsetzt von ziemlich regelmäßigen Systemen quer den Strom überspannender, zur Mitte sanft abwärts geschwungener Spalten. Ein einziger grüner Fleck in der Wüste dort unten: Drüben am Fuß des Núphlidarháls das alte Tún des verlassenen Hofes Vigdísarvellir.

Die Pferde haben inzwischen ihren Durst gelöscht, und da sie nichts zu fressen finden, drängen sie zum Aufbruch.

In wenigen Minuten wird der Rücken gequert, und wir beginnen den südöstlichen Abstieg zum Brennisteinsnámur. Viel Wasser liegt jetzt unter
uns, der große Kleifavatn (A. 86), ein Bach, zwei kleine Seen, — Wasser
und üppiges Grün und Leute, die Heu machen. Eine friedliche, einladende
Landschaft, — zeugten nicht auch hier die weißen Dampfsäulen und die
schreiend bunten Solfatarenfelder von der bedrohlichen Unruhe vulkanischer
Aktivität.

Nach einer Stunde steht unser Zelt am Graenavatn. Ein ovales, steil ge-
randetes Becken von ca. 250 m Durchmesser. Der große, schon geneigte
Block, den wir hinunterwälzen, scheint schnell hinabzurollen in große Tiefe.
Ein ungleichmäßiger, breiter Wall von wenigen Metern Höhe rahmt das
Becken im Norden, Westen und Süden, im Osten fehlt er. Er besteht zum
großen Teil aus lockerem Material, schlackige Trümmer, einzelne große
Bomben mit hellgrauem Kern unter der schwarzen Kruste. Der Graenavatn
ist ein Maar. Das Wasser erfüllt die Ausschußöffnung einer Gasexplosion.
In steiler Wand stehen drei durchschlagene Basaltdecken am Ostufer über
dem See. Wenige hundert Meter nach Westen liegt der etwa gleich große
Gestastadavatn, wiederum ein Maar, wenn auch weniger klar in den Formen.
Im Süden, im Osten eine ganze Reihe großer, tiefer Trichter, die meistens
unten kleine Sümpfe bergen. Die ganze Gegend ist durchlöchert von Ex-
plosionen ohne nennenswerte Förderung.

Der große Unterschied dieser Art vulkanischer Betätigung zu den gewaltigen Ergüssen der Lavameere wird hier ganz klar:

Die explosive Natur der Tuffgebiete hat nichts gemein mit der ruhigen
Energie eines Spaltengusses, mit dem massigen Aufbau eines Schild-
vulkanes. Wir glauben zu spüren, daß es geringere Kräfte waren, die das
Tuffgebiet gestalteten. Ein Vulkanismus leichten Temperamentes formte eine
spielerische Landschaft. Viele kleine Eruptionen häuften ungleichartige
Massen zu dem lebhaften, wenig beständigen Bau der Tuffgebiete.

Nirgends kommt denn auch das Wirken der Zerstörung anschaulicher zum
Ausdruck als hier. Herausgewitterte Schlote, die freistehenden Mauern der
Gangsysteme geben überall handgreifliche Maßstäbe für die Beträge des
Abbaues. In dem stark gegliederten Gelände können sich die Laven junger
Eruptionen nicht mehr flächenhaft ausbreiten, sondern sie folgen als schmale,
lange Ströme den einzelnen Furchen und Tälern. Ein starrer Riegel harten
Gesteines inmitten leicht zerstörbarer Massen, und wenn das stützende
Lager verschwindet, hebt sich an Stelle der alten Furche eine schwarze
Barre merkwürdig steil über ihre Umgebung. Solche Fälle der Umkehr des
Reliefs sind im Tuffe ungemein häufig (Nr. 32, p. 6).

Die Landschaft der Tuffe ist eine Ruinenlandschaft, romantisch und bau-
fällig. In großen Massen geschlossen konnten sich die Tuffe nur erhalten im
Schutze der quartären Basaltdecken. In dem Maße wie diese der Zerstörung
erliegen, verlieren große Räume auf der Insel den Charakter des Plateaus
(A. 87). Im Gefolge der tektonischen Leitlinien kommt es dann im Südlande
zur Ausbildung Südwest-Nordost gestreckter, im Nordlande nordsüdlich
orientierter Rücken.

Abb. 56                                                    phot. Jwan

Die Tuffkegelreihe der Jarlhettur am SO-Rand des Langjökull. Auffällig unruhige Konturen.

Abb. 57                                                    phot. Jwan

Der Sveifluháls auf Reykjanes. Flugbild aus 300 m Höhe. Im Hintergrund links die Senke,
aus der der Weg hinaufsteigt. Auf der Höhe der See. Im Vordergrund rechts und links
zwei helle Solfatarengruppen.

Abb. 58          phot. Jwan

Tufflandschaft auf der Höhe des Sveifluháls. Ein alter Seeboden (Abb. 57
rechts oberhalb des Sees) wird örfoka. Keine Vegetation. In der Mitte links
eine Andeutung der geschilderten Blockreihen.

Abb. 59          phot. Jwan

Detail aus der Abbildung oben. Ein Bild schnell fortschreitender Zerstörung.
Windgeschliffene Profile in dem (einen Meter hohen) Block.

Abb. 60                                                                                      phot. Böhnecke

Ein etwa 15 Meter tiefes Maar bei Thrastalundur.

Die Solfataren

Ein Bild der Tufflandschaft auf Reykjanes, — der jungvulkanischen Landschaft überhaupt, bliebe unvollständig ohne die Solfataren, Fumarolen, „Schlammvulkane" und Thermen aller Art, denen wir mit Ausnahme des Ostlandes (A. 19) in allen Teilen der Insel begegnen.

Sie sind das lebendigste Element der jungvulkanischen Landschaft. Sie reden dem Reisenden anschaulicher von der vulkanischen Natur des Landes als tote Laven und erloschene Vulkane, — mögen sie auch ihrer Geschichte nach vielleicht nur letzte Äußerungen erlöschender vulkanischer Aktivität sein.

Nach den Dampfsäulen, die man vom Meere aus sieht, hat Reykjanes seinen Namen: Rauchkap. Mit ihm die zahlreichen anderen Örtlichkeiten der Insel, deren Name das Verb reykja — rauchen — enthält.

Diese auffälligen weißen Dampffahnen der Thermen, die bunten Solfatarenfelder sitzen meist als leuchtende Akzente in den düsteren Gesteinen jüngstvulkanischer Produktion: die Fumarolen der Askja, der Kverkfjöll z. B., die Solfataren der Mývatn-Gegend — die heißen Quellen von Hveravellir im Kjalhraun. Wir finden sie aber auch als überraschende Inselchen jungvulkanischer Landschaft weit abseits in erloschenen Gebieten, z. B. die Thermen im Isafjördur auf der Nordwest-Halbinsel oder die grellen Solfataren in den tief verschneiten Kerlingarfjöll.

Der berühmte Große Geysir am Rande des südlichen Tieflandes ist träge geworden. Er springt nur noch selten. Mehrere Erdbeben der letzten Jahre haben, wie es scheint, den Dämpfen andere Wege geöffnet. Ein wenige Meter hoher, flacher Sinterkegel trägt ein kreisrundes Becken von 10—12 Metern Durchmesser. Das Wasser ist heiß, so daß man nur einen Augenblick die Hand hineinhalten kann. Es ist hellblau und ganz klar. Deutlich erkennen wir genau in der Mitte die dunkelblaue Mündung des Schlotes (Durchmesser 1,5 m). Das Wasser ist ständig in leichter, zitternder Bewegung. Das bis zum Rand gefüllte Becken läuft nach Nordwesten über; an dieser Seite entsteht ein feingliedriger Aufbau hunderter, scharf abgesetzter Sinterterrassen. Ein Vergleich mit einer etwa 20 Jahre älteren Photographie Spethmanns ergab 1927 ein starkes Anwachsen dieser Bildungen (A. 88). Aus dem Boden ringsum steigen überall Dämpfe. Heißes Wasser sprudelt in vielen kleinen Löchern; in manchen flachen Mulden (Durchmesser bis 1,5 m) kocht ein graubrauner, übelriechender Schlamm. Erloschene Öffnungen sind noch erkenntlich an den weißen Salzlagern, die sie rahmten. Am Rande des Feldes springt ein kleiner Geysir alle 110 Minuten etwa 2,5 m hoch. Der Strokkr dagegen ruht wie sein großer Bruder.

Rotbraune bis hellrote Farben beherrschen die Umgebung der Thermen und heben die ganze Gruppe schon auf weite Entfernung deutlich heraus über das saftige Grün der Tieflandswiesen im Süden. Seit hundert Jahren haben viele Forscher und eine große Zahl von Touristen den Geysir besucht. Die Abweichungen ihrer Berichte lassen fortwährende Veränderungen der Intensität wie auch der Lage der einzelnen Thermen erkennen. Diese starke Veränderlichkeit ist ein gemeinsames Kennzeichen beinahe aller isländischer Thermengruppen und Solfatarenfelder. Beim Großen Geysir und anderen heißen Quellen des südlichen Tieflandes pflegt man sie zurückzuführen auf die häufigen Erdbeben in dieser Gegend — allein auch in den tektonisch weniger beanspruchten Gebieten wandelt sich die äußere Erscheinung der Thermen und Solfataren manchmal überraschend schnell. Ein gutes Beispiel in dieser Hinsicht bieten die heißen Quellen von Hveravellir. Sie liegen in über 600 Metern Höhe am Nordwestrand des Kjalhraun zwischen dem Hofs- und Langjökull in einem Gebiet reichlichen Grundwassers. Sie wurden 1888 von Thoroddsen (Nr. 535), 1897 von Daniel Bruun (Nr. 51) kartiert. 1928 ließen sich nicht einmal die Hauptzüge dieser älteren Kartierungen mehr in der Landschaft identifizieren.

Den Sinterablagerungen erloschener Thermen, dem zersetzten Gestein früherer Fumarolen können wir überall im Lande begegnen. Es sind leicht zerstörbare Bildungen jüngster geologischer Vergangenheit; in den eiszeitlichen Schichtfolgen wurden sie bisher nicht gefunden. Sie scheinen durchaus nicht immer pflanzenfeindlich zu sein. Im Osten des Graenavatn z. B. zeigen kleine Aufschlüsse mehrfach wechselnde Lagen von Kieselsinter bzw. bunter Fumarolentone und dünner Humusschichten: Die Grasdecke scheint sich während kurzer Atempausen schnell über der Austrittsöffnung geschlossen zu haben.

Hier und da zeigen diese Aufschlüsse ferner, daß sich manchmal nicht nur die Intensität, sondern auch der Charakter der Produktion völlig veränderte.

Wir finden graue Sinterbänkchen über bunten Tonen, darüber wieder Tone, eine Humusschicht und zu oberst wieder ziemlich harte Sinterschichten. An einer anderen Stelle, am Osthang der Trölladyngja, erschließt ein Wasserriß einen kunstvollen Aufbau von etwa dreißig regelmäßig wechselnden Lagen zwei Zentimeter mächtiger Schwefelbänkchen und ebenso dünner grauer Tonschichten (A. 89). Im Hangenden steht ein blauer Ton von mehreren Metern Mächtigkeit.

Auch heute drängen sich heiße Quellen, „Schlammvulkane" und Fumarolen manchmal auf engem Raume dicht aneinander; im allgemeinen aber will es scheinen, als ob die Thermen die grundwasserreichen Gebiete der Insel bevorzugen — also besonders die Tiefländer —, während Fumarolen und Solfataren sich häufig in großer Höhe auf trockenem Gelände finden.

Ihre aufdringliche Farbenfreudigkeit hebt die Solfatarenfelder deutlich ab gegen die grauen Sinterablagerungen der Thermen.

An einer einzigen Fumarole bei Krísuvík auf Reykjanes verzeichnet mein Tagebuch ein giftiges Grün — Hellrot — Dunkelrot — Gelb — Hellblau — reines Weiß — dicht nebeneinander und bricht dann resigniert ab.

Wir besitzen einige Gemälde Ina von Grumbkows (Nr. 287) von den Solfataren auf Reykjanes. Aber auch sie geben das Bild der Landschaft schon in gemilderter Form. Ein roter Bach, ein schwarzblauer, kochender See — hellgrünes Gestein! — Wer wagt das zu malen?

Auge, Ohr und Nase sind manchmal gleicherweise beleidigt. Ein Fauchen, Pfeifen, Gurgeln; das dumpfe Klatschen und stoßweise Schnaufen kochenden Schlammes bilden die Begleitmusik der farbigen Kontraste.

Abb. 61                                          phot. Jwan

Das Thermenfeld Hveravellir am Nordrand des Kjalhraun. Die Aufnahme ist gemacht an einem sonnigen Tage. Bei regnerischem Wetter ist infolge der Luftfeuchtigkeit der Dampf viel mehr zu sehen. Das hat wohl zu der Ansicht geführt, daß dann auch die Produktion stärker sei. In Hveravellir gibt es dafür keinen Anhalt. Im Vordergrund dichtes Gras auf der sonst so öden Lava des Kjalhraun.

Abb. 62                                          phot. Jwan

Ein kleiner Geysir in Hveravellir. Alle Stunden etwa springt er 50—100 cm. Das kleine Becken und der seitliche Schlot sind nach der Eruption ganz trocken, und erst nach einer halben Stunde beginnt das Wasser ruhig zu steigen. Ansätze zu Sinterterrassen. Die Steine sind grau-gelb überkrustet.

Abb. 63                                            phot. Jwan

Der etwa 1 m hohe Sinterkegel einer heftig kochenden Therme von Hveravellir.

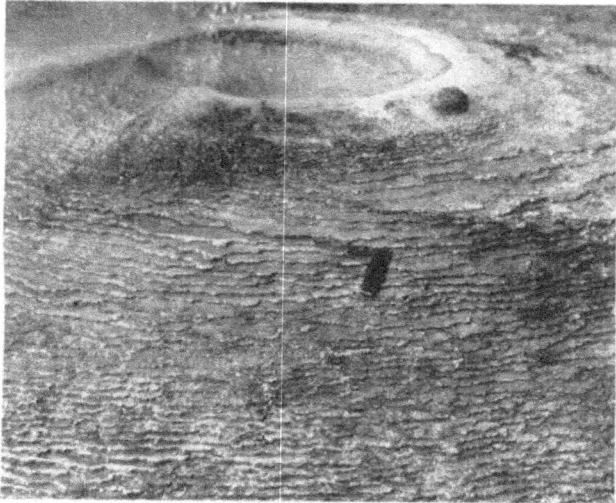

Abb. 64                                            phot. Jwan

Teilansicht aus dem Bilde oben. Ein 10 cm langes Taschenmesser gibt einen
Maßstab für den zierlichen Aufbau der Sinterterrassen.

Drei Stadien der Schlammsprudel bei Krisuvik: Der vorderste ausgetrocknet, erloschen. Lauwarmes, trübes Wasser im mittleren. Im hintersten dampfender, lebhaft kochender bläulicher Schlamm.

Abb. 65                    phot. Jwan

Die Gryla, ein kleiner Geysir in Ölfus am Westrand des südlichen Tieflandes. 1928 sprang sie etwa alle zwei Stunden in mehreren kräftigen Stößen bis vier Meter hoch.

Abb. 66                    phot. Jwan

Der widerwärtig faulige Geruch mancher Fumarolengase vervollständigt den wenig einladenden Eindruck.

Es handelt sich jeweils um ganz kleine Flächen, — einige hundert bis einige tausend Quadratmeter, aber durch das Zusammenwirken auffälliger Erscheinungen werden diese Gebiete kleinvulkanischer Aktivität häufig zu landschaftlichen Schwerpunkten großer Räume. Im Winter sind es die einzig schneefreien Stellen, im Frühjahr zeigt sich das frische Grün zuerst in ihrer Umgebung, und mit der zunehmenden Nutzung ihrer Wärme durch den Menschen werden sie schließlich auch zu Stützpunkten für die Siedlung.

Das Hraun — die Tuffgebirge — Geysire und Solfataren! Eine ungewöhnliche Vielseitigkeit macht die jungvulkanische Landschaft zur lebendigsten der Insel. Zu allen Zeiten hat sie Forscher und Touristen am stärksten angezogen. Thoroddsen widmet ihr eine groß angelegte Monographie, seine „Geschichte der isländischen Vulkane". Das Interesse der Vulkanologen konzentriert sich auf den riesenhaften Bau der Askja; die Diskussion über die Entstehung ihrer Caldera führt über das Lokal-Isländische hinaus (A. 90).

Vorläufig sind noch die meisten unserer Beobachtungen gewonnen auf flüchtigen Reisen. Die Frage nach den Zusammenhängen zwischen den vulkanischen Erscheinungen und den tektonischen Störungen der Insel ist noch unbeantwortet (s. Seite 24; auch A. 81). Erst exakte Studien in kleinen Abschnitten der jungvulkanischen Landschaft können hier über das Stadium kühner Hypothesen hinausführen (A. 91).

# DAS TIEFLAND

Das Eis, die Schotter, die jungvulkanischen Gebiete bestimmen den Charakter des isländischen Hochlandes. Lebensfeindlich alle drei, formen sie in vielen Varianten eine ernste, menschenarme Landschaft beinahe auf der ganzen Insel.

Klein sind dagegen die Tieflandsflächen, — ein Fünfzehntel etwa vom ganzen Lande, — alle zusammen kleiner als der Vatnajökull, aber in ihnen ruht die Wurzel alles Lebens: das Tiefland ist die einzige grüne Landschaft der Insel.

Es sind Gebiete verschiedener petrographischer Beschaffenheit, verschiedener Entstehung, die die grüne Decke zusammenzieht zu einer landschaftlichen Einheit.

Die schmalen Tieflandsstreifen an der östlichen Südküste, vielleicht auch die Melrakkasljetta im Norden danken wahrscheinlich ihre heutige Gestalt der Abrasion des steigenden Meeres der späten Eiszeit; bei der Anlage der beiden großen Tieflandsbuchten des Südwestens mögen tektonische Vorgänge mitgewirkt haben.

Im einzelnen finden wir die gleichen Bausteine der Landschaft wie im Hochland: Lavaströme — Schotter — Tuffe — Moränen; es ist allein der hohe Stand des Grundwassers, der ihre Verwandlung in fruchtbare Weiden bewirkt. Das grüne Land reicht geschlossen kaum höher als fünfzig Meter. Die Niederschläge können nicht tief versinken in diesen Gebieten. Wahrscheinlich würden sie allein genügen, die Wiesen und Moore am Leben zu erhalten, — aber hinzu treten ja noch die ungeheuren Wassermengen, die im großen Hochland spurlos versinken und nach langem unterirdischen Wege überall im Tiefland wieder zum Vorschein kommen. An vielen Stellen entsteht so ein Überfluß an Feuchtigkeit in den Tiefländern, und weite Flächen sind bedeckt von kaum passierbaren Sümpfen. Freilich gibt es auch hier Gebiete, in denen der ursprüngliche Charakter des Gesteines sich durchsetzt. Ganz Reykjanes z. B. zeigt den Typus der Hochlandwüste, obwohl es seiner geringen Höhe nach größtenteils zum Tieflande gehört. Auch mitten in den Wiesen der beiden großen Tieflandsbuchten finden sich hier und da nackte Schotterflächen, die „melar", auf denen die Vegetation nicht heimisch wird.

Einen Sonderfall im Bereiche der Tiefländer bilden die ausgedehnten Sanderflächen im Süden des Vatnajökull und des Mýrdalsjökull. Das sind wieder Wüsten, — Landstriche, in denen ein Übermaß an fließendem Wasser keine Vegetation duldet.

Die unsteten Schmelzwasserflüsse der riesigen Gletscher des Südlandes herrschen hier unumschränkt und formen diese Hochwasserwüsten aus dem verschiedensten Material, aus den schwarzen Lapilli des Mýrdalssandur wie aus dem Gletscherschutt im Bereiche der Skeidará. Wo eben noch ein Bach zwischen zahllosen Sandbänken träge dahinplätschert, kann morgen ein rauschender, trüber Strom ein ernstes Hindernis bilden.

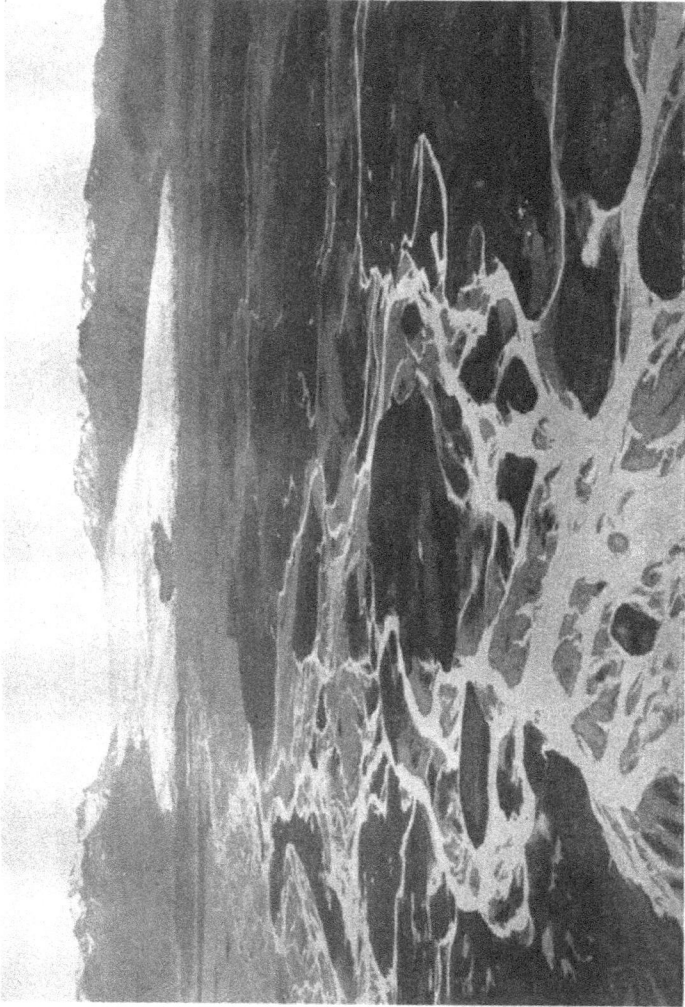

Abb. 67

Phot. Luftschiffbau Zeppelin

Südsanderlandschaft" im "Bereiche des Plaaiõkull. (D.K. Bl.'96 SA; u. Nr. 555, p. 198.) Im Vordergrunde rechts ein Gehöft. Unweit des Gehöfts durchragt eine Klippe des Sockels das Sandermaterial.

Ein gutes Bild der Südsanderlandschaft ergeben die Blätter der Dünenkarte: Bl.77 SA; 78 NA u.SA; 87 SA; 87 SV; 88 NV; 88 NA.

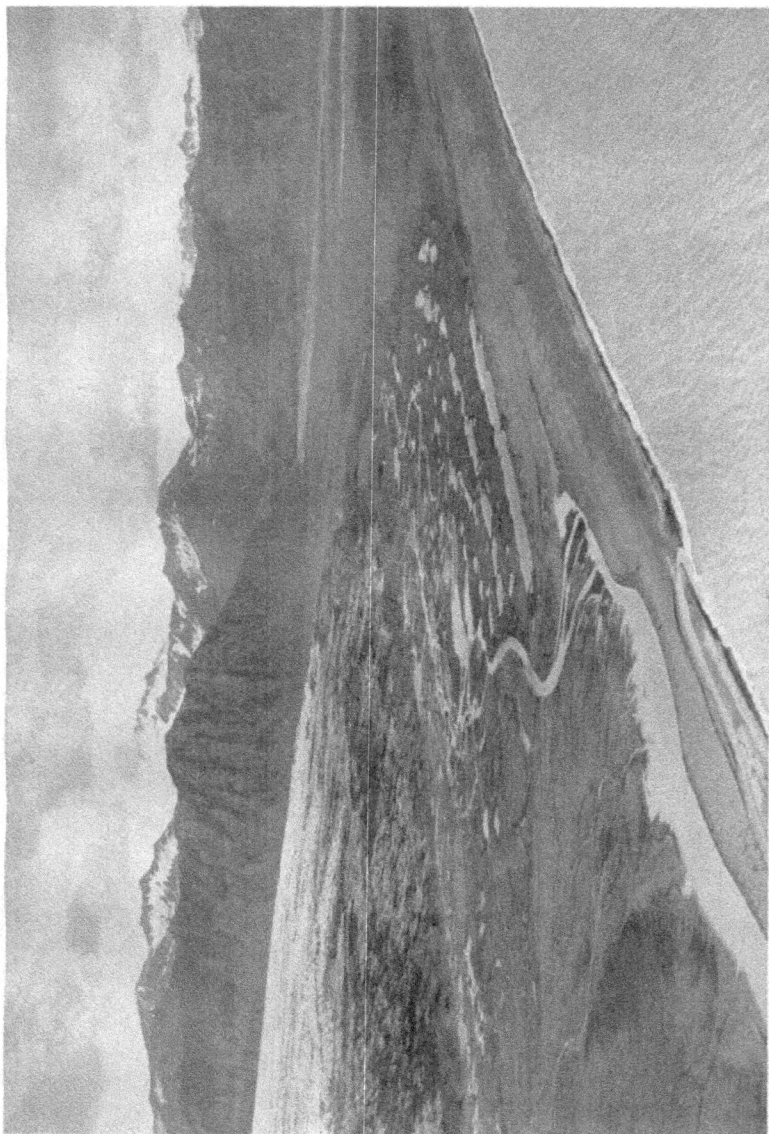

Abb. 68

Die gehemmte Entwässerung auf den südlichen Sandern (Breidamerkur-Jökull). Vgl. Abb. 69.

phot. Luftschiffbau Zeppelin

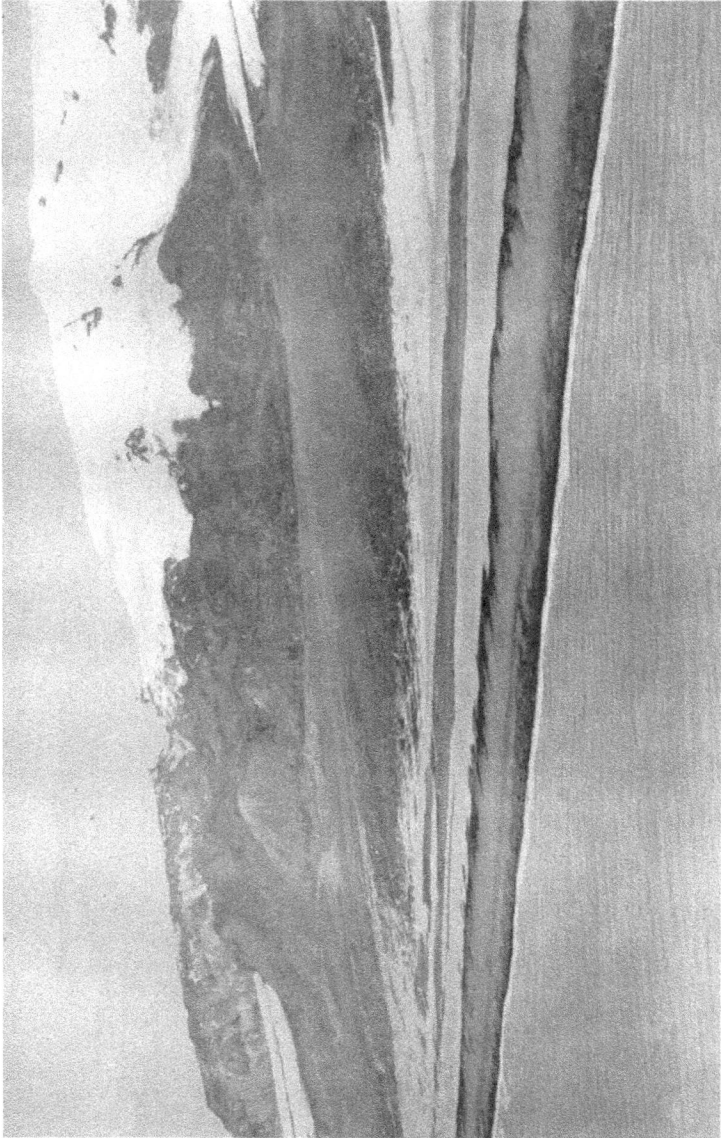

phot. Luftschiffbau Zeppelin

Der Strandwall riegelt den Sander ab. Vgl. Abb. 68.

Abb. 69

Abb. 70                                                                                              phot. Böhnecke

Der Ostabfall des Ingólfsfjall gesehen von Norden (D.K.Bl. 37 SA). Ein typischer isländischer
Plateaurand. Waagerechte Doleritdecken krönen den Tuffsockel. Die Wasserdurchlässigkeit
des Gesteines begünstigt die Erhaltung geschlossener Wände. Weidengebüsch und Heu-
karawane im Vordergrund.

Wo eben noch feine Sande sich absetzen, werden morgen faustgroße Trümmer liegen, stehen vielleicht kurze Zeit später nur noch Tümpel in einzelnen Kolken, während zur Seite der Fluß sich ein ganz neues Bett sucht. Über die jeweils trockenen Partien stürzt sich der Wind, bläst sie aus, bis ein neues Hochwasser ihn daran hindert, und trägt feinstes Material in dicken Packungen zusammen an den niedrigen Talwänden, an den Tuffhöhen und vereinzelten Basaltklippen, die hier und da die Sedimente durchragen. Dünen sind selten.

Die so entstandenen Schichtfolgen sind häufig kaum zu unterscheiden von Moränen. Auf dem Skeidarársandur fühlte man sich versetzt in die Schotterfluren des Hochlandes — wiesen nicht die ungeheuren Wassermengen eindeutig auf ein tiefes Land.

Von Zeit zu Zeit — wir wissen von 17 Malen in den letzten zwei Jahrhunderten — wird die Herrschaft der Flüsse gewaltsam unterbrochen von den Katastrophen der Gletscherläufe. Dann wälzt sich ein gewaltiger Schlammstrom aus vulkanischer Asche und Gletschertrümmern über den Sander zum Meere, verschüttet die Täler, knetet die Sedimente durcheinander und hinterläßt ein wüstes Gemisch von Toteisklötzen, Moränenblöcken, Schlackenhügeln, — ein überaus unruhiges Relief, das manchmal der Nivellierung noch Jahrzehnte widersteht.

Die große Ebenheit der Sander im ganzen erweist jedoch, daß die Flüsse die Hauptarbeit leisten bei ihrer Gestaltung. Auch ungeachtet der Gletscherlaufkatastrophen spüren wir die Unruhe dieser Landschaft, die zwischen den höchsten Gebirgen der Insel und der gefürchteten Brandung des offenen Meeres, im Bereich der größten Niederschlagsmengen, in nächster Nachbarschaft aktiver Vulkane und sehr beweglicher Gletscher verurteilt scheint zu unaufhörlicher Verwandlung.

Ungefiltert durch junge Laven, mit der vollen Last ihres Schuttes rauschen die Sanderflüsse zum Meer (A. 92). Die ungeheuren Mengen herabgeschwemmten Gesteines geben der Südküste ihr eigenes Gepräge. Zahllose Sandbänke machen das Fahrwasser gefährlich auch für kleinere Schiffe. Die starken Stürme werfen Strandwälle auf von bedeutender Breite; die ostwestliche Strömung zieht die Sandbänke aus zu langgestreckten Barrieren, zu schmalen Nehrungen vor den flachen Buchten. Das Meer riegelt die Küste ab. Die Flüsse stauen sich hinter langen Wällen und finden nur enge Auslässe, die sich häufig verstopfen. Im Frühling müssen dann nicht selten künstliche Öffnungen geschaffen werden.

Die schnelle Entwicklung dieser Ausgleichsküste ist in zahlreichen Fällen historisch belegt (A. 93). Die Strömung im Meere ist stark, im Verein mit den Tidenströmen kann sie reißend werden. Sie trägt die triftenden Sande über den Bereich der Gletscher westwärts hinaus vor das große südliche Tiefland und formt auch hier in flach gebuchteter, geschlossener Linie einen ähnlichen Küstentyp.

Ein einheitlicher Strandwall schließt das niedrige Sumpfland und zahlreiche Strandseen ab gegen das Meer. Die beiden großen Flüsse der Niederung, die Thjórsá und die Hvitá verlieren sich nach der Küste zu immer mehr in uferlose Breite. Sie münden schließlich in große Strandseen, die nur durch einen schmalen Auslaß mit dem Meere in Verbindung stehen. Beide kommen von Gletschern und führen das trübe Wasser wie alle großen Flüsse der Insel (A. 94). Aber sie haben einen weiten Weg hinter sich, die jähen Schwankungen der Schmelzwasserzufuhr haben sich ausgeglichen. Als ruhige Ströme fließen sie durch grünes, fruchtbares Land. Vom Ingólfsfjall schauen wir hinab in eine glückliche Landschaft. Das Eis ist weit, und von den Vulkanen zeugen nur die feinen Dampfsäulen nutzbarer Thermen. Zum ersten Male überblicken wir ein Gebiet, in dem der Mensch sich bemerkbar macht. Frisches Grün gepflegter Wiesen durchbricht an vielen Stellen den bräunlichen Schimmer des Weidelandes, wir sehen Straßen und Brücken und weiße Häusergiebel und ab und zu sorgsam gehegtes Gebüsch. Wir sehen aber auch hier den übergroßen Wasserreichtum der Tiefländer, die zahllosen Seen und die weiten Sümpfe, die nur saure Gräser tragen (A. 95).

Doppelt kahl wirken in dieser Umgebung Inselberge, wie das Vördufell, der Hestfjall (A. 96): Mitten in den Wiesen kleine Stücke der großen Wüste, die die innere Verbundenheit der Niederung mit dem umgebenden Hochland erweisen. Nackt und schroff fällt der Ingólfsfjall, das Búrfell, fallen an vielen Stellen die Ränder des Hochlandes ab in das Tiefland. Dieser jähe Wechsel von der Wüste zum Sumpf erscheint dem Beschauer gewaltsam, und die Annahme lag nahe, das südliche Tiefland sei ein Stück abgesunkenen Hochlandes, gerahmt von bogenförmig verlaufenden Bruchlinien (Nr. 555, p. 219; Nr. 287, p. 115). Es wird nicht leicht sein, in den Tuffen des südlichen Tieflandes Verwerfungen wirklich nachzuweisen. Die herrschende Anschauung stützt sich neben dem landschaftlichen Eindruck hauptsächlich auf das Vorkommen von Thermen am Rande der Tieflandsbucht (auch der Große Geysir!) und auf die häufigen Erdbeben, die weitere Bewegungen anzudeuten scheinen. Der Einbruch müßte demnach erfolgt sein während der Eiszeit: Die ältesten Moränen streichen noch frei aus in den randlichen Abfällen, aber gegen das Ende der Eiszeit war das Tiefland eine Meeresbucht. Der Hestfjall, das Vördufell waren Inseln, und eiszeitliche marine Ablagerungen bedecken an vielen Stellen den Boden des Tieflandes (A. 97).

Diese ehemaligen Inseln, die das Tiefland heute um 200—300 Meter überragen, sind nach Nielsen (Nr. 357, p. 97) nicht einfach Zeugenberge des ehemaligen Hochlandes, die mit der ganzen Scholle absanken, — sondern Horste. Sie machten die Senkung der Scholle gar nicht oder nur teilweise mit und erhoben sich dadurch über ihre Umgebung. Dann wäre also das südliche Tiefland ein ähnlich kompliziertes tektonisches Gebilde wie (nach Reck, vgl. Seite 30) das Gebiet im Norden des Vatnajökull mit „Resistenzzentren", die dem Absinken ihrer Umgebung widerstanden.

Das ist jedoch bisher nicht erwiesen. Die heutigen Steilformen erlauben keine Schlüsse, sie mögen eher Kliffe des späteiszeitlichen Meeres sein als Bruchstufen einer älteren Verwerfung. Zahlreiche Brandungshöhlen bezeugen überall, z. B. am Hestfjall, die Arbeit des Meeres.

Das Vordringen des späteiszeitlichen Meeres setzt auch keineswegs den Einbruch des Tieflandskessels voraus, denn dieser hypothetische Einbruch vollzog sich ja zu einer Zeit positiver Strandverschiebung, während derer das Meer ringsum die Randgebiete der Insel überflutete (vgl. Seite 20). Im Süden des Vatnajökull z. B. wurden in dieser Zeit die heutigen Tiefländer angelegt als Abrasionsterrassen. Auch hier blieben einzelne Höhen stehen in der Verebnung, (Pjetursey im Sólheimasandur; Hjörleifshöfdi im Mýrdalssandur), die wahrscheinlich niemand als Horste betrachten wird.

Solange wir nicht einen exakten Beweis besitzen für die tektonische Natur des südlichen Tieflandbeckens, scheint es durchaus möglich, daß es seine Formen im wesentlichen der Abrasion verdanke. Das steigende Meer der Eiszeit drang in die Täler und erweiterte sie (A. 98). Die Inselberge im Tiefland blieben stehen als Zeugen einer 200—300 m höheren Landoberfläche, die der Brandung zum Opfer fiel. Es ist möglich, daß tektonische Vorgänge die Zerstörung beschleunigt haben, aber auch die Isobathen lassen eine Verwerfung größeren Ausmaßes nicht erkennen (vgl. Seite 18).

In dem zweiten großen Tiefland des Südwestens, der Niederung von Mýrar (D.K. Bl. 25 SV; 25 SA; 26 NV; 26 NA; 35 SV; 36 NV) fehlen Inselberge von den Ausmaßen des Hestfjall. Es liegt schon im Bereiche der tertiären Basalte (vgl. Seite 8), und Tuffe spielen nur eine untergeordnete Rolle. In zahllosen eisgescheuerten Rücken durchbricht ein massives Fundament überall die Tieflandssedimente (A. 99). Sie bevorzugen unzweifelhaft eine südwest-nordöstliche Ausrichtung. Die tektonische Grundlinie des Südwestens der Insel scheint sich also auch im Bereiche der alten Basalte geltend zu machen (A. 100 u. A. 101). Im Norden der Mündung des Borgarfjordes bestimmen diese Basaltrücken vielfach die Gestaltung der Landschaft. Der buchtenreiche Saum des Fjordes scheint häufig an sie gebunden. Sie sind die Stützpunkte der Siedlung und des Verkehrs, Inseln einer höheren Vegetation in diesem niedrigen Sumpfgebiete. Sie bestimmen schließlich auch im kleinen vielfach den Verlauf der Küste. So entwickelte sich in Mýrar, bedingt durch die geschützte Lage im Hintergrunde einer tiefen Bucht, eine viel unruhigere Küstenform als im Südlande: Zahlreiche Schären und Halbinseln — Buchten und schmale Sunde — schieben sich ineinander, leiten kaum merklich über von den sumpfigen Wiesen zur verlandenden See (A. 102).

. . . „Berge, Täler und Seen, Tiefland und Meer überschauen wir wie eine riesige Landkarte. Ein unendlicher Reichtum an Farben im Spiel der darübergleitenden Schatten! Gegen Westen liegt das große Flachland ausgebreitet vor unseren Blicken. Wir sehen die Landschaft Mýrar allmählich übergehen in das golden und grün schimmernde Meer. Die blinkenden Flächen der vielen Seen rücken zum Meere immer dichter zusammen. Ein Wirrwarr von Inseln, eine Fülle von Seen bilden den Grenzsaum zwischen dem Meer und dem Lande" . . . (übertr. aus Pjetursson, Nr. 407).

Flaches Land und flache See! — Geringe Bewegungen der Strandlinie würden an der westlichen Küste große Veränderungen hervorrufen. Ein leichtes Steigen des Meeres, und Mýrar wird wieder eine flache Bucht mit unzähligen Schären, — das Skorradalur ein Fjord — der Akrafjall eine Insel. Sänke das Meer, so würde ein neues Mýrar, ein zweites „Wiesen-Rundhöcker-Flachland" (Nr. 593) entstehen im Breidifjördur. Zahllose Inseln würden landfest werden, aus dem Hvammsfjördur würde ein Binnensee, und die kleinen Fjorde am Bárdarstrandur würden dann dem Skorradalur ähneln.

Wahrscheinlich geschehen solche Bewegungen langsamer als der Ablauf menschlicher Geschichte, und es mag übereilt erscheinen, wenn der isländische Geologe Gudmundur Bárdarsson rät, die niederen Teile Reykjaviks nicht weiter auszubauen. Andererseits versteht es sich bei dem hohen Wert jedes Quadratkilometers nutzbaren Tieflandes gerade auf Island von selbst, daß die isländischen Geographen diese Vorgänge seit langem sorgfältig beobachten (A. 103).

# DIE FJORDE

In hellen, weiten Ebenheiten leiten die Tiefländer über vom Hochland zum Meere. Sanft klingt in ihrem Bereich niedriges Land aus in flache See, und breite Wattengebiete gehören dem Land und dem Meere gemeinsam.

In der Landschaft der Fjorde stoßen Hochland und Meer hart und ohne vermittelnden Saum aufeinander. Tiefes Wasser und steiler Fels durchdringen einander in düsterer Enge, — zwei feindliche Elemente gestalten diese Landschaft.

Verhaltenes, schweigendes Gegeneinander. Aber in den rauhen Stürmen des späten Herbstes bricht es manchmal heraus, rauschen riesenhafte Seen breit und drohend in den Fjord, drehen sich um Felsvorsprünge, schlagen dröhnend auf die nackten Wände, begegnen einander, kreuzen sich und türmen sich auf zu glasgrünen Wasserbergen, — stoßen eisige Regenböen prasselnd über die Wände und peitschen das Wasser zu zischendem Schaum. Dann löst sich der Wall der großen Wogen auf in tausend spitze Spritzer, der Fjord kocht, und ohnmächtig klatschen schäumende Seen haushoch hinauf an das dunkle Gestein.

Ohnmächtig scheint es, hätten wir nicht den Beweis ihrer Wirkung in den schmalen Terrassen, die die junge Hebung heraushob aus dem Bereich der Brandung.

67 Sturmtage im Jahr zählt man auf der nordwestlichen Halbinsel. Furchtbare Tage, aber befreiende zugleich!

Schlimmer sind die Nebeltage. Dann treiben dichte graue Schleier über öliges Wasser, und alle Formen verzerren sich in der tausendfältigen Brechung, und wohlbekannte Dinge am Wege tauchen jäh auf und erschrecken uns tief! Dann tastet sich der Dampfer unerträglich langsam mit dem Lote hinein in den Fjord. Vom Bug — schon im Nebel — klingen die monotonen Rufe des Messenden, und der ungleichmäßige Gang der Maschinen verrät verborgene Gefahren. Mit dumpfem Brüllen sucht das Nebelhorn die grauen Massen zu durchdringen, am Echo spüren wir die unmittelbare Nähe der Felswände. — Stunden steter Spannung und leiser Beklommenheit! Bis dann die Ankerketten rasseln und kurze Stöße des Hornes einen Ort begrüßen, den wir nicht sehen. — Nebelheim. — Aus dem Ungewissen klingt das Klatschen von Rudern, schwere Boote schieben sich langsam heran, Männer in Ölkleidung zwischen ungeheuren Säcken. Eine Weile kreischen die Dampfwinden, und schließlich entgleiten die Boote wieder in geisterhafte, drückende Stille.

Am anderen Morgen kann der Spuk vorbei sein. Klar und nüchtern stehen graue Häuser zum Greifen nahe. Erdrückend hebt sich hinter ihnen die Fjordwand. Die Sonne spielt über sie hin, weckt auf einzelnen Halden warme grüne Töne und vermag doch nichts gegen den feierlichen Ernst des basaltischen Aufbaus.

Der Fjord ist düster auch an hellen Tagen; die zierlichen Wasserfäden, die sich stäubend niederschwingen von Stufe zu Stufe, bleiben das einzig

Lebendige in der steinernen Starre. Nur auf den obersten Höhen lassen manchmal zarte Schleier neuen Schnees märchenhafte Architekturen entstehen aus dunklem Gestein und schimmernden weißen Terrassen.

Aus der Enge der nordwestlichen Fjorde steigen wir hinan auf ein Plateau, in eine weite, wellige Landschaft der glazialen Schotter, die die ganze Halbinsel überspannt. Die Fjorde erscheinen nun als ein Glied der glazial gestalteten Landschaft. Hängetäler führen hinaus in die jäh abfallenden Wände; zahlreiche Kare — „Sessel der Riesen" — senken sich steil in die Waagerechte der Basalte (A. 104), und gut erhaltene Gletscherschrammen weisen an vielen Orten hinab in die Tiefe.

Der Drangajökull gibt nur noch eine schwache Vorstellung vom eiszeitlichen Bilde der Landschaft. Bis ans Meer hinaus muß die Halbinsel vom Eise bedeckt gewesen sein. Gewaltige Eisströme glitten durch die Täler nach allen Seiten hinab und formten sie um zu tiefen, steilen Trögen. Als die Gletscher dann verschwanden, war die Halbinsel bereits sehr tief zerschnitten, es kam nicht mehr zur Ausbildung neuer Täler, und so blieben die eiszeitlichen Formen hier in großer Reinheit erhalten.

Die Arbeit der kleinen Flüsse, die vielen unheilvollen Bergstürze vermochten die Übersteilung der Trogformen kaum zu mildern. Ähnlich wie an manchen Teilen des inneren Hochlandes (vgl. Seite 31) gewinnen wir auf der nordwestlichen Halbinsel den Eindruck einer unterbrochenen, oder doch erheblich verlangsamten Entwicklung. Ein grob behauenes Werkstück liegt vergessen, wartet noch auf endliche Gestaltung.

Die Isobathen vervollständigen das Bild der glazial gestalteten Landschaft. Viele der nordwestlichen Fjorde sind im Inneren tiefer als an der Mündung. Bei einem Teile der anderen, die sonst alle Merkmale der Gletschertätigkeit in gleicher Intensität aufweisen, müssen wir annehmen, daß ihre Becken schon wieder verschüttet wurden.

Die Tiefen sind überall gering im Verhältnis zu der Größe der Gletscher. Es scheint, als sei den Gletschern nur eine kurze Zeit geblieben, als seien die Fjorde in ihrer heutigen Gestalt entstanden im letzten Abschnitt der Eiszeit.

Bisher hat Thoroddsen als Einziger die nordwestlichen Fjorde eingehend untersucht. Viele der alten Täler, denen die Gletscher folgten, sind nach ihm gebunden an Verwerfungen. Neben den Thermen im Isafjord, Mjófifjord und im Arnarfjord beruft sich Thoroddsen vor allem auf die verschiedene Höhe der tertiären Braunkohlenflözchen. Er findet z. B. den Surtarbrandur (vgl. Seite 8) in der Nordwand des Tálknafjordes dicht über dem Wasser, an der gegenüberliegenden Wand aber 450 Meter hoch. Daraus schließt er auf die tektonische Uranlage des Fjordes (Nr. 555, p. 213).

Neuere Untersuchungen machen es indessen wahrscheinlich, daß es mehrere Surtarbrandur-Horizonte gibt (Nr. 96; Nr. 410, p. 19; Nr. 10). Es bleibt also zu überprüfen, wie weit Thoroddsen überhaupt identische Flöze miteinander verglichen hat (A. 105).

In den Fjorden des Ostens hat sich die eiszeitliche Prägung nicht so klar erhalten. In den Ausmaßen übertreffen sie die nordwestlichen Fjorde.

Abb. 72                                                        phot. Olafur Magnusson

Ein Winterbild vom Seydisfjördur. Die Schneedecke läßt den gleich-
mäßigen Aufbau der tertiären Basalte besonders deutlich hervortreten.
Ein spitzer Kegel (tindur), herauspräpariert aus waagerechten Bänken,
kennzeichnet die tiefe Zerschneidung des alten Plateaus im Bereiche
der östlichen Fjorde (vgl. Seite 32).

Im Ostland sind die Becken etwas tiefer (Nr. 555, p. 91), die Wände sind höher, aber sie sind längst nicht mehr so geschlossen.

Ganz offensichtlich ist der Anteil der Flußarbeit an der heutigen Gestaltung hier größer als im Nordwesten. Das Basaltplateau ist tiefer zerschnitten als sonst auf der Insel. Steile, enge Täler führen von den Höhen hinab bis zur Sohle der Fjorde; deutlich herausgearbeitete Rücken bilden zwischen den Fjorden die Wasserscheiden.

Im Seydisfjördur, im Reydarfjördur und stellenweise auch im Fáskrúdsfjördur kam es zu einer ausgesprochen asymmetrischen Gestaltung der Böschungen: Die südlichen Wände sind stärker gekerbt, die Schutthalden reichen überall höher hinauf als an den Nordufern. Es scheint, als ob das Vorherrschen nördlicher Winde hier die Zerstörung der Wände auf dem Südufer beschleunigt. Im Herbst wird die Verschiedenheit der Exposition mitunter sehr augenfällig: Das südliche Ufer liegt dann manchmal schon dick verschneit, während am Nordhang — geschützt vor den nördlichen Winden — grüne Flächen sich hinaufziehen, in vereinzelten Flecken später Enzian noch seine großen blauen Kelche öffnet.

Im Nordland liegt der Eyjafjördur wahrscheinlich schon im Bereich der quartären Basalte (Abb. 1, Seite 8).

Er gehört zu den größten und eindrucksvollsten Fjorden der Insel. Eine langgestreckte Schwemmlandebene beschließt im Inneren das Fahrwasser; der Fjord muß ursprünglich noch wenigstens um ein Viertel weiter nach Süden gereicht haben. Ein schroffes, tiefes Trogtal zieht sich mäßig steigend weit hinein gegen das Innere. Nackte Wände begleiten eine breite, sonnige Aue, die ein ziemlich steiler Zirkus schließlich absetzt gegen die Hochlandswüsten von Vatnahjalli.

— Ein Aufatmen geht durch Reiter und Pferd, wenn dieses liebliche Tal sich plötzlich öffnet nach dem viertägigen Ritt über das Hochland. Dann ist den Tieren keine Halde zu steil, und stolpernd und rutschend, mit blutenden Fesseln drängen sie hinab in das saftige Grün. —

Das Nebeneinander von steiler Wand und breitem, flachen Talboden deutet auf tiefe Verschüttung des alten Troges. Die Anomalien des Gletschertales sind ausgeglichen; auch der Fjord hat heute ein schwaches, gleichsinniges Gefälle zum Meer. Der kleine Fluß erschließt hier und da in einigen Metern Mächtigkeit sehr ebenmäßige, eigroße Fluß-Schotter, die nur bei dem Hofe Hólar durchbrochen werden von einer Hügelkette harter Moräne. In großer Mächtigkeit tritt die Moräne in Verbindung mit marinen Tonen erst zu Tage bei Akureyri in einer steil zur Stadt abfallenden, etwa zwanzig Meter hohen Terrasse.

Überwiegend aus Moränenmaterial, besteht die flache Landzunge, auf der der Stadtteil Oddeyri steht. Einige tiefe Baugruben zeigten die typischen formlosen Schotter in der sehr harten, graugelben Grundmasse. Solche flachen Landzungen sind in den isländischen Fjorden nicht selten (D. K. Bl. 3 NA; 11 SA; 12 NV). Auf ihnen liegen die Orte, in ihrem Schutze finden die Fischfahrzeuge einen ruhigen Ankerplatz. Meist sind es wohl ertrunkene Endmoränen wie bei Akureyri oder im Skutilsfjördur, die von den kräftigen Tidenströmen (Nr. 487) umgestaltet wurden zu hakenförmigen Gebilden. In einzelnen Fällen sind Bergsturztrümmer an ihrem Aufbau beteiligt (Nr. 555, p. 31); in anderen wurden massive Schwellen, einzelne Schären zu Ansatzpunkten triftender Sande.

Mit der jungen Hebung des Landes sind überall in den Fjordgebieten kleine Abrasionsterrassen aus dem Bereiche der Brandung aufgetaucht. Im Inneren der Fjorde sind es schmale Leisten, nach den Mündungen zu werden sie breiter, erreichen jedoch selten mehr als einige Zehner von Metern (A. 106). Das Meer bewirkt also eine Ausweitung der Fjorde, schafft trichterförmige Mündungen, arbeitet intensiv an der Verkleinerung der Sporne zwischen den Fjorden, so daß schließlich der Patreksfjord und der Tálknafjord z. B. eine gemeinsame Mündung zu haben scheinen.

Die Fortschritte der Meeresarbeit lassen sich überall auf der Insel direkt beobachten: Südlich Krísuvík (Reykjanes) hämmert die See mit wuchtigen Blöcken gegen ein Kliff aus ganz jungen Basalten: schmale, bei Niedrigwasser trocken fallende, von Riesentöpfen durchsetzte Terrassen zeigen den Erfolg. — Im Winter vermögen die mit Eisschollen bewaffneten Wogen noch im Innersten der Fjorde manchmal von einem Tag auf den anderen große Blöcke zu lösen und fortzuführen (Nr. 555, p. 73).

Bei der starken Verlängerung der Küstenlinie — die Nordwest-Halbinsel hat nur ein Zwölftel der Fläche (8000 qkm), aber mehr als ein Drittel der Küstenlänge des Landes — muß die Abrasion in den Fjordgebieten besonders schnelle Fortschritte machen, müssen diese Landschaften zuerst der Zerstörung verfallen (A. 107).

# Der Mensch in der Landschaft

Als vor etwas mehr als tausend Jahren die Norweger nach Island kamen, fanden sie die Insel unbewohnt. Wir erleben das seltene Schauspiel einer vollkommen friedlichen Einwanderung, einer Kolonisation, an deren Anfang nicht die Unterdrückung eingesessener Völker steht.

Und was diese Einwanderung überdies zu einer besonderen macht, ist die Tatsache, daß von den 50 000 Menschen, die um die Wende des neunten Jahrhunderts Island besiedelten, wenigstens ein Drittel alten adligen Familien angehörte und begütert das neue Land betrat.

Weitaus die meisten stammten aus Norwegen. Die übrigen — etwa ein Achtel der Gesamtheit — kamen von den Orkney-Inseln, den Hebriden und brachten wohl das westische Rassengut mit, das man noch heute hier und da auf der Insel zu spüren glaubt (A. 108).

Die ersten, die kamen, nahmen ungeheure Ländereien in Besitz. Geirmund Höllenhaut nahm im äußersten Nordwesten die ganze Küste von Ritur über Horn zur Bardsvík, besaß Weiden am Bárdarstrandur, am Bitrufjördur und einen Hof am inneren Steingrimsfjördur (Nr. 9, Landn. II, 8). Indessen erzwangen die Nachdrängenden anscheinend bald eine gleichmäßigere Verteilung. Um 950 herum scheinen auf Island bereits so viele Menschen gewohnt zu haben, wie die Insel auf der Basis extensiver bäuerlicher Wirtschaft zu ernähren vermag.

Wir lernen diese Landnahme-Männer kennen als eine seltsame Mischung von klarer Beobachtung und allerlei Aberglauben: Sie ziehen Schlüsse aus der Größe eines Flusses auf sein Hinterland. Sie rechnen mit der unterirdischen Wasserführung. Sie erkennen früh das Wesen des jugendlichen Vulkanismus und fürchten sich nicht davor, aber die wichtige Wahl ihrer Wohnsitze überließen sie dem Zufall. Sie warfen die Hochsitzpfeiler über Bord — setzten sich dort fest, wo jene antrieben und blieben auch dort. Es zeigte sich bald, daß die Insel doch ärmer war als die norwegische Heimat. Es gab Männer, die wieder fortziehen wollten. Die Anpassung an das neue Land scheint mit einem Niedergange der Lebenshaltung verbunden gewesen zu sein.

Das Gesamtbild der bäuerlichen Wirtschaft wurde ärmer. Aus Norwegen hatte man neben Pferd, Rind und Schaf auch Schweine, Ziegen, Hühner und Gänse mitgebracht. Eine ganze Reihe von Ortsnamen zeugen von ihrer Verwendung. All das verfiel. Infolge der großen Schwankungen des Heuertrages waren die Rinder häufig schwer durch den Winter zu bringen. Man beschränkte darum ihre Zahl auf ein Minimum, und Wohl und Wehe eines Hofes gründete sich immer einseitiger auf die Schafzucht.

Verhältnismäßig lange blieb der Ackerbau erhalten. Zwar trugen die Äcker nur selten reife Frucht, allein solange man sich auf die Zufuhr von außen nicht ganz sicher verlassen konnte, war auch die karge Ernte noch ein Gewinn. Alte Ortsnamen (Akureyri; Akranes; Akravik) erweisen Ackerbau rings um die Insel, selbst in dem rauhen Nordwesten.

Eine Betrachtung der alten Namen über die genannten Beispiele hinaus zeigt übrigens, daß sie häufig Zufällen ihre Entstehung verdanken und nur sehr unsichere Aufschlüsse geben über den Zustand der Insel in ältester Zeit. Eine Bucht heißt Baumbucht, nicht weil dort Bäume standen oder Treibholz in Massen lag, sondern nach einem einzigen Baumstamm, den der erste Siedler dort angetrieben fand.

Eine Landzunge heißt Mäusekap nach einem Schimmel, der „Maus" hieß. Ein kahler, schwer zugänglicher Berg am Rande des Langjökull heißt Widderberg nicht als gewohnter Zufluchtsort der Tiere, sondern weil man voll Erstaunen selbst hier einmal einen Widder fand. Der „Wirbelwindberg" am Mývatn kann also einem vereinzelten Ereignis seinen Namen verdanken; der „Haifischrasen" im Eyjafjord ist noch kein Zeichen eines 300 Meter höheren Meeresstandes, und schließlich zeigt ja der Name Island selbst, wie wenig es den Erfindern der Namen darauf ankam, typische Zustände zu bezeichnen.

In der Abgeschlossenheit der ersten tausend Jahre waren die Isländer weit mehr angewiesen auf die Nutzung aller Hilfsquellen der Insel als später im Zeitalter der Dampfschiffahrt.

In regelrechtem Sennbetrieb waren die Hochweiden besser genutzt als heute. Die grasarmen Gemeinden der östlichen Südküste trieben das Vieh, z. T. über die Gletscher, mehr als 100 km in das Innere. Bauern aus der Skaptafellssýsla besaßen Gebäude im Bárdardalur. Im Nordwesten und Nordosten der Insel entwickelte sich aus dem Reichtum an Treibholz eine gewisse Kunstfertigkeit in der Holzbearbeitung und ein Handel über die ganze Insel.

In schlechten Jahren zogen Karawanen aus dem Nordland an die Westküste, um Tang zu sammeln, den man dem Brot beimischte — schickten die Bauern aus den Tiefländern ihre Knechte zum Forellenfang hinauf zu den einsamen Seen der Arnarvatnsheidi, zu den Seen im Westen des Vatnajökull, zum Hvítárvatn.

Sogar den Bedarf an Eisen gewannen die Isländer während der ersten Jahrhunderte auf der Insel selbst. Im Osten des Eyjafjördur und im mittleren Westland wurden eisenschüssige Sande in Holzkohlenfeuer ausgeschmolzen. Wahrscheinlich sandten die Bauern von Zeit zu Zeit Karawanen mit Kohle in diese Gebiete.

Auf allen diesen Handelsreisen, dann auf den jährlichen Fahrten zur Volksversammlung in Thingvellir muß das innere Hochland den Siedlern gut bekannt geworden sein. Furchtlos drangen einzelne Männer auf der Suche nach Weideland vor bis zu den Wasserscheiden im Kjölur und Sprengisandur. Unbedenklich ritt man über die großen Gletscher des Südlandes, querte man die Gebirgsketten von Snaefellsnes, wenn sich der Weg dadurch kürzen ließ. Allein über den Vatnajökull, dessen Querung heute als eine hervorragende touristische Leistung gilt, hat Daniel Bruun (Nr. 52) vier häufiger begangene Routen nachgewiesen, die zum Teil mehr als 50 km über Eis führten.

In dem Maße des allgemeinen Niederganges, der das späte Mittelalter und die ersten Jahrhunderte nach der Reformation auf Island kennzeichnet, versank jedoch das Hochland wieder in Vergessenheit, ging die Kenntnis der alten Wege verloren.

Wir haben keinen Anlaß zu der Annahme, daß es natürliche Katastrophen waren, Vulkanausbrüche oder eine Reihe von Mißjahren, die den Isländer wieder vom Hochland vertrieben. Die Gründe liegen im Menschen selbst. Man begann sich vor dem Hochland zu fürchten. Mordtaten einzelner Verbannter, die in den Lavameeren lebten, waren vielleicht der Anlaß. Die Sennhütten wurden aufgegeben, weil niemand mehr hinaufwollte. Für verloren gegangene Schafe machte man nicht mehr den Fuchs — den man doch kannte — verantwortlich, sondern die Ächter, die irgendwo in einer verborgenen Oase des Inneren ihre Höfe hatten und vom Diebstahl lebten. Noch im 19. Jahrhundert wurde eine Expedition bewaffnet, die die Ächter in der Askja ausheben sollte.

Das Innere des Landes blieb vergessen bis in die jüngste Zeit. Seitdem es eine regelmäßige Küstenschiffahrt gab, war niemand mehr gezwungen, über das Hochland zu reiten (A. 109).

Erst in den letzten fünfzig Jahren begannen Forscher und Touristen die alten Wege wieder zu entdecken, und ein grundlegender Wandel beginnt in unseren Tagen mit dem Eindringen des Automobils, das sich immer mehr löst von den alten Küstenwegen, immer tiefer vorstößt ins Innere und schon heute auf abenteuerlichen Wegen quer über das Hochland die 350 km zwischen Reykjavik und Akureyri in 20 Stunden überwindet.

Die blühenden drei ersten Jahrhunderte des alten Freistaates haben den Beweis erbracht, daß man auf der Insel leben konnte. Der wirtschaftliche und kulturelle Verfall Islands begann mit seiner politischen Unterdrückung.

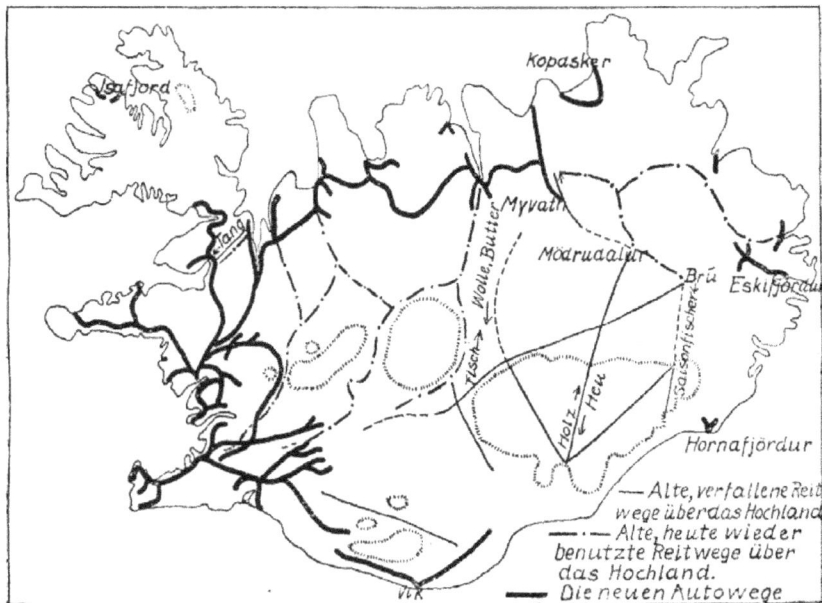

Abb. 73        Verkehrswege auf Island.        ca. 1 : 4 500 000

Verteilung der Bevölkerung.

Aus Hanson Nr. 182 auf Grund der Volkszählung 1920

• 50 Einwohner

⊙ Ort von 300 Einwohnern

Fläche des Kreises im Verhältnis zur Bevölkerung der Städte und Handelsplätze.

ca. 1 : 3 250 000

Abb. 74

Infolge der Ausbeutungsmethoden des dänischen Monopolhandels lebten am Ende des 18. Jahrhunderts nur noch 38 000 Menschen auf der Insel. Die gewaltige Katastrophe des Laki-Ausbruches (1783) trifft eine ausgemergelte, dem Branntwein verfallene Bevölkerung ohne jeden Unternehmungsgeist. Zwei Drittel des Viehes sterben, ein Fünftel der Menschen.

Um diese Zeit begannen die Dänen die wirtschaftlichen Fesseln der Isländer zu lockern und allmählich zu lösen. Und nun beweist die Entwicklung des 19. Jahrhunderts aufs neue, daß diese rauhe und arme Insel ihre Bevölkerung zu ernähren vermag.

Wir erleben das Erwachen eines Volkes aus mehrhundertjährigem Schlaf, ein stürmisches Aufholen des materiellen Rückstandes und kräftiges, neues Leben auf kulturellem Gebiet.

In der Glanzzeit des alten Freistaates mögen 80 000 Menschen auf Island gewohnt haben, heute sind es 110 000. Bis 1880 etwa hatte sich in der Zusammensetzung der Bevölkerung noch nicht viel geändert. Von 72 000 Menschen wohnten nur 3 000 in den Kaufplätzen an der Küste. (2 500 davon in Reykjavik.) Seither aber begann als wichtigstes Kennzeichen der neuen Entwicklung die Zusammenballung in den Städten. Heute leben 40 % der Isländer nicht mehr „auf dem Lande". Reykjavik allein beherbergt ein Viertel der Bevölkerung.

Reykjavik ist Hauptstadt des Landes, Brücke zum Ausland, Sitz der Universität, Zentrum des Handels. Es ist eine kleine Stadt mit den Aufgaben einer großen und dadurch über kleinstädtisches Niveau hinausgewachsen.

Seine schnelle Entwicklung dankte es der großen Gunst seiner Lage. Im Hintergrunde der einzigen wirklich ganz eisfreien Bucht der Insel, in der Mitte zwischen den beiden hafenlosen Bauernländern des Südwestens — in der Mitte zwischen den Hauptfanggebieten im Nordwesten und Südosten war es der gegebene Umschlagsort für die Landwirtschaft wie für die Fischdampferflotte.

Heute ist Reykjavik eine Stadt wie viele andere: Ein Hafenviertel, eine immer belebte Hauptstraße mit Schaufenstern, Kinos, Cafés — eine Villengegend um eine kleine „Alster" — und die Wohnviertel der übrigen im Osten und Süden.

Was dieser Stadt ihr besonderes Gepräge gibt, ist der Mangel an einheimischen Baustoffen. Es gibt kein Holz, es gibt keinen Ton, aus dem man Ziegel brennen könnte, und der Dolerit des jungen Lavastromes, aus dem man am Aetna ganze Städte erbauen würde, ist im isländischen Klima seiner Durchlässigkeit wegen ungeeignet als Baustein. Seit der Abkehr vom Grashause kommt das gesamte Baumaterial Reykjaviks über See. Es mußte leicht sein und wetterfest, und so entstand der Wellblechbau, der die Stadt charakterisiert.

Das spröde Material zwang zu schlichten Formen. Niedrige, meist zweistöckige Häuser säumen luftige Straßen, denen mitunter ruhige Farben und liebevoll gepflegte Vorgärtchen ein warmes, wohnliches Gepräge geben.

Die Harmonie dieser bescheidenen Architekturen wird freilich häufig gestört durch die düsteren Betonbauten der neuesten Zeit.

Die Bodenpreise sind gestiegen, die Häuser müssen höher werden. Rohe Klötze ragen hier und da unvermittelt über ihre Umgebung. Die Stadt gerät gerade in das unerfreuliche Stadium des Nebeneinander unserer Vorstädte.

Kaum 2 qkm bedeckt diese Landschaft des Menschen — 0,00002 vom Areale der Insel — vom Flugzeug gesehen ein grauer Flecken auf dem unermeßlichen Grunde der Lava.

30 000 Isländer leben hier zwischen Autos und Schreibmaschinen, in täglicher Berührung mit ausländischen Dampfern, im Schutz einer Fernheizung, im Lichte der Bogenlampen das Leben der Stadtmenschen. Aber trotz des großen Unterschiedes in der äußeren Lebenshaltung blieb die Verbindung mit der Landbevölkerung enger als in anderen Ländern. Bei dem hohen Stand der bäuerlichen Bildung ist der geistige Abstand gering. „Alle Isländer sind Herren."

Gegen das laute Leben von Reykjavik ist Akureyri mit seinen 4000 Einwohnern ein Idyll. Die Hauptstadt des Nordens liegt schon 60 km vom offenen Meere entfernt — etwas abseits der Fischerei — und wuchs darum langsamer. Sie ist dafür einheitlicher geblieben und in ihrer reizvollen Lage am Ende des Fjordes, am Ausgang einer blühenden, reichen Tallandschaft, wohl der angenehmste Ort der Insel.

Das „trockene" Klima des Nordlandes erlaubt die stärkere Verwendung von Holz beim Hausbau, das Straßenbild wird wärmer; im Schutze der hohen Fjordwände gedeihen die berühmten Ebereschen Akureyris und tun das Ihre zum Schmucke dieser freundlichen Stadt.

Neben diesen „Kaufstädten" wie Akureyri, Isafjördur, Seydisfjördur, die als alte Marktorte der ländlichen Bevölkerung schon eine Tradition besitzen, die als Sitz von Behörden, Schulen, Krankenhäusern eine gewisse Beschaulichkeit atmen, hat die Entwicklung der Seefischerei eine ganze Reihe betriebsamer Küstenplätze hervorschießen lassen, die an wirtschaftlicher Bedeutung die alten Städte zu überflügeln beginnen. Es sind reine Umschlagsplätze für die Güter der Fischindustrie, die von der See kommen und auf dem Seewege das Land wieder verlassen. Sie brauchen einen Hafen möglichst nahe an den Fischplätzen, aber sie brauchen kein Hinterland.

Ein solcher Ort ist z. B. Siglufjördur im Nordland. Sein Hafen ist schlecht, aber es liegt dicht am Heringsfanggebiet und mag Akureyri schon einen guten Teil des Handels abgejagt haben. In einer Wolke wenig angenehmer Gerüche ein lärmender, qualmiger Industrieort.

Am Ende langer Ladebrücken warten Berge leerer Fässer. Die Häuser verschwinden fast dahinter. Ungepflegte Wege, lieblose Häuser, ein Gewirr von Leitungsdrähten, von weitverspannten eisernen Schornsteinen, die bunten Auslagen der Allerweltskramläden kennzeichnen das Provisorische dieser Stadt, die dem Hering dient, in sich mehr als 5000 Menschen zusammenfinden während der Fangzeit, aber kaum 1500 Menschen ihren festen Wohnsitz haben. So wie Siglufjördur zu Akureyri liegt Bolungarvík zu Isafjördur, liegt Nordfjördur (Nes) zu Seydisfjördur, liegt das schnell entwickelte Hafnarfjördur zur Landeshauptstadt.

Im Süden haben die Westmännerinseln im Gefolge der Fischerei einen gewaltigen Aufschwung genommen. Sie besitzen nahe am Fanggebiet den einzigen brauchbaren Hafen der Südküste. Kaupstadur auf Heimaey zählt heute 3000 Einwohner; die früher kaum bewohnten Inseln haben jetzt die dichteste Bevölkerung des ganzen Landes.

In jüngster Zeit scheint sich mit dem Vordringen des Automobiles ein neuer Ortstyp herauszubilden. Es sind kleine Anlegeplätze der Küstenschiffahrt, die ins Land hinein über einige Kilometer fahrbarer Wege verfügen. Mit dem schnellen Automobil garantieren sie entlegenen bäuerlichen Gebieten täglichen, oder doch ständigen Absatz auf Entfernungen, über die ein Transport zu Pferde nicht mehr lohnte. Ein Beispiel solcher Transport-Siedlung ist Borgarnes im Westlande. Der Ort treibt kaum Fischerei, hat nur 350 Einwohner, aber 50 Automobile. Eine Reihe weiterer Beispiele gibt das Kärtchen der Autostraßen (Seite 85).

Diese Lösung so vieler Menschen vom Lande — ihre Ansammlung in den Küstenorten — wurde erst möglich durch die neuzeitliche Entwicklung der Seefischerei. Isafjördur wuchs schneller als Reykjavik, Reykjavik schneller als Akureyri. Tausend Jahre lang hatte man die Fischerei mit kleinen Ruderbooten betrieben als willkommene Zusatzbeschäftigung in den stillen Monaten der Landwirtschaft. Das Südland mit seinem winterlichen Fischsegen, der Westen mit der Fangzeit im Frühjahr waren dabei besser daran als der Nordosten der Insel, wo die Schwärme gerade zur Zeit der Heuernte auftreten.

In dem Maße wie der Handelsverkehr des alten Island über Norwegen hinaus sich ausdehnte auf die übrigen europäischen Länder, wuchs der Wert des Fisches als Tauschartikel. Trotzdem blieb die Fischerei noch Nebenerwerb und die Methoden des Fanges primitiv. Inzwischen begannen die Fremden in immer stärkerem Umfange mit gutgerüsteten Schiffen unter Island ihren Bedarf selbst zu fangen, und als am Ende des vergangenen Jahrhunderts die ersten Schleppnetz-Dampfer (Trawler) in den isländischen Gewässern erschienen, war das Schicksal der einheimischen Ruderboote besiegelt. In jenen Jahren vollzog sich eine entscheidende Wendung auf der Insel. Mit der ihnen eigenen Fähigkeit zu radikalen Entschlüssen sagten sich die Isländer los von alten Gewohnheiten, stiegen die Fischer aus den offenen Ruderbooten direkt um auf die Motorkutter, auf die Fischdampfer allermodernster Bauart. In einem Zeitraum von 20 Jahren wendete sich ein Viertel des Volkes vom Lande ab und begann seinen Erwerb auf dem Meere zu suchen. Die neue kostspielige Ausrüstung forderte den ganzen Mann über das ganze Jahr. Man konnte nicht mehr Fischer sein und Bauer zugleich, und wer sich für die Fischerei entschieden hatte, mußte mit seiner Familie in die Küstenorte ziehen.

Heute ist die Seefischerei der Isländer schon eine Industrie. Ihre Flotte ist die modernste der Welt. Ein einziger Dampfer fängt so viel wie früher sämtliche Ruderboote zusammen.

„Durch richtig gewählte Methoden und durch höchste Steigerung ihrer Betriebsleistungen haben sie in wenigen Jahren ihre Seefischerei in qualitativer und, wenn wir auf den Kopf der Bevölkerung berechnen, auch in quantitativer Beziehung (A. 110) an die Spitze aller Seefischereien Europas geführt" (Nr. 325).

Ein bedächtiges Bauernvolk ist in den Strudel der Weltwirtschaft geraten. Die Insel erlebt jetzt alle Begleiterscheinungen der Industrialisierung: die starke Ausweitung der Erwerbsmöglichkeiten, schnelles Steigen der Bevölkerung, die Flucht vom Lande, die Steigerung der Bedürfnisse, die zunehmende Macht des Handels, die Entstehung eines Arbeiterstandes, Streiks und rote Fahnen.

In der Landwirtschaft gibt es 30 000 selbständige Existenzen neben 10 000 abhängigen. In der Fischindustrie stehen 3000 Unternehmer gegen 15 000 Arbeiter und Angestellte.

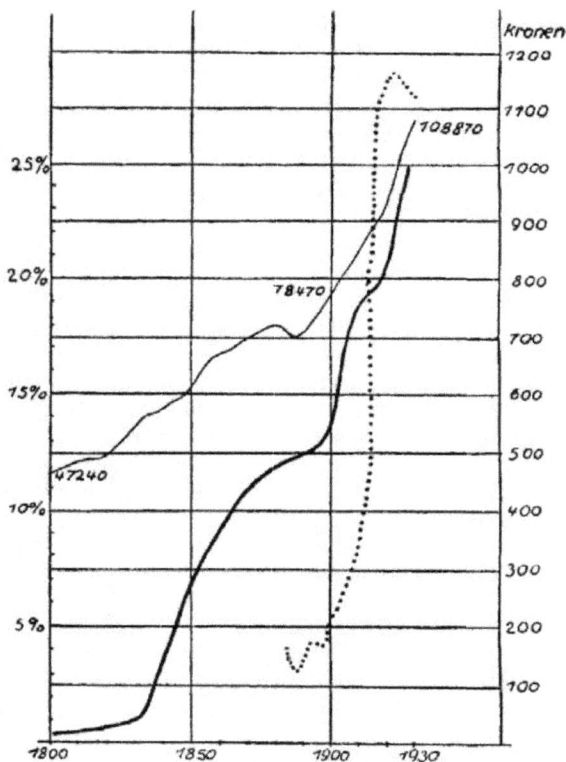

Die Zunahme der Fischer (in % d.Bevölkerung)
Die Weitung des Aussenhandels (in Krone p. Kopf)
Zunahme der Bevölkerung von 1800  1930

Nach Nr.Nr. 620. 624; 298; 182; 168; 31; 577

Abb. 77

Abb. 78                                    phot. Jwan

Abb. 79                                    phot. Jwan

Heringsfang bei Vatnsnes.

Ungeheure Massen an Fisch werfen die Dampfer täglich auf die Kais der Ladeplätze; — unerschöpflich scheint der Reichtum des Meeres um Island (A. 111).

In Akureyri an der Pier angeln zwei Jungen mit einer Schnur und einem Haken, den sie von Zeit zu Zeit im Sande scheuern. Mit kurzem Rucken lassen sie das blanke Eisen im Wasser spielen: Zwei Stunden später haben sie eine Last Fische, die sie kaum zu tragen vermögen. —

An Bord des Dampfers Rán, der in der Mündung des Eyjafjordes auf Befehle wartet, ziehe ich — völlig ungeübt — in einer halben Stunde 50 kg Kabeljau aus dem 30 Meter tiefen Wasser.

Unter vollem Dampf lauert die „Rán" im Fjord. Als der Funkspruch am Abend kommt, schießt sie heraus, wendet nach Westen, dreht am anderen Morgen in leuchtendem Sonnenschein in den Húnaflói und geht bei Vatnsnes ziemlich dicht unter Land. Ein halbes Dutzend Kutter sind schon bei der Arbeit; zahlreiche Rauchfahnen verraten überall die herbeieilenden Dampfer. „Hering bei Vatnsnes!" — Die glatte Fläche der See wird an manchen Stellen plötzlich aufgerauht, dunkle Flecken bilden sich, aus denen es ab und zu silbern aufleuchtet. Die Boote gehen hinab, nehmen das Beutelnetz zwischen sich und kreisen die brodelnde Stelle ein. Der Dampfer schiebt sich heran, und nun erkennen wir zwischen den Booten eine dicht geschlossene Masse zappelnden Fisches. Die „Rán" schwingt das Schöpfnetz aus, und mit jedem Male hebt es einen Hektoliter an Bord. Einen Hektoliter silberner, wirbelnder Masse, die mit einem eigentümlichen, klatschendem Regen vergleichbaren Geräusch in die Bottiche läuft. Das sind keine Individuen, das ist eine schwere Flüssigkeit, die wir laden, — die einige Dutzend anderer Schiffe neben uns laden, ohne daß auch nur eine geringe Abnahme wahrzunehmen wäre. Die „Rán" ist ein großes Schiff, ihre Bottiche fassen über tausend Zentner, aber in wenigen Stunden ist sie zum Bersten voll und wird morgen wieder voll sein, einen Monat lang vielleicht jeden Tag, bis der Hering weiter zieht oder ein Unwetter die Dampfer am Ausfahren behindert.

Das ist im August und September. Dann wird die „Rán" Eis an Bord nehmen und den Winter über im Südwesten mit dem Grundnetz oder der Langleine Schellfische fangen, die sie nach Hull zur Auktion bringt. Am Ende des Winters beginnt der Kabeljaufang, und die „Rán" wird erst im Südwesten, dann im Südosten und über Sommer im Nordwesten einen Teil jener ungeheuren Fischmengen fangen, die dann in gesalzenem und getrocknetem Zustande als Klippfisch von Reykjavik aus ihren Weg in die Mittelmeerländer antreten.

Aus der alten Küstenfischerei ist eine isländische Seefischerei geworden. Die Dampfer warten nicht mehr auf den Fisch, sie fahren ihm entgegen. Ihr großer Aktionsradius, ihre Seetüchtigkeit erlauben auch die Ausbeutung der Fangplätze an der hafenlosen östlichen Südküste. Ein Flugzeug steigt auf, kundschaftet den Fisch aus und dirigiert die Dampfer durch Funkspruch. Die Technik hat hier den Nahrungsspielraum ungeheuer erweitert. Ihre Möglichkeiten wären noch unbegrenzt, würden nicht die Gesetze zum Schutze des Fisches und die Sättigung der Märkte die Entwicklung beschränken auf ein vernünftiges Maß.

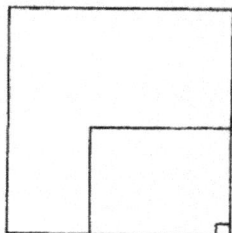

| | |
|---|---|
| Areal der Insel | 100 000 qkm |
| des bewohnten Landes | 30 000 qkm |
| des kultivierten Landes | 300 qkm |

Gemessen am Reichtum der Fischerei scheint der Ertrag der Landwirtschaft karg, das Leben der Bauern ärmlich.

Die hohe Breite setzt der bäuerlichen Wirtschaft enge natürliche Grenzen, die auch die Technik kaum zu erweitern vermag. Das Leben der 60 000 Landbewohner unserer Tage verläuft nicht viel anders als das der ersten Landnahme-Männer.

Heute gibt es auf Island etwa 6 500 Höfe. Sie bevorzugen wie in der alten Zeit eine Lage am Hange, am Rande der „Hlidstufe" (vgl. Seite 47), wo es klare Quellen gibt und der Grund trocken ist. In den beiden weiten Tiefländern des Südwestens rückt man die Häuser gern heran an die Basaltrücken oder Moränenbuckel, die das Wiesenland durchragen.

Die unmittelbare Nähe des Meeres wurde und wird von den auf Viehzucht gestellten Höfen vermieden. Aber in den sumpfigen Niederungen der südlichen Tiefländer blieb manchmal der Strandwall der einzig sichere Baugrund. So sehen wir in der Landschaft Flói z. B. eine Zeile von Höfen auf der Rückseite des Strandwalles, ähnlich wie an einem Deiche ganz dicht an das Meer herangerückt (D.K.Bl. 38 NA). Eyrarbakki und Stokkseyri haben sich in dieser Lage zu bedeutenden Orten entwickelt.

Nur ganz vereinzelt haben sich Bauern weit in das Hochland gewagt. Es gab einen Hof in über 400 m Höhe am Hvítárvatn, einige im obersten Bárdartal in etwa 400 m Höhe und im Jökuldalur im Ostland in 300—350 m Höhe. Sie sind alle wieder verlassen. Nur im nordöstlichen Hochland haben sich Höfe gehalten. Während auf der Nordwest-Halbinsel die Grenze der Siedlung unter 150 Metern, im ganzen Südland unter 250 Metern liegt, erreicht sie im nordöstlichen Hochland beinahe 500 Meter! Mödrudalur (480) ist ein wohlhabender Hof, und da es allem Anschein nach weder historische noch verkehrstechnische Gründe sind, die das Leben hier erhalten haben, müssen es wohl klimatische Vorzüge sein. Eine lang andauernde Schneedecke im Frühjahr und das geringe Maß an Niederschlägen im Herbst scheinen hier den Pflanzenwuchs in ungewöhnlichem Maße zu begünstigen (vgl. Abb. 28, auch A. 50).

Steigt man über den Hang hinab, so kann es schwer halten, die Häuser zu finden. Aus grünem Grunde wachsen dicke, niedrige Rasenmauern, ziehen sich Rasendächer über formlose Buckel, aus denen wir voll Verwunderung Rauch aufsteigen sehen.

Abb. 80                                                                    phot. Jwan

Alte „Häuser" bei Tjarnir im Eyjafjord. Fässer als Schornsteine. Stapel
getrockneten Schafmistes als Brennmaterial.

Abb. 81                                                                    phot. Scheller

Das Innere eines Hauses alter Bauart.

Abb. 81a                      phot. Jwan

Die Kirche in Saurbaer im Eyjafjord.

Abb. 81b                      phot. Scheller

Ein Pferch zum Sortieren der Schafe („rjett“).

Aber zum Tiefland hin zeigen die Grashügel ein freundliches Gesicht. Drei, vier, fünf weiße Holzgiebel schauen unter dem Graspelz hervor und lassen mit einem Male erkennen, daß es sich doch um Häuser handelt. Warm eingepackte kleine Häuschen, die zu mehreren dicht aneinander geschoben, manchem isländischen Hof etwas geben von dem traulichen Gedränge unserer Altstädte. Aus den geräumigeren, freistehenden Häusern, die die ersten Siedler mit norwegischem Holze erbauten, entwickelte sich der heutige Typ in vollendeter Anpassung an die natürlichen Bedingungen der Insel.

Das Fehlen starken Balkenholzes zwang zur Beschränkung auf sehr kleine Spannweiten. Der Mangel an Heizmaterial drängt überdies auf Verkleinerung der Räume, auf Verwendung meterdicker Mauern aus Rasen und Stein, auf Zusammenschließung ursprünglich einzelnstehender Gebäude zu einer größeren Einheit. In jüngster Zeit beginnen Wellblech und Beton auch bei dem ländlichen Hausbau immer größere Fortschritte zu machen. Zweistöckige Häuser stehen hier und da neben alten Gebäuden, zum Erschrecken häßlich, aber mit hohen, hellen Räumen, beleuchtet und geheizt mit „Bernsteinkraft" (— Elektrizität —), die der nächste Wasserfall liefert.

Um das Gebäude liegt am Hange das kostbare Tún, von dessen Ertrag in erster Linie es abhängt, wieviel Vieh der Hof durch den Winter bringt. Eine sorgfältig hinter Stacheldraht gehegte, gedüngte Wiese; sie bedeckt vielleicht nur ein Zehntel des Besitzes, aber bringt ein Drittel der Heuernte (A. 112).

Das beweist, daß der Boden etwas hergibt, wenn er gepflegt wird, zumal bei vielen alten Höfen — entsprechend ihrer ursprünglichen Verteidigungslage — die Túne durchaus nicht auf dem günstigsten Boden liegen.

Ein Gang auf die Außenweide zeigt, wieviel Arbeit auf das Tún verwendet ist. Das Weideland draußen ist übersät von Tausenden kleiner Grasbuckel, die die Isländer „Thúfur" nennen (A. 62). Maulwurfshaufen ähnlich, nur um ein Vielfaches größer, heben sie sich aus dem Grasteppich, bald einzeln mit weiten Zwischenräumen, bald dicht an dicht, nur noch getrennt von knietiefen, ganz schmalen Gräben, durch die wir uns stolpernd hindurcharbeiten. Das Gras, das hier wächst, ist nicht schlecht, aber man braucht zu viel Zeit, es zu ernten. Hügel für Hügel muß mit sehr kurzen Sensen geschoren werden, und jeder trockene Tag ist kostbar in dem kurzen isländischen Spätsommer (A. 113). Die Kultur einer Wiese beginnt darum mit der Beseitigung der Thúfur. Man schält den Rasen ab, ebnet die Buckel ein und legt die Soden wieder auf. Ein Leben lang bleibt die Wiese dann eben. Dann kommen die Thúfur wieder, der Sohn beginnt, wo der Vater begann, und das Areal der Túne bleibt stets ein beschränktes.

Zu einem mittleren Hofe gehören etwa 20 Pferde, 10 Kühe und ein paar hundert Schafe. Die Sorge des Bauern gilt der Pflege dieses Viehstandes, in erster Linie der Einbringung des Heus für den Winter.

Ein Teil des Grundes außerhalb des Túns ist Weideland für das Vieh, das beim Hofe bleibt, die Kühe also, die Mehrzahl der Pferde und ein paar Schafe. Der Rest ist die Wiese, auf der das „Außenheu" gewonnen wird.

Sie besteht in manchen Gegenden überwiegend aus Schachtelhalm (Equisetum palustre). Ihre Erträge sind viel unsicherer als die des Túnes. Erst ausgedehnte Bewässerungsanlagen und regelmäßige Düngung setzen den Bauer in Stand, mit festen Mengen zu rechnen.

Der Wohlstand des Hofes findet seinen Ausdruck in der Anzahl der Schafe. Zwischen 600 000 und 800 000 Stück schwankt ihr Bestand im Lande. Solche Mengen wären im Tiefland nicht zu ernähren. Sie werden am Ende des Juni hinaufgetrieben ins Hochland und suchen sich über Sommer ihr Futter allein. Sie dringen vor in die innersten Teile, wagen sich über das Eis, schwimmen durch reißende Flüsse. So nutzt der Bauer mit Hilfe des Schafes noch die entlegensten grünen Flecken des Hochlandes.

Im September, nach der Heuernte, werden die Tiere gesammelt. Alle jungen Männer freuen sich auf den „Berggang". Nach den genauen Anweisungen eines „Bergkönigs" werden auf tagelangen, mühsamen Ritten alle Schlupfwinkel des Hochlandes abgesucht, die Tiere hinabgetrieben in große Pferche am Rande des Tieflandes und nach den ins Ohr geschnittenen Marken den Besitzern zugestellt. Der Berggang ist das Erntefest der Isländer. Tanz und Spiel schließen die anstrengenden Tage. Ein Teil der Schafe wird dann geschlachtet; das Fleisch gelangt gesalzen zum Verkauf. Die übrigen — die Hälfte etwa — hält man über Winter beim Hofe, treibt sie nachts in den Stall und läßt sie tagsüber ihr Futter allein suchen, solange es irgend gehen will.

Dabei kommen den Bauern die milden feuchten Winter der Insel zugute. Es gibt Winter, wie den von 1929, in denen die Bauern auf der ganzen Insel, selbst im Nordwesten, selbst auf Grimsstadir vom Januar bis in den Mai das Vieh jeden Tag hinausschicken konnten. Aber im folgenden Winter gab es im Nordland im Januar nur 14 Weidetage, in Grimsstadir keinen und im östlichen Südland fünf. Die günstigsten Winterweidegebiete liegen im südlichen Ostland, am schlechtesten sind die Fjorde des Nordwestens gestellt. Teigarhorn kann durchschnittlich 90 % aller Wintertage nutzen, Sudureyri nur 61 % (A. 114).

In ihrer glücklichen Anpassung an die Natur des Landes wurde die Schafzucht immer mehr zum Haupterwerb der Landwirtschaft. Damit wuchsen auch die Gefahren, die jede allzu einseitig aufgebaute Wirtschaft bedrohen. Eine Krankheit der Tiere kann zu einem nationalen Unglück werden. Eine Stockung im Absatz gefährdet die Existenz der Hälfte des Volkes.

Wir sehen daher heute das Bestreben, die Wirtschaft eines Hofes wieder vielseitiger zu gestalten. Man versucht es wieder mit der Schweinezucht, mit der Geflügelhaltung, sogar mit dem äußerst ungewissen Anbau von Hafer und Gerste. Vor allem hat der Anbau von Kartoffeln gute Fortschritte gemacht: 63 000 Zentner, drei Fünftel des Bedarfs, wachsen schon auf isländischem Acker.

Seit alter Zeit freilich bringen der Fischfang in Flüssen und Seen, die Vogeljagd, das Einsammeln von Eiern und Daunen zusätzlichen Verdienst in den einseitigen Betrieb des Hofes.

Ein Bauer am Mývatn konnte in einem Jahr 10 000 Forellen aus dem See ziehen. Ein Nistplatz von Eidergänsen kann dem Hofe über manche schlechte

Zeit helfen. Sie finden sich rings um die Insel, die meisten auf den Schären an der Westküste. Man nimmt den Vögeln das Daunenpolster und die Eier des ersten Geleges. 50 Nester geben 1 kg Daunen im Werte von 35—40 Kronen. (Die Insel Aedey im Isafjord soll allein 250 kg im Jahre ergeben.) Schließlich spielt auch der Vogelfang noch eine bedeutende Rolle in der Ernährung der Küstenbewohner. „Vogelberge" gibt es rings um die Insel, die ergiebigsten sind der Vogelberg auf Heimaey (Westmännerinseln), der Hornberg und der Látraberg auf der nordwestlichen Halbinsel, die Inseln Drangey und Grimsey im Nordland.

Unter unbeschreiblichem Geschrei der Vögel lassen sich Männer an Seilen die steilen Wände herab, fangen die flatternden Lummen mit einer Art Schmetterlingsnetz, greifen dumm dasitzende Tiere mit der Hand und sammeln die Eier. Ein gefährliches, aber lockendes Unternehmen. Es ist nicht selten, daß ein Mann in der Fangzeit an einem Tage mehrere hundert Vögel erbeutet und ebenso viele Eier. Leichter ist der Fang der Seepapageien. Sie werden einfach mit einem eisernen Haken aus ihren Erdhöhlen herausgezogen.

Im Durchschnitt der Jahre 1924—31 ergab sich ein Gesamtertrag von 15 000 Lachsen, 450 000 Forellen, 250 000 Vögeln und rund 4000 kg Daunen. Manche Küstenstreifen wären wahrscheinlich unbewohnbar ohne diese zusätzlichen Hilfsquellen. Auf der Melrakkasljetta z. B. müssen die Schafe häufig Tang fressen. Die Forellen der Seen, die Eier, die sorgfältig behüteten Nistplätze der Eidergans gewinnen hier ausschlaggebende Bedeutung. Hier wie am Hornstrand trägt überdies der Reichtum an Treibholz und die Jagd auf Seehunde dazu bei, das Leben der Bewohner erträglich zu gestalten.

Eine starke Belastung jedes Hofes bildet die große Zahl Pferde, die man braucht als Reittiere und zum Tragen der Lasten.

Die Weiträumigkeit des Viehzuchtbetriebes, die vielen Wasserläufe des Tieflandes, die sich zu Fuß nicht queren lassen, das Nebeneinander von Sumpf und Lava und Schotterflächen erfordern ein äußerst vielseitiges Transportmittel, das ohne Wege alle Schwierigkeiten überwindet. Das isländische Pony löst diese Aufgabe zweifellos in idealer Weise. In seiner Körpergröße hat es sich den armen Verhältnissen des Landes angepaßt, es hüllt sich über Winter in einen dicken Pelz, es begnügt sich damit, ausschließlich Gras bzw. Heu zu fressen und kann doch 100 kg tagelang über jedes Gelände tragen.

Der Bauer reitet zum Heumachen, die Kinder zur Schule, der Arzt zum Kranken, die Pfarrer zur Kirche und ganze Familien zu Besuch auf einen befreundeten Hof. Auf Pferderücken wird das Heu eingebracht. Die amtliche Statistik rechnet den Ertrag nach „Pferdelasten". Auf Pferderücken kam jedes Stück Holz, jeder Streifen Wellblech zum Bau des Hauses aus der manchmal tageweiten Kaufstadt an der Küste, auf Pferderücken schließlich wandern alle Waren des Hofes zum nächsten Markt.

Die hohe Zahl von 50 000 Pferden, beinahe eins auf jeden ländlichen Bewohner, kennzeichnet die Verkehrsschwierigkeiten des Landes. Wenn es bessere Wege gäbe, wenn der Bauer Wagen benutzen könnte, wenn sich Fahrräder in größerem Umfange verwenden ließen, dann würde ein guter Teil des kostbaren Heues frei für Rinderzucht.

Eine einzige Brücke kann einen ganzen Bezirk seiner Rückständigkeit entreißen, kann ihn eingliedern in die kräftige Entwicklung des ganzen Landes und selbst die gefährdeten und teilweise verödeten Höfe der Randgebiete wieder aufleben lassen.

So ist die Entwicklung der Landwirtschaft noch weitgehend abhängig vom Wegebau. Die Organisation von Molkereigenossenschaften z. B. wird eben erst möglich bei einer guten Verbindung der Zentrale zu einer großen Zahl von Höfen einerseits, zur Hauptstadt andererseits. Aber der Aufbau eines Wegenetzes in einem Lande, das nur einen Einwohner je Quadratkilometer zählt, erfordert einen ungeheuren Aufwand an Kapital und Arbeitskraft. Obwohl in den letzten 20 Jahren mehr geschehen ist als in Jahrhunderten zuvor, so kann doch die Erschließung des Landes nur langsame Fortschritte machen. Um tausend Menschen zu erfassen, bedarf es vielleicht schon eines kostspieligen Brückenbaues, bedarf es eines Mehrfachen der Weglänge, die etwa in Dänemark nötig wäre.

Selbst in dem reichen südlichen Tiefland wohnen noch nicht zwei Menschen auf den Quadratkilometer. Und die zahlreichen Ödhöfe scheinen zu beweisen, daß bei den bestehenden Wirtschaftsformen auch kaum eine dichtere Bevölkerung hier leben könnte.

Viele Leute auf Island glauben, daß die Bevölkerung des Landes sich mindestens verzehnfachen könnte, daß es nur gelte, die Landwirtschaft zu modernisieren, um einen Aufschwung einzuleiten, der dem der Fischerei nahe käme.

Zweifellos vollzieht sich ein kräftiger Aufschwung vor unseren Augen. Bewässerungsanlagen wandeln große Flächen unfruchtbarer Schotterfluren in grüne Weide (A. 115). In Treibhäusern, die von Thermen geheizt werden, wachsen Tomaten und Gurken und Erdbeeren. Schlachthöfe, Kühlhallen, eine Konservenfabrik, Käsereien mühen sich durch Veredelung der Produkte, der Landwirtschaft besseren Absatz zu sichern.

Aber schon beim Bau der Wege zeigen sich doch neben den ökonomischen auch die natürlichen Grenzen, die der Entwicklung in diesem Lande gesetzt sind. Über die pendelnden Flüsse der südlichen Sander werden niemals Brücken führen. Hier endet der Fortschritt an einer „natürlichen Grenze" von solch außergewöhnlicher Wirksamkeit, daß selbst die Ratten vor ihr Halt gemacht haben.

Die Menschen, die zwischen dem Hornafjördur und den Núpsvötn wohnen, leben abgeschlossener als auf einer Insel. Mensch und Ware gelangen wie vor tausend Jahren nur auf Pferderücken durch die gefährlichen Ströme (A. 116).

Über die technischen Schwierigkeiten hinaus sehen wir überall im Lande andere natürliche Grenzen der Bauernwirtschaft, die im Klima begründet sind, hören wir auf den Höfen, daß die Düngemittel (Fischabfall) bei den niedrigen Temperaturen sehr langsam wirken — daß die Kartoffeln doch nur auf beschränktem Gebiet gedeihen — daß der Wind die Äcker gefährdet, daß es in manchen Gegenden nicht gelingen will, trockenes Heu einzubringen, und daß die Thúfur immer wieder kommen.

Und so gewinnen wir den Eindruck, als ob die isländische Landwirtschaft im ganzen doch hart an der Grenze des Möglichen lebe. Es gibt Höfe, die nur in guten Jahren zu bewirtschaften sind. Es scheint, als ob von allen Neuerungen jenseits der rein organisatorischen Aufgaben doch nur diejenigen Bestand versprächen, die auf eine verfeinerte Anpassung an die natürlichen Bedingungen hinauslaufen. Man kann vielleicht eine härtere Kartoffel züchten, man kann die Tiere an Sauerheu gewöhnen, aber man kann aus Island kein Getreideland machen.

Die Basis der Bauern wird die Weide bleiben; und damit bleibt auch die Zahl der Menschen beschränkt. Gras ist der Grundstoff, der dem Klima entspricht; es gibt ungewöhnlich nährstoffreiche Wiesen, die durch tausend Jahre ihren Hof sicher erhielten. Gartenkultur und Ackerbau werden immer nur zusätzliche Erträge liefern (A. 117).

Je weiter sich die Landwirtschaft von ihrer natürlichen Basis entfernt, um so anfälliger wird sie. Drei schwere Treibeisjahre können alle Äcker öde legen.

Aber auch die Weiden sind gefährdet. Einmal durch den Flugsand und dann durch den jungen Vulkanismus in der Umgebung der Tiefländer. In den kleinen Wasserrissen, in den Torfstichen des südlichen Tieflandes gibt es mitunter Profile, die uns zeigen, wie in jüngster geologischer Vergangenheit Bimssteindecken sich in kurzen Abständen über die grüne Landschaft breiteten und sie auf lange Zeit verwandelten in trostlose Wüste. Ein Ausbruch in der Größe der Askja-Explosion vom Jahre 1875 könnte mit einem Schlage das reiche südliche Tiefland auf Jahre hinaus unbewohnbar machen.

Die Gefährdung durch den Flugsand ist kaum geringer einzuschätzen. Es scheint, als ob es kein Mittel gegen ihn gäbe, als ob die Windwüsten des Hochlandes ständig wüchsen auf Kosten der Weide. (Abb. 49, Seite 61). Ein großer Teil der Höfe, die früher weiter im Inneren lagen, sind dem Sande zum Opfer gefallen. Früher wurde jeder grüne Flecken mit bewundernswürdiger Zähigkeit festgehalten, konnte manche verlorene Weide in besseren, feuchteren Jahren wiedergewonnen werden. Aber seit es den Ausweg in die Stadt und den Fischplatz gibt, trennt man sich leichter vom Lande. Das verlassene Tún wird schneller eine Beute des Windes als die zähe, verfilzte Naturweide. Eine neue Wunde entsteht in der grünen Decke, eine neue Gefahr für die benachbarten Höfe.

Die Städte werden auf die Dauer nicht auskommen ohne eine leistungsfähige Landwirtschaft. Die Heringe können ja ausbleiben; die Fische werden sich vielleicht auf der Flucht vor dem Menschen noch weiter in den Norden zurückziehen. Und wenn dann der Ertrag der Fischerei die Städte nicht mehr zu ernähren vermag, dann bleiben sie in diesem rohstoffarmen Lande allein auf die Bauern angewiesen (A. 118).

Ein Spaziergang im Hafen der Hauptstadt führt uns vor Augen, was das bedeuten würde: Ein Dampfer hat festgemacht und wirft in buntem Durcheinander eine Fülle von Gegenständen auf die Pier, von denen nicht ein einziger jemals im Lande selbst hergestellt werden könnte: Stacheldraht (A. 119), Fässer — Glas — Möbel — Telegraphenstangen — Werkzeug — Netze — Fensterrahmen — Zeitungspapier!

Ein paar Schritte weiter ein ähnliches Bild: Mehl — Segeltuch — ein Harmonium — Gemüse — Salz in ungeheuren Mengen — Zucker — Zement und wieder Holz und Eisen in rohem und bearbeiteten Zustande. Haushohe Halden englischer Kohle, riesige Tanks für Treibstoffe vervollständigen das eindrucksvolle Bild von dem gewaltigen Bedarf an Gütern ausländischer Herkunft (A. 120).

Und diesem gewaltigen Bedarf — 500 Kr. auf Kopf und Jahr gegen 350 Kr. in Dänemark — hat die Insel im wesentlichen nur die Produkte der Fischerei entgegenzusetzen. (Etwa 450 Kr. pro Kopf) (A. 121). Der Ertrag der Landwirtschaft wird zum größten Teil im Lande selbst verzehrt. Ihr Anteil am Gesamtexport betrug 1932 nur noch 6 %.

In dieser Einseitigkeit des Exports liegt schon eine gewisse Schwäche. Ein ungewöhnlich stürmisches — oder ein eisreiches Jahr wie 1695 oder 1881 könnte den Staatshaushalt ernsthaft gefährden. Und diese Schwäche steigert sich zu einer Gefahr dadurch, daß das wichtigste Produkt der Fischerei, der Klippfisch, nur einen sehr engen Markt gefunden hat. Von 70 000 Tonnen Klippfisch gingen 1930 40 000 Tonnen nach Spanien. Ein Drittel der gesamten isländischen Ausfuhr ist heute abhängig von dem Preis, den die Spanier zahlen können und wollen. Ein Verfall des Peso würde ernstere Folgen haben als eine Mißernte in früheren Jahrhunderten (A. 122). So beginnen in unserer Zeit weltwirtschaftliche Einflüsse auch auf Island das natürliche Verhältnis des Menschen zu seiner Landschaft zu überschatten.


Tausend Jahre einer Bauernkultur sind über die Insel gegangen. Die Fläche des kultivierten Landes ist während dieser Zeit kaum gewachsen.

Der Mensch zerstörte den Wald (A. 123), aber darüber hinaus blieb er fast ohne Einfluß auf die Gestaltung der Landschaft. Selbst die am dichtesten besiedelten bäuerlichen Tiefländer des Südwestens wird man kaum als eine Kulturlandschaft bezeichnen können.

Es scheint, als sei in der tausendjährigen Wechselwirkung von Landschaft und Mensch die Landschaft der stärkere Teil gewesen (A. 124).

Stefán, unser Führer. Ein unvergleichlicher Reiter, Geschichtenerzähler, Geisterseher, Dichter von lockeren Liedchen und guter Kamerad.

Abb. 82                    phot. Jwan

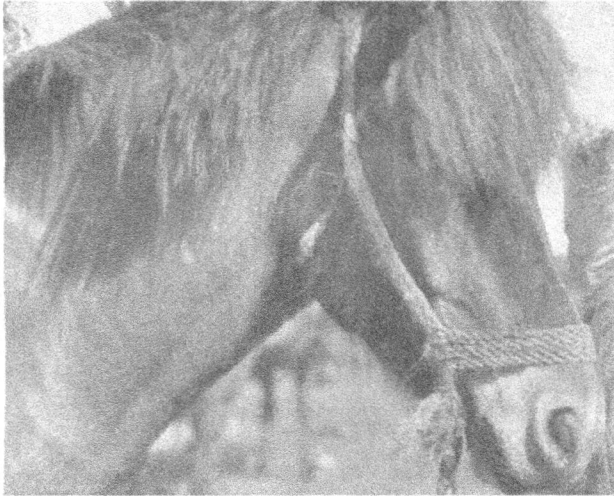

Abb. 83.                                        phot. Jwan

Blesi, unbestrittenes Haupt der Karawane. Nicht ohne Launen, aber sicher im Hraun und im Wasser, ein zuverlässiger Führer im Schneesturm.

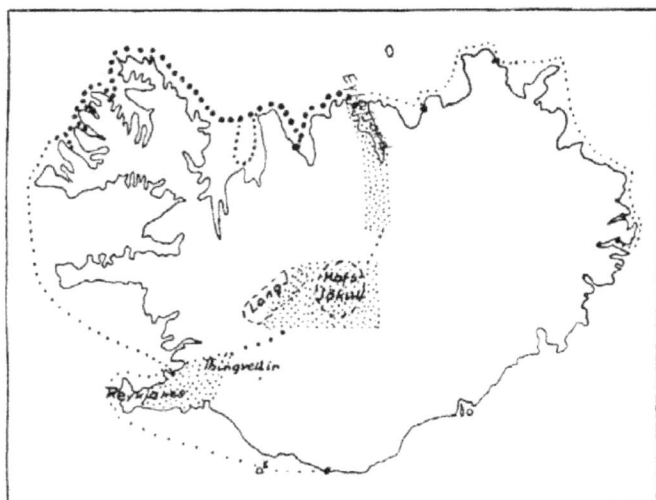

*Reisewege und spezielle Arbeitsgebiete des Verfassers.*

Abb. 83a ca. 1 : 5 700 000

# ANMERKUNGEN

(In Klammern die Seiten)

## Aufbau

A. 1 Spaltenerguß der Eldgjá um 940: (vgl. A. 5)
(7) Lava bedeckt 700 qkm, Masse geschätzt auf 9 cbkm,
Spaltenerguß Laki 1783: (vgl. A. 5)
Lava bedeckt 565 qkm, Masse geschätzt auf 12 cbkm,
das sind die größten Ergüsse der Welt in historischer Zeit.

A. 2 Nur auf Tjörnes, vgl. S. 12, ist auch pliozäner Surtarbrandur bekannt.
(8)

A. 3 Allerdings glaubt Keilhack im Material von Quarzdünen auf der Nordwest-
(8) Halbinsel Spuren eines „vortertiären Untergrundes" entdeckt zu haben.
(Nr. 262.)

A. 4
(9)

Abb. 84        ca. 1 : 7 000 000

Liparit: Zusammenfassung bei Thoroddsen, Nr. 555, p. 266—287. Ferner Nr. 408; Nr. 613a, p. 885 u. 927; Nr. 96; Nr. 7. Die Liparite sind vorwiegend intrusiv. Ein Kärtchen ihrer Verbreitung zeigt zugleich, daß der Anteil von Intrusionen am Aufbau der Insel nicht unerheblich ist, zumal ja nicht alle Intrusionen liparitisch sind.

A. 5    v. Knebel: Hvítárvatn-Gebiet, Nr. 284.
9)     Niels Nielsen: Hvítárvatn-Gebiet, Nr. 358.
       Niels Nielsen: südl. Hofsjökull, Nr. 357.
       Niels Nielsen: westl. Vatnajökull, Nr. 357.
       Oetting: Gebiet zw. Hofs- u. Langjökull, Nr. 373.
       v. Komorowicz: Raudhólar SO Reykjavik, Nr. 294.
       Sapper: Lakispalte, Eldgjá u. Gebiet ONO Hekla, Nr. 467.
       Trautz: östliches Odádahraun, Nr. 583.
       Roberts: Nordrand Vatnajökull, Nr. 445.
       Cargill: Gebiet um Hornfjördur, Nr. 68.
       Wunder: südl. Langjökull, Nr. 616.
       Keilhack: Isafjördur, Nr. 262.

A. 6    Einige Forscher haben versucht, aus der Neigung der Bänke die Gesamt-
(9)     mächtigkeit der tertiären Basalte zu berechnen. Nr. 543; Nr. 195. Sie sind dabei zu Werten gekommen zwischen 1200 und 3500 Metern. Angesichts der geringen Erforschung des Gebietes können solche Berechnungen nur den Wert von Schätzungen haben. Thoroddsen hat an anderer Stelle selbst auf ihre Unzulänglichkeit hingewiesen. Nr. 555, p. 213.

A. 7    Petrographische Einzelheiten zusammengefaßt: Nr. 613 a, p. 926 ff. Vgl.
10)    auch Cargill, Nr. 68 u. Peacock, Nr. 393; Nr. 394; Nr. 395.

A. 8    Zusammenfassung bei Thoroddsen, Nr. 555, p. 254—264. Vgl. auch Nr.
(10)    43; Nr. 476; Nr. 10; Nr. 555.

A. 9    Die darüberflutenden Laven nahmen den obersten Lagen der Flußbildungen
10 )    oft die kennzeichnende Schichtung. Lehmige Sande nehmen gern die Säulen-struktur der hangenden Basalte an.

A. 10   Thoroddsen hielt solche Vorkommen für Ausnahmen. Immerhin erscheinen
(10)    auch in seinen Profilen häufig mächtige Lockermassen im tertiären Basalt. (z. B. Nr. 565.)

A. 11   Vielleicht sind solche angedeutet in einer Beobachtung Thoroddsens bei
(10)    Lokinhamrar (Nordufer Arnarfjord), wo auf kurze Erstreckung der Basalt

in einer Mächtigkeit von fünfhundert Metern keine Bankung zeigt. (Nr. 550)
Pjetursson hält ein „rotes, grobes vulkanisches Agglomerat bei Fell im
Kollafjord für die Füllung eines tertiären Ausbruchskanales. (Nr. 408.)
Schneider vermutet eine Ausbruchsstelle tertiärer Basalte im Vatnsdalur,
5 km südl. des Sees. (Nr. 479.)

A. 12
(11)
Nach den Beobachtungen an heutigen Spaltenergüssen, z. B. an der Lakispalte (Nr. 467), scheint es auch nicht wahrscheinlich, daß sich die Zugehörigkeit von Decke und Gang in vielen Fällen wird nachweisen lassen.
Auch bei einer „Spalteneruption" scheint sich der Austritt der Lava auf
isolierte Zentren über der Spalte zu konzentrieren. Es muß also gerade
einer jener Eruptionspunkte angeschnitten sein, wenn der Zusammenhang
erkennbar werden soll. Darauf hat schon Thoroddsen hingewiesen. (Nr.
555, p. 253.) (Vgl. auch Nr. 538, p. 256 unten.)

A. 13
(11)
Es ist nicht unwahrscheinlich, daß die vereinzelten Dolerite in den tertiären Massen intrusiver Natur sind. Vgl. Harker, The tertiary igneous
rocks of Skye, Memoirs Of The Geological Survey Of The United King-
dom. Glasgow 1904. — Im isländischen Quartär sind bedeutende Intrusionen
nachgewiesen: Nr. 405; Nr. 68. (Vgl. A. 4.)

A. 14
(12)
In der Literatur hat sich die Bezeichnung „Crag von Tjörnes" eingebür-
gert, obgleich die Übereinstimmung mit den englischen Ablagerungen
nicht sicher erwiesen ist. Spezialliteratur zu Tjörnes: Nr. 10; Nr. 410,
p. 38—52.

A. 15
(14)
1. Das zeitweise Ausschmelzen größerer Partien ist z. B. bekannt von der
Katla im Mýrdalsjökull (Nr. 555, p. 136), auch vom Sviagigur im Vatnajökull (Nr. 600).
2. Es ist bekannt, daß Lavaströme unter dem Meere ausfließen ohne Veränderung ihrer äußeren Form und ihrer Struktur. Der Verfasser glaubt
mit Thoroddsen (Nr. 555, p. 317), daß eine Eisbedeckung demgegenüber
keine grundsätzliche Veränderung der Bedingungen bedeutet.

A. 16
(15)
Bisherige Definition von Jökullhlaup-Sediment:

| K. Schneider, Nr. 478: | Gemenge von Tuff und Moräne. Große Härte. Keine Schichtung. |
| H. Spethmann, Nr. 509: | Wohlgerundete, Schrammen zeigende große Blöcke in feiner Grundmasse. Teilweise Schichtung. Oft hart. |
| H. Pjetursson, Nr. 405: | Überall geschichtete Sande und Tone im Gletscherlaufsediment. |
| v. Knebel-Reck, Nr. 287: | Grob gebankte Gemenge von Grobem und Feinem. Rezente Schlacken. |
| J. Ferguson, Nr. 130: | Spuren von Schichtung. |
| Th. Thoroddsen, Nr. 569: | Unregelmäßige Häufungen von gescheuerten Blöcken, Grus, Sand. |

A. 17
(15)
Überdies ist die Untersuchung erschwert dadurch, daß die Moränen häufig
keinen Schluß zulassen auf ihr Alter. Der Zufall will es, daß die Moräne
aus fein aufbereitetem vulkanischem Material und geringem Kalkgehalt
einen schnell erhärtenden Zement darstellt, sehr ähnlich dem, den die Bau-
industrie künstlich herstellt für Fundamente, die unter Wasser erhärten
sollen. (Auskunft: Siemens-Bauunion.)
Gelegentlich sind ganz junge Moränen viel härter als die älteren, auf
denen sie ruhen. Die kleine Insel Lundey z. B. besteht ganz aus verhärte-
tem Moränenmaterial. Eine jüngere Moräne liegt über einer eisgeschliffe-
nen älteren. Aber weder auf Lundey noch an anderen Orten gestatten in
Island solche Schichtfolgen (auf die sich Pjetursson gelegentlich stützt) den
Schluß auf einen großen Altersunterschied zwischen der Moräne im Liegenden und der im Hangenden.
In diesem Sinne scheint auch K. Schneiders Nachweis eines Interglaziales
auf Grund „verschiedenen Aussehens" zweier Moränen nicht zwingend.
(Nr. 478.)

A. 18
(16)
Schon die Vielseitigkeit der Einschlüsse beweist, daß die Tuffe nicht über-
wiegend bei Eruptionen unter dem Eise entstanden, wie v. Knebel-Reck
Nr. 287 es annehmen. — Reck selber vertritt heute nicht mehr seine frühere
Ansicht. (Mündliche Mitteilung.)

A. 19
(16)

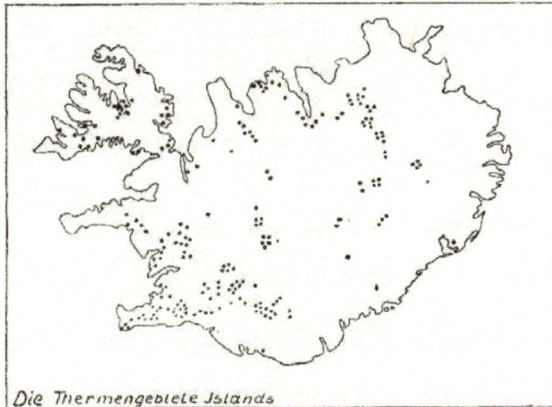

Die Thermengebiete Jslands

Abb. 85                                     ca. 1 : 7 000 000

Unter dem Begriff „Therme" sind hier Fumarolen, Solfataren, Geysire usw.
zusammengefaßt.
Die Karte zeigt die meisten in den Gebieten des rezenten Vulkanismus. Im
Bereiche der östlichen tertiären Basalte fehlen sie fast ganz. Dagegen sind
sie im gleichen Gestein an der Nordküste und auf der Nordwest-Halbinsel
nicht selten. Sie scheinen völlig unabhängig von der Geländeform.
Vgl. Thoroddsen, Nr. 538, p. 268—276; auch Keilhack, Nr. 261 und Nr.
266.

A. 20
(16)
Bilder:
Basaltischer Aufbau: Keilhack, Nr. 262, Taf. 54.
                      Keilhack, Nr. 266, p. 10.
                      v. Knebel-Reck, Nr. 287, Taf. IX, Abb. 16.
                      Mohr, Nr. 345, p. 21.
                      Anderson, Nr. 4, p. 92 u. 96.
Intrusionen:         Cargill, Nr. 68.
Crag v. Tjörnes:     Bárdarson, Nr. 10.
                     Pjeturss, Nr. 406.
Moräne:              Nielsen, Nr. 357, Pl. 1.
                     Bisiker, Nr. 29, p. 81.
Gletscherläufe:      Thoroddsen, Nr. 571, p. 126 ff.
                     Leiviskä, Nr. 317.

# Gestaltung

A. 21
(17)
Dadurch ändert sich Nansens Profil IV (Nr. 350) nicht unwesentlich:

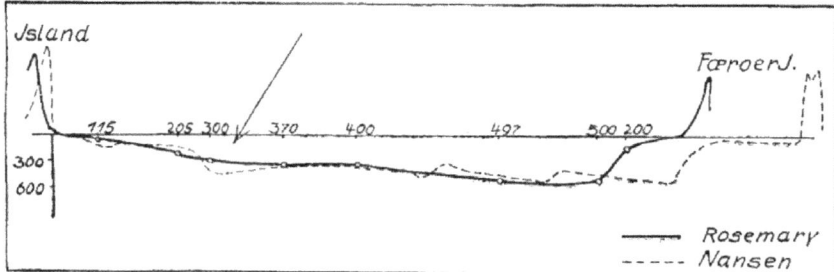

Abb. 86            Länge: 1 : 4 000 000.    50 fache Überhöhung

A. 22
(17)
Noch flacher ist die Brücke nach Grönland. Sie reicht kaum unter 250
Meter. Nur im Gebiete einer tiefen Rinne, die den Rücken quert, wurden
400 Meter gelotet. Im Norden ist die Untersuchung behindert durch das
Eis. Die neuen Messungen des Meteor werden in Kürze auch hier ein
klareres Bild ergeben.

A. 23
(19)
Viele Einzelheiten zur Bodenbeschaffenheit des Schelfes und der Fjorde im
Seehandbuch Nr. 487.

A. 24
(21)
Besonders deutlich erscheint die Hebung des Landes an den Ufern des
Breidifjördur. (D. K. Bl. 13 SV — 13 NA — 23 NV — 23 SV — 23 SA
— 24 NV — 14 SA.) Anscheinend tauchen hier Teile einer Abrasions-
fläche auf.
Etwa 10 Meter hohe kleine Terrassen, über die zahlreiche Wasserfälle her-
abstürzen, deuten auch in den nordwestlichen Fjorden auf junge Hebung.
Nach Gudmundur Bárdarson (Nr. 13; Nr. 15; Nr. 17; auch Mitteilungen der
Islandfreunde, XVIII, 1931, Heft 3/4) scheint es indessen, als ob in jüngster
Zeit das Land wiederum sinke.

A. 25
(21)

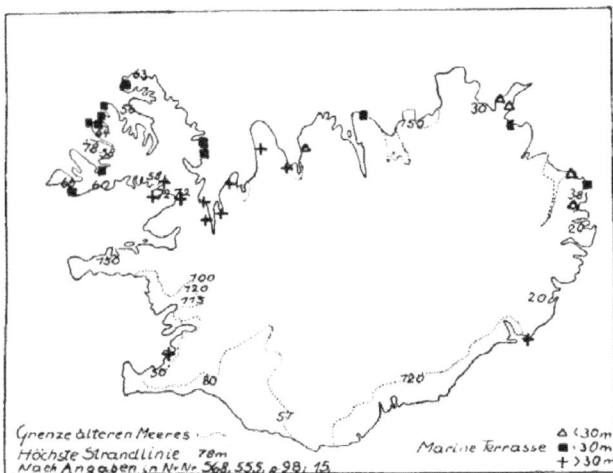

Abb. 87                 ca. 1 : 6 500 000

A. 26
(24)
Die Grenze zwischen den tertiären Basalten des Westens und den quartären Basalten liegt im Fnjóskatal. (Nr. 410, p. 24.) Frühere Autoren identifizierten sie mit der Bárdartalverwerfung. Da die tertiären Basalte im Osten wieder erscheinen, entstand die Vorstellung einer breiten Grabensenke zwischen dem Bárdatal und der Jökulsá i Axarfirdi. Im Osten gibt es aber keine dem Bárdartal entsprechende große Verwerfung.

A. 27
(24)
Ein Kärtchen der Erdbebengebiete: Nr. 408; auch Nr. 555, Taf. 3. Die beiden südlichen Tiefländer und der äußerste Nordosten der Insel sind besonders hervorgehoben. — Es ist aber möglich, daß diese Darstellung einen falschen Eindruck gibt, denn aus dem unbewohnten Hochland erfahren wir ja nichts.
Ausführliche Berichte über die Beben v. 1013—1908 bei Thoroddsen, Nr. 538, p. 380 ff.

A. 28
(24)
Ohne Zweifel ist Thoroddsen bei der Konstruktion von Bruchlinien häufig zu großzügig verfahren. Vgl. z. B. seine Zusammenfassung Nr. 537. Die Theorie mag hier und da auch das Bild seiner Karte beeinflußt haben. Einige Vorsicht scheint hier geboten, zumal natürlich die ganze neuere Literatur stark im Banne von Th.'s Arbeiten steht. (Vgl. A. 90 u. A. 105.)

A. 29
(24)
Auch in allerjüngster Zeit scheinen sich die Störungslinien des Nordlandes wieder bemerkbar zu machen:

Abb. 88

2. 12. 33:
„Deutsche Allgem. Zeitung": Nach einer Meldung aus Reykjavik sind von den Berghöhen von Thingeyjarsýsla im nördlichen Island aus im Süden zwei vulkanische Ausbruchssäulen beobachtet worden. Man vermutet sie in der Nähe der Trölladyngja im Odádahraun.
3. 4. 34:
„Völkischer Beobachter": Plötzlich, von keinem Menschen erwartet, ist der Vulkan Skeidarár-Jökull, den man längst erloschen glaubte, wieder in Tätigkeit getreten. Fast 20 Kilometer hoch schwebt eine dunkle Rauchwolke über Island.
4. 4. 34:
„Zehlendorfer Anzeiger": In den Bezirken Thingeyjarsýsla und Eyjafjardarsýsla wurde ein heftiges Erdbeben verspürt. In Dalvík am Eyjafjord wurden sämtliche Wohnhäuser so sehr beschädigt, daß die Bewohner obdachlos wurden und in Zelten hausen mußten. In Húsavík war das Beben so stark, daß Straßenpassanten hinstürzten.

A. 30
(25)
In einer sehr anschaulichen und reichhaltigen Monographie (Nr. 357) schildert Niels Nielsen als einen Typ solcher Gestaltung die jungvulkanische Landschaft zwischen Kaldakvísl und Tungná im Westen des Vatnajökull. Da er keine Spuren glazialer Bearbeitung fand, und da kaum fließendes Wasser vorhanden ist, so schließt er, es müsse das heutige Relief das Werk tektonischer Kräfte sein (p. 55/237). Auf diese Weise scheint er mir freilich zu einer bedenklichen Zahl von Spalten und Verwerfungen in seinem Gebiet zu kommen.

A. 31
(27)
Die Jökulsá führte, während Helland maß, 600 g Schlamm je Kubikmeter Wasser. Nach Penck (Morphologie der Erdoberfläche, I, p. 300) beträgt

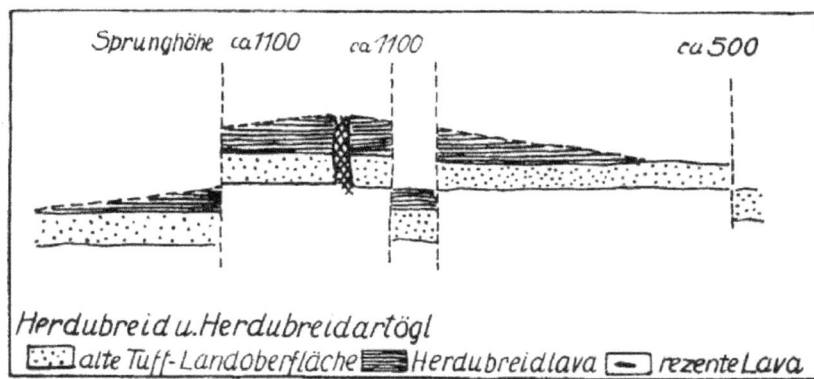

Herdubreid u. Herdubreidartögl

alte Tuff-Landoberfläche ▦ Herdubreidlava ⬚ rezente Lava

Abb.89

die sommerliche Schlickführung der Unterelbe ca. 42 g, die der Rhône bei Lyon ca. 130 g je Kubikmeter.

A. 32  z. B. die Blätter: 14 SV mit 15 NV — 20 SV — 22 NV mit 12 NA —
(27)  32 NA mit 32 NV — 46 SV — 47 SV — 59 NA — 69 NV.

A. 33  Es scheint, als ob die Durchfeuchtung des Tuffsockels auch das Absitzen
(28)  großer Schollen des deckenden Dolerites beschleunigt.
Über dem Nordrand des Hvítárvatn (Karlsdráttur) erwecken solche Schollen fast den Eindruck eines vielfältigen Staffelbruches.

A. 34  In den meisten Gebieten des Hochlandes gibt es oberflächlich fließendes
(29)  Wasser in großer Menge nur in unmittelbarer Nähe des Eisrandes infolge der Durchlässigkeit der Gesteine. (Vgl. Seite 66.)

A. 35  Literatur zu diesem Gebiet:
(29)  Thoroddsen, Nr. 555, p. 221—222.
Reck, Nr. 287; Nr. 436; Nr. 426.
Spethmann, Nr. 500; Nr. 504.
Trautz, Nr. 583.
Erkes, Nr. 98.
Roberts, Nr. 445.
van Doorninck, Nr. 83.

A. 36  Einzig auf der Herdubreid scheint (nach Bildern, die ich bei Herrn Prof.
(30)  Reck einsehen durfte) die Lava vom Eise nicht bearbeitet zu sein.
Da andererseits ihre Tuffsockelhöhe sich ausgezeichnet in die vom Sellanda-fjall-Bláfjall über die Dyngjufjöll zum Vatnajökullrand sich stetig erhöhende alte Landoberfläche einpaßt, können wir kaum einen großen Altersunter-schied annehmen zwischen der Herdubreid und diesen eiszeitlichen Höhen. Wahrscheinlich sind sie alle ungefähr gleich alt. Die Herdubreid — als höchste — müßte dann aus dem Eise der letzten Vergletscherung heraus-geschaut haben.

A. 37  Berechtigten Zweifel an der tektonischen Theorie äußerten schon Spethmann,
(30)  der das Gebiet gut kennt (Nr. 499), und Oetting (Nr. 373; Nr. 374). Dar-über hinaus rechtfertigt die Wichtigkeit dieser Dinge für die ganze islän-dische Morphologie noch einige Bemerkungen zu Recks Beweisführung:
Der Tafelberg Herdubreid nebst dem südlichen schmalen Tuffrücken der Herdubreidartögl gelten Reck als Musterbeispiele für „Vulkanische Horst-gebirge". Die Figur gibt in starken Linien ein N—S-Profil durch Herdu-breid und die Tögl nach Reck. Punktiert wurde nach Recks Angaben der Schildvulkan ergänzt, als dessen Überrest die Herdubreid betrachtet wird. Das Deckblatt zeigt die tektonischen Vorgänge, die nach Reck den heutigen Formenschatz schufen.

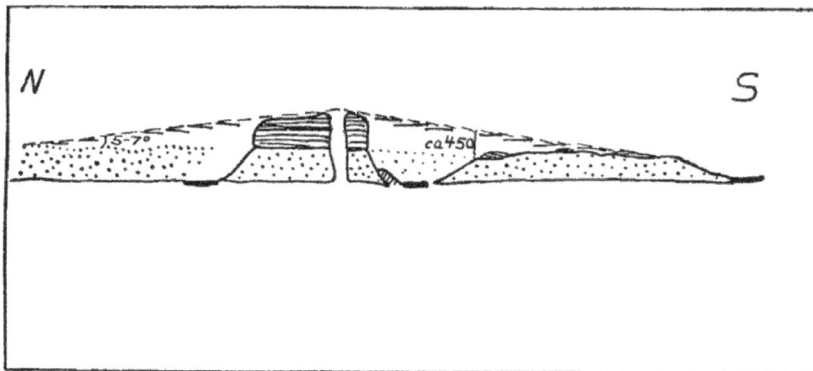

Abb. 89

Herdubreid und Herdubreidartögl sind also zwei gesonderte Horste. Als das Umland absank (um 1100 m im Norden, um 500 m im Süden), behielten beide die Höhe der alten Landoberfläche, auf die sich die Lava des Schildvulkanes ergossen hatte. Sie sind gegeneinander n i c h t verworfen. (1100 Meter . . . 1070 Meter.) Die Herdubreid wurde gestützt durch ihren Schlot. Was stützte die Tögl? Der trennende Graben beweist doch, daß das Zentrum nach Süden keinen Widerstand leistete.

Dieser schmale, tiefe Graben zwischen beiden „Resistenzzentren" ist ein wichtiges Glied der Reckschen Beweisführung, denn wenn er etwa eine Erosionsform wäre, dann wäre die steile Südwand der Herdubreid ein Produkt äußerer Kräfte. Auf die allseitig steile Begrenzung der Herdubreid aber gründet sich gerade die Horsttheorie. (Nr. 436, p. 159.) Der Einbruchscharakter dieser Senke ist nicht erwiesen. Die Scholle Herdubreidlava am Fuße der Halde kann abgesessen sein. Beispiele solchen Absitzens habe ich in allen Stadien am Langjökullrand beobachtet. Reck berichtet von einigen Fällen in der Askja. (Nr. 426, p. 88.)

Unbeachtet bleibt in Recks Interpretation die erhebliche Einwirkung äußerer Kräfte, die sein Profil doch ebenfalls erkennen läßt. W o b l i e b d i e L a v a k a p p e d e r T ö g l ? Bis ca. 400 m mächtige Basaltdecken sind auf ihnen zerstört worden. Von der kompakten Flanke des Schildes blieben nur dünne, zusammenhanglose Restchen übrig. Es zeigt sich also — unabhängig vom Charakter der Berge —, daß die äußeren Kräfte wohl im Stande waren, die Vulkanflanken zu zerstören. Die Tuffe erliegen der Zerstörung viel schneller als der Basalt. Dafür kennen wir Beispiele aus vielen Teilen des Landes. Die Zerstörung der Basaltkappe war also die Hauptarbeit. Reichten die Kräfte dazu, dann konnten sie in einem Bruchteil der Zeit die liegenden Tuffe ausräumen. Demnach besteht durchaus die Möglichkeit, den Formenschatz der Herdubreid zu erklären aus dem Wirken von Erosion und Denudation. (Warum die Tögl gerade länger widerstanden bzw. weniger angegriffen wurden, bleibt unentschieden.) Ganz sicher ist es unzulässig, — angesichts der großen Energie der zerstörenden Kräfte — die „Frischen, gesetzmäßig orientierten Wände" zu identifizieren mit den hypothetischen älteren Bruchlinien.

A. 38    Vorläufig ist noch nicht ein einziges Tal systematisch untersucht.
(32)

A. 39    Bilder:
(32)

| | |
|---|---|
| Westmännerinseln: | Mohr, Nr. 345, p. 11. |
| | v. Grumbkow, Nr. 165, Titelbild. |
| Grimsey: | Johannesson, Nr. 236. |
| Skridufell-Hrútafell: | Oetting, Nr. 374, Abb. 5 u. 6. |
| Dyngjufjöll-Herdubreid: | Russel, Nr. 450, p. 215. |
| | Erkes, Nr. 113. |
| | Lamprecht, Nr. 310, Abb. 23—29. |
| Unruhige Formen der Tuffe: | Oetting, Nr. 374, Abb. 1. |
| Zinnen im sauren Gestein: | Mohr, Nr. 345, p. 56. |
| | Stoll, Nr. 518. |
| | Cargill, Nr. 68. |
| | Komorowicz, Nr. 294, p. 92. |
| | Schmidt, Nr. 474, Taf. III u. IV. |

# Klima

A. 40 Die ausgewerteten Stationen.
(33)

Abb. 90                    ca. 1 : 5 700 000

Ein vollständiges Verzeichnis der Stationen jeweils in Vedráttan Nr. 591.

A. 41 Die Beeinflussung durch das Land kommt gut zum Ausdruck in dem Unter-
(33)  schied der Meerestemperaturen von Papey und Berufjördur.
Aus 53 Jahre Meeresoberflächentemperatur 1874—1926 Vedráttan 1928, VI,
Nr. 591.

|        | 1   | 2   | 3   | 4   | 5   | 6   | 7   | 8   | 9   | 10  | 11  | 12  |
|--------|-----|-----|-----|-----|-----|-----|-----|-----|-----|-----|-----|-----|
| Papey  | 0,9 | 0,6 | 0,6 | 1,5 | 3,1 | 4,9 | 6,2 | 6,7 | 6,1 | 4,5 | 2,7 | 1,5 |
| Berufj.| 0,6 | 0,6 | 0,6 | 2,0 | 4,3 | 7,5 | 9,1 | 6,8 | 5,8 | 4,3 | 2,7 | 1,4 |

A. 42 Auch Thorkelsson, der Leiter des Meteorologischen Instituts in Reykjavik,
(38)  hält diese Werte für unzuverlässig. (Nr. 529, p. 171.)

P

A. 43 L'indice d'aridité, T+10 : P — Niederschlag, T — Temperatur, nach de
(39)  Martonne: Une nouvelle fonction climatologique, La Météorologie, X, 1926,
p. 449—458.

A. 44 In dieser Übersicht blieben lokale Besonderheiten unberücksichtigt. Das
(39)  Lagerfljótstal im inneren Ostland z. B. scheint ein ausgesprochen trockenes
Gebiet zu sein, eine Art isländischen Wallis, wo den Bauern die Wiesen
verbrennen, während sie im nahen Berufjord ihr Heu kaum trocknen können. Nach den freilich noch lückenhaften Meldungen der neuen Station
Eidar scheint das Tal etwa ein Fünftel der Niederschläge von Berufjord zu
erhalten.

A. 45 Abgesehen natürlich von den vergletscherten Gebieten und deren nächster
(40)  Umgebung. Im Hochland zwischen Vatna-, Hofs- und Langjökull kann es
zu jeder Jahreszeit Schneestürme geben.

A. 46 Im allgemeinen scheinen die Windrichtungen wenig stabil: es gibt im ganzen
(41)  Lande keine großen Dünengebiete, auch keine windverwehten Bäume.

A. 47
(41)

Eine zusammenfassende Darstellung des Klimas geben Birkeland-Föyn Nr. 28 und Willaume-Jantzen Nr. 610 u. Nr. 611. Sehr reiches Material bei Thoroddsen Nr. 531.
Gute Schilderungen des Winterwetters bei Verleger, Nr. 593, des Spätwinters bei Jónsson, Nr. 250.
Eine ganz neue Zusammenfassung des Materials über die Niederschläge gibt H. Renier. (Nr. 440) Allerdings is es fraglich, ob man es wagen sollte, Karten über die ganze Insel zu zeichnen.
Für die hohen Lagen der Nordwest-Halbinsel z. B. errechnet Renier sicher zu hohe Werte. Wenn es dort so viel Niederschlag gäbe, dann würden sich die Gletscher kaum so weit zurückgezogen haben. (Vgl. Seite 55 u. Keilhack, Nr. 267.)
Vier Bilder zum Klima bei Soltau, Nr. 492.
Winterbilder: Knebel-Reck, Nr. 287, Abb. 4 u. 6.

A. 48
(44)

# Pflanzen

Abb. 91

Spezielle Arbeiten bzw. Pflanzenverzeichnisse.

1. Erkes, Nr. 114.
2. Wunder, Nr. 615.
3. Lamprecht, Nr. 310; Koch, Nr. 289.
4. Thoroddsen, Nr. 540.
5. Thoroddsen, Nr. 560.
6. Thoroddsen, Nr. 549 u. Nr. 550.
7. Daniel Brunn (Stefansson), Nr. 54.
8. Jónsson, Nr. 251.
9. Jónsson, Nr. 252.
10. Strömfeldt, Nr. 520.
11. Brian Roberts, Nr. 445.
12. Brian Roberts, Nr. 445.
13. Onno, Nr. 383.
14. Jónsson, Nr. 254.
15. Stefánsson, Nr. 513.

16. Ostenfeld, Nr. 386; Oskarsson, Nr. 384.
17. Ostenfeld, Nr. 386.
18. Wunder, Nr. 615.
19. Herrmann, Nr. 204, Bd. II, p. 108.
20. Oskarsson, Nr. 384a.
Viele gute Bilder, reiche Literatur in dem Sammelwerk L. Kolderup-Rosenvinge u. Eugen Warming Nr. 291.

A. 49 Nach Grönlund Nr. 160 sind von ca. 400 Arten insgesamt 29 beschränkt auf
(46) das Südland und 26 auf den Norden. Sicher sind diese Zahlen noch zu groß.
Immer häufiger werden Pflanzen, die man auf ein kleines Gebiet beschränkt glaubte, nun auch in anderen Teilen der Insel gefunden.

A. 50 Auf ähnlichen Beobachtungen fußt Mölholm-Hansen Nr. 181a. Er geht aus
(48) von der Annahme, daß die feuchten Gebiete im Winter wesentlich wärmer, im Sommer aber kühler seien als die trockenen. Er kommt auf diese Weise, — allerdings auf Grund unsicherer meteorologischer Voraussetzungen — zu einer Aussonderung besonders begünstigter Gebiete.
Ich versuche eine graphische Zusammenfassung seiner Ergebnisse:

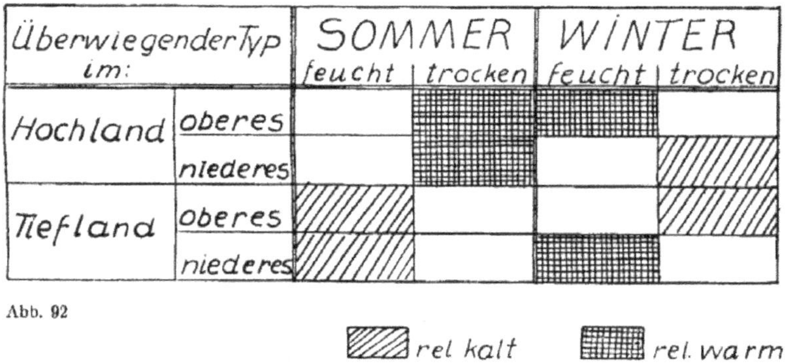

| Überwiegender Typ im: | | SOMMER | | WINTER | |
|---|---|---|---|---|---|
| | | feucht | trocken | feucht | trocken |
| Hochland | oberes | | | | |
| | niederes | | | | |
| Tiefland | oberes | | | | |
| | niederes | | | | |

Abb. 92

rel. kalt          rel. warm

Danach wäre das „obere Hochland" sehr gut, das „obere Tiefland" aber ungünstig gestellt.
Ein feuchter Standort im Frühling ist den meisten Pflanzen günstig: er verzögert den Beginn des Wachstums und entrückt dadurch die Pflanze den Gefahren der ersten Kälterückfälle.

A. 51 Die Kürze des Sommers wird vielleicht zu einem geringen Teile ausge-
(48) glichen durch die lange Tagesdauer der hohen Breite. Hierzu: Nr. 519.

A. 52 Literatur zur Waldfrage:
(50) Eine Übersicht über den Stand der Aufforstung gibt Kofoed-Hansen in Islandsk Aarbog Kopenhagen 1933, p. 19—31; ferner vgl. Nr. 608; Nr. 133; Nr. 419; Nr. 420; Nr. 290; Nr. 251; Nr. 451.
Ein gutes Bild vom „Wald" im Fnjóskatal bei Hünerberg Nr. 220, p. 297.

A. 53 Bewegungen im Boden freilich scheinen auch hier dem Wachstum des
(50) Baumes eine Grenze zu setzen. (Nr. 513; Nr. 445, p. 305.)

A. 54 Lindroth, Nr. 319, fordert zur Einwanderung von Pflanzen und Insekten eine
(50) interglaziale Landbrücke. (Vgl. A. 23.) Im SSO der Insel sei dann während der letzten Vereisung ein Gebiet eisfrei geblieben, auf dem sich Pflanzen und Tiere erhielten.
Danach müßten also gerade sehr hohe und niederschlagsreiche Küstengebiete während der letzten Eiszeit besonders schwach vergletschert gewesen sein. Das ist — gemessen an der heutigen Vergletscherung im Süden — unwahrscheinlich.

A. 55
(50)

Viele gute Bilder aus der Pflanzenwelt bei:
Mölholm-Hansen, Nr. 181a.
Carl H. Lindroth, Nr. 319.
Olaf Galløe, Nr. 137.
Thoroddsen, Nr. 530.
Ein schönes Bild der Kriechweide bei Lamprecht, Nr. 310, p. 120, — der
Oase Hvannalindir bei Roberts, Nr. 445, p. 307.

## Eis

A. 56
(54)

Der Isländer unterscheidet von der ruhenden Masse der Jöklar einzelne
Teile, deren Beweglichkeit auffällt, als Skridjökull — Schreitgletscher. Vgl.
Nr. 555, p. 172.

A. 57
(55)

Die Frage nach der Mächtigkeit der isländischen Jöklar ist noch völlig ungelöst. Die Schätzungen schwanken zwischen 10 und mehreren Hunderten von
Metern. (Nr. 600; Nr. 273.)
Es ist ziemlich sicher, daß die Gletscher nicht auf einfach gestalteten Pla-
teaus ruhen. Ihre Mächtigkeit wird daher auch kaum gleichmäßig nach der
Mitte hin zunehmen. (Nr. 614.)
(Es wird sich wohl nie ganz erklären lassen, wie die Unterlage des Eises
eigentlich aussieht. Die heute vom Eise verlassenen Gebiete erfuhren eine
weitgehende Umgestaltung, während der Eisrand über sie hinweg ging. (Vgl.
Seite 28ff.)
Auch die kleinen Eiskappen wie das Hrútafell z. B. verdienen kaum die Be-
zeichnung „Plateau"gletscher. Sie ruhen großenteils auf sanft gewölbten
Schildvulkanen und erfüllen deren ganz verschieden tiefe Krater und seitlichen
Einbrüche.
Gletschermächtigkeiten, die gewonnen werden durch Subtraktion des ge-
dachten Plateaus von der Gesamthöhe des Jökulls, sind darum völlig illu-
sorisch.
Profile durch den Eyjafjallajökull deuten vielleicht auf einen riesigen Vulkan
unter dem Eise; einige Zacken der Kraterumrahmung durchbrechen eine
anscheinend dünne weiße Decke.

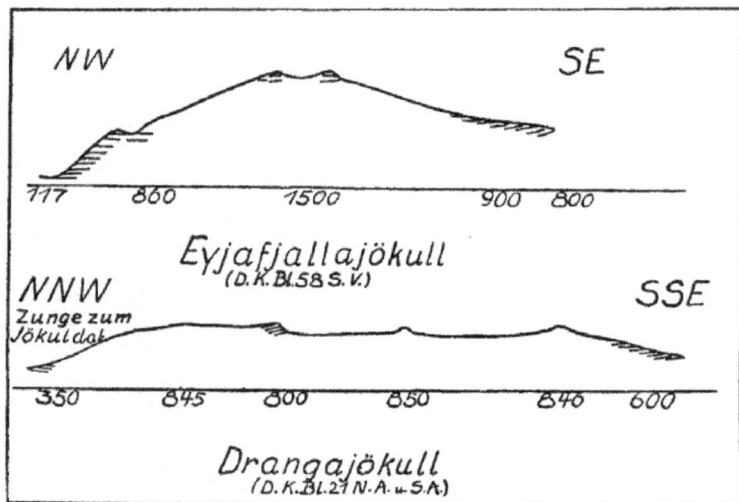

Abb. 98        Länge 1 : 250 000. 4 fache Überhöhung

Der Drangajökull zeigt keine Wölbung gegen ein Zentrum. Die Unebenheiten seiner Oberfläche entsprechen sicher solchen des Sockels. Auch hier scheint also die Eismächtigkeit gering.

A. 58  D. K. Bl: 21 SA, SV, NA, NV.
(55) Im Leirufjördur, Kaldalón und Reykjarfjördur geben die Gletscher jetzt ehemals bewohnte Gebiete wieder frei, die sie im Laufe des 18. Jahrhunderts überfluteten.

Alle bekannten isländischen Gletscher haben in historischer Zeit große Schwankungen durchgemacht.

Nach einer Zusammenstellung bei Rabot (Nr. 422) scheinen sie hierbei Gesetzen zu folgen, die für den ganzen hohen Norden gelten: Die Gletscher waren Jahrhunderte hindurch sehr weit zurückgezogen, dann setzte während des 18. Jahrhunderts ein bedeutender Vorstoß ein, der das Ausmaß einer normalen Schwankung weit überschritt. Diese Bewegung dauerte, langsam abschwächend — etwa bis in die Mitte des 19. Jahrhunderts. Seither ziehen sich auf Island die Gletscher zurück, und zwar begann der Rückzug bei den nördlichen Gletschern um 1860, während er im Südlande erst in den 90er Jahren erkennbar wird.

Eine Übersicht über den gegenwärtigen Stand der Gletscher und über ihre klimatischen Bedingungen gibt Eythorsson Nr. 123.

A. 59  Die Schneegrenzhöhen Thoroddsens (Nr. 555, p. 207) sind häufig zu gering.
(56) Das hat schon Reck nachgewiesen. (Nr. 431.) Am Südrand des Vatnajökull ermöglicht die Dänenkarte heute eine Überprüfung von Thoroddsens Angaben.

Eine Schneegrenzbestimmung nach der Dänenkarte stößt auf Schwierigkeiten, weil den einzelnen Gletscherzungen selten deutlich begrenzte Firnfelder entsprechen. Die errechneten Werte erscheinen im allgemeinen zu niedrig.

Dies zeigt sich ganz deutlich auf der nordwestlichen Halbinsel. (Bl. 21 SA Drangajökull.) Hier ergeben sich Werte zwischen 400 und 600 Metern. — Etwas sichere Resultate ergeben sich aus Blatt 87 SV, Oeraefajökull, am Südrand des Vatnajökull, nämlich 1000 m (Svínafellsjökull), 800 m (Skaptafellsjökull) und 700 m (Mosárjökull). Auch für den ziemlich klar gerahmten Markarfljótsjökull (Blatt 58 SV Eyjafjallajökull Nordrand) ergeben sich einleuchtende Werte um 850 m.

A. 60  Literatur zur Eislandschaft:
(56) Umfassende Darstellung: Thoroddsen, Nr. 555, p. 163—208,
auch Nr. 562, II, 1, p. 1—68, hier mit Bildern.

| | |
|---|---|
| Allgemeines: | Reck, Nr. 431. |
| | Rabot, Nr. 422; Nr. 421. |
| Vatnajökull: | Spethmann, Nr. 500; Nr. 497. |
| | Wadell, Nr. 600. |
| | Wigner, Nr. 609. |
| | Roberts, Nr. 445; Nr. 446. |
| | Verleger, Nr. 594. |
| | Trautz, Nr. 583. |
| | Koch, Nr. 289. |
| | Howell, Nr. 219. |
| | Leiviskä, Nr. 317. |
| | Todtmann, Nr. 578; Nr. 579; Nr. 580. |
| | Ebeling, Nr. 91. |
| | Watts, Nr. 603. |
| Hofsjökull: | Wunder, Nr. 615. |
| | Oetting, Nr. 372. |
| | Keindl, Nr. 273. |
| | Erkes, Nr. 114; Nr. 115. |
| | Stoll, Nr. 518. |
| | Nielsen, Nr. 302. |

| Langjökull: | Wunder, Nr. 616. |
| | Oetting, Nr. 372. |
| | Keindl, Nr. 273. |
| | Leiviskä, Nr. 317. |
| | Olafsson, Nr. 377. |
| Mýrdalsjökull: | Vetter, Nr. 596. |
| | Ebeling, Nr. 91. |
| | Eythorsson, Nr. 123. |
| Tungnafellsjökull: | Reck, Nr. 431. |
| Snaefellsjökull: | Eythorsson, Nr. 123. |
| Drangajökull: | Shepherd, Nr. 488. |
| | Herrmann, Nr. 201. |
| | Keilhack, Nr. 267. |
| Glámujökull: | Erkes, Nr. 102. |
| | Gute Bilder |
| Vatnajökull: | Wadell, Nr. 600. |
| | Leiviskä, Nr. 317. |
| | Wigner, Nr. 609. |
| | Roberts, Nr. 445. |
| | Koch, Nr. 289. |
| | Spethmann, Nr. 497. |
| | Thoroddsen, Nr. 562, p. 54. |
| Langjökull und | Viele Bilder des Verfassers (!) bei Oetting, Nr. 372. |
| Hofsjökull: | Wunder, Nr. 615; Nr. 616. |
| | Leiviskä, Nr. 317. |
| | Keindl, Nr. 272. |
| Drangajökull: | Herrmann, Nr. 201. |
| Eiriksjökull: | Großmann, Nr. 164. |
| | v. Knebel-Reck, Nr. 287, Abb. 52. |
| Snaefellsjökull: | Thule Einleitungsband, Nr. 356, p. 170 u. p. 180. |
| | Gudmundsson, Nr. 171, p. 2. |
| | Küchler, Nr. 302, Abb. 26, 51—56. |
| | Eythorsson, Nr. 123. |
| Mýrdalsjökull: | Eythorsson, Nr. 123. |

## Glaziale Schotter

**A. 61**
**(57)** Alle diese Sölle haben keineswegs steile Wände. Sie gleichen Granattrichtern und sind zweifellos dem Abschmelzen des verdeckten Eisklumpen bzw. Schneelagers entsprechend langsam nachgesunken. Nach Spethmann Nr. 504 ähneln sie den Erdfällen über der 1875 verschütteten Schneeschicht in der Askja.
Über isländische Sölle vgl. Spethmann, Nr. 497; Nr. 501; Thoroddsen, Nr. 569; Ebeling, Nr. 91; Herrmann, Nr. 204, Bd. I, p. 69; Bd. II, p. 48, 126, 147, 240; Vetter, Nr. 596.

**A. 62**
**(58)** Die unzähligen kleinen Hügelchen auf den Wiesen des Tieflandes, die „Thúfur", sind zweifellos ein Strukturboden. Sie beschränken sich aber auf Gebiete geschlossener Grasdecke und sind darum (und auch wohl der Trockenheit wegen) im Hochlande selten. (Vgl. Seite 93, Nr. 567.)
In einem Gebiet beobachtete Thoroddsen (Nr. 530), in den einzelnen Hügelchen jeweils eine Aufwölbung einer sonst ebenen Aschenlage. — In allen Thúfur, die ich untersuchen konnte, müssen jedoch viel kompliziertere Bewegungen stattgefunden haben; in den meisten Fällen war innerhalb der Hügel jede Schichtung zerstört.
Ein Bild bei Küchler, Nr. 304, p. 275; auch bei Lindroth, Nr. 320, p. 63; auch Buchheim, Nr. 58.
Aus der Schotterwüste im Norden des Kjölur beschreibt Oetting, Nr. 372,

eine Erscheinung, die ich auch beobachten konnte: Ein etwa ein Kilogramm schwerer, auf grobem Kies einzeln liegender Stein hatte sich auf der Ebene offenbar bewegt und hatte dabei eine mehrere Meter lange, flache Furche hinterlassen. Es fand sich keine Spur eines Tieres, das den Stein hätte bewegen können. . . . . . Eine Frühjahrsbeobachtung aus dem Riesengebirge kann vielleicht beitragen zur Erklärung des Phänomens: Auf einem über Tag oberflächlich auftauenden Kiesweg beschrieb ein faustgroßer Stein eine mehrfach gewundene Bahn, die mich an die isländische Erscheinung erinnerte. Es schien, als ob schnellwachsende, je nach der Windrichtung hier oder dort ansetzende Eisnadeln den Stein von seiner Umgebung abstemmten und bald in dieser, bald in jener Richtung um Zentimeterbeträge verschöben . . .
Die gute Erhaltung der langen Furche des isländischen Steines spricht nicht gegen eine langsame Entstehung. Wir wissen, daß auf den isländischen Schotterflächen z. B. Pferdespuren sich jahrelang vollkommen frisch erhalten können. (z. B. Nr. 583.)

**A. 63**
**(59)**
Diese Seen sind flach und stark veränderlich in Umriß und Größe. Ihre Darstellung auf den Karten ist darum fast immer unzuverlässig. Große Wasserflächen lösen sich auf in Gruppen einzelner Pfuhle; manche verschwinden auf Jahre und treten dann wieder in Erscheinung (z. B. Tómasarvatn: Nr. 583; Nr. 445.) Ihrem wechselnden Wasserstande entspricht eine wenig ausgeprägte, unentschlossene Entwässerung. Die meisten dieser Seen haben überhaupt keinen oberflächlichen Abfluß. Im ganzen betrachtet sind sie wohl ziemlich schnell absterbende späteiszeitliche Restformen. (D. K. Bl. 12 SA; 22 SA; 22 NA.) Zu den übrigen Seen der Insel, den tektonisch angelegten, durch Lavaströme oder Gletscher aufgestauten, Maaren, Kolkseen, Lagunen, vgl. die Übersicht bei Thoroddsen, Nr. 555, p. 42—48; auch Niels Nielsen, Nr. 337, p. 260—267; Saemundsson, Nr. 456; zum Mývatn: Nr. 32, auch das 50 000-Spezialblatt der D. K. (siehe Kartenübersicht), auch Thoroddsen, Nr. 560.

**A. 64**
**(59)**
Einen Sonderfall der Moränenlandschaft bilden die umstrittenen Vatnsdalshólar (Húnaflói). Es handelt sich um eine Gruppe kleiner, unter 20 m hoher Kegel auf breitem Talboden in 30—40 m Höhe über dem Meer. (Bilder in Nr. 562, I, p. 235; Nr. 204, Bd. III, p. 195; Nr. 164; Nr. 618, p. 159.) Sie wurden erklärt als Erdbebenbildung (Nr. 418), als Areal-Eruption (Nr. 474), sind jedoch sicher Moräne. (Nr. 572; Nr. 164; Nr. 67.) Ich halte es — mit Großmann Nr. 164 — für möglich, daß in dem ehemals überfluteten Tal diese Kegelchen im Sinne der Drifttheorie von Eisbergen abgesetzt wurden.

**A. 65**
**(60)**
Thoroddsen, Nr. 555, p. 14, sagt von den Moränen im Norden des Hofsjökull: „Alle Steine sind auf diesen Hochebenen nach der aufwärts gekehrten Seite vom Winde geschliffen, und Pyramidalgeschiebe findet man zu Hunderten."
Das trifft nicht mehr auf den Sprengisandur zu, — auch nicht auf das Hochland zwischen Eystri Pollar und Vatnahjalli.
Am Nordrand des Vatnajökull weisen nach Trautz, Nr. 583, die Schliff-Flächen auf Vorherrschen von Südwinden.

**A. 66**
**(62)**
Das größte und einheitlichste Flugsandgebiet der Insel liegt nach Thoroddsen im Nordland östlich der Jökulsá i Axarfirdi. (Nr. 555, p. 28.) Es bedeckt eine Fläche von etwa 800 qkm. Thoroddsen scheint der Ansicht zu sein, daß das Material des Flugsandes zum größeren Teil aus den vulkanischen Tuffgebieten stamme.

**A. 67**
**(62)**
Eine solche graubraune Kruste überkleidet wie ein erstarrter Schaum eine der riesigen Bülten von Eystri Pollar. Ihre Untersuchung ergab folgendes:
(Feuchtigkeit . . . . . . 6,44 %)
Org. Substanz (Glühverlust) . 10,12 „
$SiO_2$ und Unlösliches . . . 80,00 „
$Fe_2O_3$ und $Al_2O_3$ . . . . 2,57 „
CaO . . . . . . . . . 0,40 „

Mg und SO₄ in Spuren.
(Institut für Zuckerindustrie, Berlin N 65.)

A. 68
(62)

Die Landschaft der glazialen Schotter aus anderen Teilen der Insel beschrieben:

Vom Norden des Hofsjökull: Thoroddsen, Nr. 555, p. 14.

| | |
|---|---|
| Westliches Tiefland: | Verleger, Nr. 593. |
| Nordwestliche Halbinsel: | Winkler, Nr. 612. |
| | Shepherd, Nr. 488. |
| Melrakkasljetta: | Erkes, Nr. 106. |
| | Herrmann, Nr. 202. |

Viele gute Beobachtungen verstreut bei Bisiker, Nr. 29.

| | |
|---|---|
| Zur Arbeit des Windes: | Samuelson, Nr. 459; Nr. 460; |
| | Harder, Nr. 184. |
| | Sapper, Nr. 463. |
| | Wegener, Nr. 604. |
| | Nielsen, Nr. 362; Nr. 357, p. 245—251. |
| | Prytz, Nr. 419. |
| Strukturböden: | Thoroddsen, Nr. 530; Nr. 567. |
| | Hawkes, Nr. 186. |
| | Spethmann, Nr. 507. |
| | Nielsen, Nr. 357, p. 60. |
| | Verleger, Nr. 593. |
| Gute Bilder: | v. Knebel, Nr. 282. |
| | Verleger, Nr. 593. |
| | Nielsen, Nr. 367; Nr. 357. |
| | Russel, Nr. 450. |
| | Samuelson, Nr. 459. |
| | Zugmayer, Nr. 618, p. 101 und 105. |
| | Erkes, Nr. 106. |
| | Thoroddsen, Nr. 562, I, p. 144 und 148. |
| | v. Knebel-Reck, Nr. 287, Abb. 10 u. 11. |
| | Howell, Nr. 218, p. 76. |
| | Anderson, Nr. 4, p. 136. |
| | Botany of Iceland, Nr. 291, p. 236 u. 245. |

## Jungvulkanische Landschaft

A. 69
(63)

Als „jungvulkanisch" gelten im Folgenden alle Gebiete mit ausgesprochen gut erhaltenem vulkanischen Formenschatz, also nicht nur die Produkte zeitlich jüngster vulkanischer Aktivität.

A. 70
(64)

Die Isländer unterscheiden eine wild übereinander getürmte Blocklava als „Apalhraun" von einer ebeneren Plattenlava, dem „Helluhraun". Über das Helluhraun kann man reiten, durch das Apalhraun kaum.

Da die beiden Arten jedoch auf engstem Raum dauernd in einander übergehen und sehr selten ein Typ auf weiterer Fläche dominiert, scheinen mir diese Bezeichnungen nicht geeignet zu einer durchgehenden Gliederung der isländischen Lavameere.

A. 71
(64)

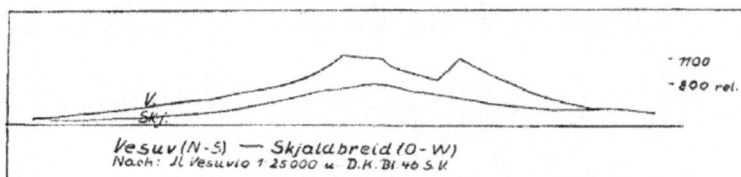

Vesuv (N-S) — Skjaldbreid (O-W)
Nach: Il Vesuvio 1 25000 u. D.H. Bl 46 S.V.

Abb. 94                                     ca. 1 : 125 000

A. 72 Konzentrisch in einander liegende Einsenkungen im Kraterboden sind ei.:e
(65) allgemein verbreitete Erscheinung. Wir finden sie auch im Krater von
Stratovulkanen, z. B. am Aetna. Ein schönes Luftbild der gleichen Erschei-
nung am Kibo-Krater bei Mittelholzer, Kilimandscharoflug. (Orell Füssli,
Zürich 1930.)
Daß solche Senken auch durch Kontraktion entstehen können, ist von G.
Meyer experimentell nachgewiesen. Nr. 341.

A. 73 Die Vorstellung v. Knebels, Nr. 283, die ganze Masse eines Schildes ent-
(65) stamme einer einzigen Eruption, und sei dann von außen her, Schale um
Schale bildend, langsam erkaltet — kann wohl als abgetan gelten. (Nr. 358;
Nr. 287, p. 187.) v. Knebel glaubte für die Entstehung der seitlichen „Einbrüche" mancher Dyngjen ein flüssiges Inneres unter erstarrter Kruste voraussetzen zu müssen. Diese seitlichen „Einbrüche" sind jedoch z. T. richtige
Nebenkrater mit selbständiger Produktion (Nr. 499). Ihren Einbruchscharakter erhielten sie — genau wie der Hauptkrater — erst nach dem Erlöschen
durch Kontraktion.
Manchmal zeigen Aufschlüsse, daß Unebenheiten der liegenden Decke sich
auf der Sohle der hängenden abbilden — daß diese also darüber geflossen
sein muß.

A. 74 Riesenhöhlen, aus deren Einbruch etwa die Landschaft um Thingvellir zu
(65) erklären wäre (vgl. Seite 25), halte ich für unwahrscheinlich, denn sie würden
einen einheitlichen Lavastrom von einigen Zehnern Mächtigkeit und mehreren hundert Metern Breite voraussetzen. Über solchen Strömen könnte
sich keine Kruste bilden, sie wird zerrissen, bzw. immer wieder aufge-
schmolzen. Differenziert sich aber die große Masse in Einzelströme, dann
gibt es keinen einheitlichen Niederbruch großer Flächen mehr.

A. 75 Thoroddsen (Nr. 555, p. 142) glaubte eine Anreicherung dieser Gas-Blasen
(65) dort wahrzunehmen, wo eine Lavamasse hinabfloß in sumpfige Senken, daß
es also im wesentlichen Wasserdampf war, der sie auftrieb. Er geht darin
so weit, aus Anreicherungen solcher Blasen sogar auf alte Seen zu schließen,
die von der Lava verschüttet worden sein sollen. (Nr. 569.)
Dazu ist zu sagen, daß sich die Blasen auch in Laven finden, die hoch über
dem Grundwasser auf poröser Unterlage liegen.
Ähnlich geartete Laven — z. B. am Lac d'Aydat südlich vom Puy de
Dôme, oder die Ströme bei Scauri auf Pantelleria — zeigen durchaus keine
Veränderung ihrer Oberflächenstruktur bei der Berührung mit dem Wasser.
Auch der jüngste Lavastrom der Askja (Lamprecht Nr. 310, Abb. 27) zeigt
keine Veränderungen bei der Berührung mit dem Wasser des Knebelsees.

A. 76 Die Gasblasen sind nicht zu verwechseln mit den eigentümlichen Bildungen,
(65) die als „Lavapfropfen" (Nr. 287, p. 216), „Lavapilze" (Nr. 467, p. 18), „Türme"
(Nr. 433) und „Schornsteine" (Nr. 358, p. 119) verschiedentlich aus dem
Hraun beschrieben worden sind.
Es sind steile, meist schlanke Türmchen, die bis 5, ja 10 Meter ihre Um-
gebung überragen. Ihre Entstehung ist nicht immer klar.
Meist werden heftig aus enger Öffnung ausströmende Gase Gesteinstropfen
mitgerissen und ringsum aufgekleckst haben zu steilen Gebilden. Sie
sind sehr hart und lassen fast immer eine massive Kruste unterscheiden von
einem weniger festen Kern, der den ursprünglichen Hohlraum füllt. Solche
„Schornsteine" vergänglicher Art entstehen auch an den Schlammvulkänchen.
(Vgl. Abb. 43 in Thoroddsen, Nr. 538.)
Eine abweichende Erklärung für die Entstehung der Schornsteine gibt Nielsen
(Nr. 358, p. 121.) Nach ihm wären es Gasaustrittskanäle in einem Lavasee
— Röhren, die bis zum Spiegel des Sees reichten und nach Ablau: der gestauten Massen stehen blieben.
Manche dieser Gebilde mögen auch entstanden sein als „Pfropfen", als mas-
sive Krustenteile, die in der Weise der Nadel des Mont Pelé von nachdrän-
genden Massen herausgepreßt wurden. Das sind also keine „Hornitos", zu
deren Wesen der Hohlraum im Inneren gehört.

Wir mir scheint, ist die Diskussion über diese Kleinformen kompliziert worden dadurch, daß Sapper, Nr. 467, (Reykjanes, Laki) von den eigentlichen „Hornitos" — also sekundären Schlackenbildungen auf der Oberfläche des Lavastromes — noch „primäre Hornitos" unterscheidet: Schlackenkraterchen, die der Eruptionsspalte direkt aufsitzen.
Der Begriff des Hornito scheint mir dadurch unnötig erweitert.

**A. 77**
(66)
Ein vorzügliches Beispiel der unterirdischen Wasserführung im Hraun gibt Bl. 78 NV der D. K. Siehe ferner Bl. 68 SA; Bl. 46 SV.

**A. 78**
(67)
Kleinere Lavaeinheiten scheinen auf der Insel selten zu sein. Die Strömchen, die im Westen, Südwesten und Südosten unter dem Rand des Hofsjökull herausschauen (Nr. 358; Nr. 115), (Seite 14), können auch Ausläufer einer großen Masse sein, die uns das Eis verhüllt.
In den Tiefländern gibt es hier und da kleine Lavafelder (z. B.: D. K. Bl. 15 NV; Bl. 35 SV). Sie bilden hier häufig den einzigen trockenen Baugrund in weiter Umgebung und gelten als ausgezeichnete Fänger des Flugsandes, der vom Hochland herabtreibt.
In einigen Fällen erlaubt die große Ebenheit ihrer Unterlage eine Schätzung der Mächtigkeit der Laven; es ergeben sich Werte unter 20 Metern, z. B. D. K. Bl. 78 NV.

**A. 79**
(67)
Nielsen, Nr. 358, glaubt, daß die stellenweise auffallend glatte „postglaziale" Lava der Sólkatla (über dem Hvítárvatn) vom Winde poliert sei.
Ich hatte den Eindruck, als handle es sich hier — so nahe am Eisrand — um eine Bearbeitung durch den Gletscher während eines kurzen Vorstoßes.

### Tuffgebiete

**A. 80**
(68)
Abgesehen von Liparitvorkommen! (Vgl. A. 4.)

**A. 81**
(68)
v. Knebel-Reck, Nr. 287, halten diese Senke für einen Graben zwischen den Horsten Sveifluháls und Núphlidarháls. Das bleibt zu beweisen.
Häufige Erdbeben sprechen für starke tektonische Beanspruchung des ganzen Gebietes. Die auffällig lineare Anordnung der zahlreichen kleinen Vulkane deutet sicher auf Schwächelinien im Sockel der Halbinsel.

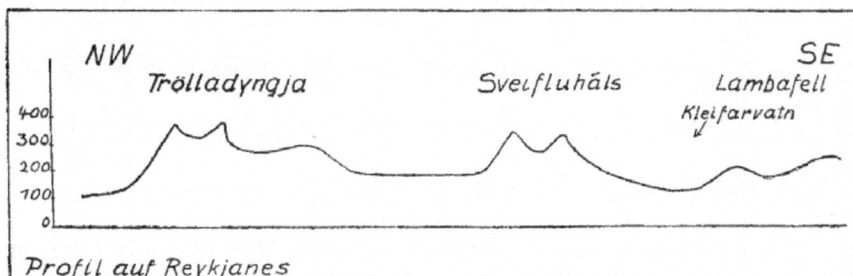

Abb. 95                    2 1/2 fache Überhöhung ca. 1 : 70 000

Andererseits bietet sich gerade auf Reykjanes eine Fülle von Beispielen „unechter tektonischer Formen", rein vulkanischer Erscheinungen, — Verwerfungen und offene Spalten, die sich jeweils beschränken auf die Massen eines einzelnen Ergusses. (Vgl. Seite 25.) (Vgl. auch das Bild einer „gjá" bei Thoroddsen, Nr. 538, p. 176.)

**A. 82**
(69)
Ein Zusammenhang dieser Erscheinung mit einzelnen Erdbeben ist nicht unwahrscheinlich. Diese Erklärung wird den beiden Tatsachen gerecht, daß die Blöcke meist in langer Linie am Fuß der Halde einzeln liegend auseinandergezogen sind und selten in einem Kegel unter einer Ausbruchsnische sich zusammenballen — und zweitens, daß solche Blockreihen in sich einen

ziemlich einheitlichen Erhaltungszustand zeigen. Am Nordende des Sveifluháls z. B. liegt eine alte Reihe; die Blöcke sind ohne Ausnahme graugrün bemoost. Am Passe zum Brennisteinsnámur liegt eine ganz junge Reihe — stellenweise mitten auf dem Weg — mit frischen hellbraunen Bruchflächen.

**A. 83** Einige besonders schön geschliffene Partien am Südostufer des Djúpavatn
(69) südlich der Trölladyngja.

**A. 84**
(69)

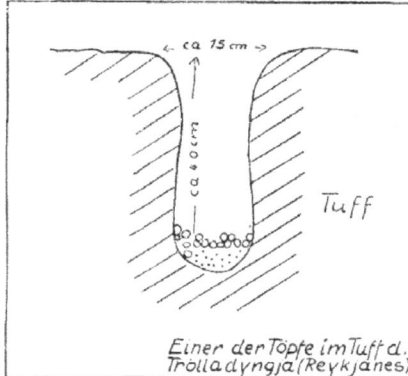

Einer der Töpfe im Tuff d. Trölladyngja (Reykjanes)

Abb. 96

**A. 85** Die kleine vielgestaltige Welt dieser oft ganz locker aufgehäuften Schlacken-
(69) kraterchen ist eingehend beschrieben bei Thoroddsen (Nr. 555, p. 119—122). Die Kompaßnadel macht wilde Sprünge in ihrem Bereich (im Süden der Trölladyngja fand ich auffällig schweres, glattes Gestein, dessen einzelne Trümmer teilweise magnetisch waren). Im Inneren der Krater kennzeichnet manchmal eine kleine Staukuppe den keineswegs immer zentrischen Schlot. Vom Maelifell (Südende Sveifluháls) herab erkennt man deutlich die lineare Anordnung vieler Krater. v. Knebels Kritik an der Darstellung Thoroddsens (Nr. 282; Nr. 467) ist hier nicht berechtigt. Auch Thoroddsen unterscheidet regellose Kratergruppen (Nr. 555, p. 122) von den Reihen. Freilich scheinen ihm die Reihen das Normale, er sucht manchmal nach Linien, wo keine sind, während es heute doch scheinen will, als ob die Kratergruppen auf der Insel ebenso häufig seien wie die Reihen. (Nr. 294; Nr. 489; Nr. 427; Nr. 357, p. 48; D. K. Bl. 27 NA südöstliche Ecke.)

**A. 86** Der große See ist ohne sichtbaren Abfluß wie die meisten der Seen im Tuff-
(70) gebiet. Viele kleine Terrassensysteme deuten bei ihm wie an den Maaren auf starke Schwankungen des Wasserspiegels. Thoroddsen (Nr. 559, II, p. 154) übernimmt einen Bericht Thorkell Arngrimsson Vidalins aus dem Jahre 1673, wonach der Spiegel des Kleifavatn infolge des Erdbebens von 1663 ca. 100 m gefallen sei. Diese Angabe ist bisher nicht nachgeprüft. Ein gutes Bild vom Kleifavatn: Nr. 223.

**A. 87** Wir dürfen auch unter den Basaltdecken der Tuff-Plateaus im inneren Hoch-
(70) land kaum eine Tuff„ebene" annehmen. Die Basalte schufen erst das Plateau, sie füllten die Senken auf.
Eine einheitlich geneigte, fast ebene Tuff-Landoberfläche (wie Reck sie annimmt, vgl. A. 37) größerer Ausdehnung wird es auf der Insel nie gegeben haben.

## Solfataren

**A. 88** Es scheint also, als ob die Sinterablagerungen zeitweilig doch schneller
(71) wachsen als Thoroddsen (Nr. 538, p. 281) mit Descloizeaux (Nr. 81) annimmt. Nach ihnen sollten sich in historischer Zeit überhaupt wenig Sinter-

ablagerungen gebildet haben. Ein Vergleich der Abb. 63 (Sinterkegel Hvera-vellir 1928) mit einer Aufnahme von Bisiker, Nr. 29, p. 59 (1900) zeigt ebenfalls starkes Anwachsen.

A. 89
(72)
Äußerst ähnliche Schichtfolgen in mehr als hundertfacher Wiederholung fand ich freilich auch in den Schwefelgruben von Caltanissetta, Sizilien, wo der Schwefel nicht aus Solfataren stammt.

A. 90
(73)

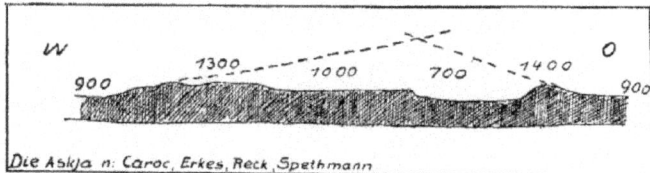

Abb. 97                                    ca. 1 : 250 000 unüberhöht

Die Dyngjufjöll rahmen einen gewaltigen Kessel, wahrscheinlich die Caldera eines großen Vulkanes. Im Südosten bildete sich auf ihrem Boden eine jüngere Senke, der Knebelsee. Art und Zeit seiner Entstehung bilden den Gegenstand der vulkanologischen Diskussion. Gute Übersichten darüber geben van Doorninck (Nr. 83) und Thoroddsen (Nr. 583, p. 197—219).
Auch über den Charakter der Großformen besteht noch keine Klarheit. Reck (Nr. 426) sieht in den Dyngjufjöll ein „Horstgebirge", rechtwinklig begrenzt von einem Rahmen von Bruchlinien. (Vgl. S. 30.) Spethmann (Nr. 504) betrachtet die ganze Gruppe als Ruinen eines „unfertigen Schildvulkanes" — (dessen Zentrum niederbrach, bevor die Randgebirge verhüllt waren) — und gibt mit Caroc in Nr. 242, Lock (Nr. 322), Russel (Nr. 450) und Erkes (Nr. 98) dem Kessel eine rundliche Form.
Mir scheint hier ein Übermaß an Theorie, aufgebaut auf einer ungenügenden topographischen Grundlage. Wir besitzen eine ganze Reihe von Kärtchen der Askja „nach Caroc" — „nach Erkes"; — es wäre wünschenswert, daß wir eine Karte „nach der Natur" bekämen! Auch Thoroddsen zeichnete die Askja rundlich auf seiner Originalkarte von 1885, gab ihr aber dann aus theoretischen Erwägungen eine eckige Form.

A. 91
(73)
Eine erschöpfende Übersicht über alle vulkanologischen Fragen gibt Thoroddsen, Geschichte der isländischen Vulkane, Nr. 538.
An jüngeren Arbeiten sind zu nennen:
Reck: Masseneruption Nr. 427.
Thorkelsson: Hot springs, Nr. 528.
Cargill-Hawkes: Intrusions, Nr. 68.
Eine große Lücke unserer Kenntnis füllt Nielsen Nr. 357, insbesondere das Kapitel 4, p. 204—236. Auch die Lavaströme im Süden des Hofsjökull sind von Nielsen zuerst eingehend beschrieben worden. Nr. 358 und Nr. 362.

Knappe Schilderungen der jungvulkanischen Landschaft aus anderen Teilen der Insel:

| | |
|---|---|
| Odádahraun: | Erkes, Nr. 98; Krügel, Nr. 300, p. 82—85. |
| | Erkes, Nr. 116. |
| | Herrmann, Nr. 204, Bd. II, p. 204. |
| | Lamprecht, Nr. 310, p. 119—124. |
| Mývatn: | Zugmayer, Nr. 618, p. 114—124. |
| | v. Grumbkow, Nr. 165, p. 112—116. |
| Surtshellir: (vgl. S. 65) | Zugmayer, Nr. 618, p. 179—184 (Kärtchen). |
| Laki: | v. Grumbkow, Nr. 165, p. 55—58. |
| Geysir-Ausbruch: | Lord Dufferin, Nr. 89, p. 84. |
| | Sartorius, v. Waltershausen, Nr. 469. |

Hekla:                   Herrmann, Nr. 204, Bd. II, p. 27—29.
Búdahraun:               Küchler, Nr. 302, p. 68—74.

**Bilder zur jungvulkanischen Landschaft:**
(Viele gute Bilder bei Tempest Anderson, Nr. 4, Abb. 102—148.)

Mývatn:                  Niedner, Nr. 356, p. 114, p. 160, p. 168.
                         Hünerberg, Nr. 220, p. 297.
Krafla:                  Niedner, Nr. 356, p. 112, p. 136.
(n. ö. Mývatn.)          Thoroddsen, Nr. 538, p. 226.
                         Küchler, Nr. 304, p. 179—239.
Odádahraun:              Niedner, Nr. 356, p. 4, p. 96.
                         Russel, Nr. 450, Abb. 1.
                         V. Knebel-Reck, Nr. 287, Taf. XIX.
                         Roberts, Nr. 445, p. 306.

Gute Bilder aus dem Hraun auch bei Hesselbo, the Bryophyta of Iceland in
Kolderup and Warming, Nr. 291.

Askja:                   Reck, Nr. 426.
                         Spethmann, Nr. 505 und Nr. 504.
                         Lamprecht, Nr. 310.
                         Russel, Nr. 450.
                         v. Grumbkow, Nr. 165, Gemälde, p. 161.
Kverkfjöll:              Trautz, Nr. 585.
                         Thoroddsen, Nr. 538, p. 100.
                         Roberts, Nr. 445.
Laki:                    Sapper, Nr. 467, Taf. IV, V, VI.
                         Reck, Nr. 433.
                         v. Knebel-Reck, Nr. 287, Taf. XII, XV.
Eldgjá:                  Sapper, Nr. 467, Taf. VI, VII.
                         van Doornink, Nr. 86, Abb. 2 und 3.
Fiskivötn:
(s. w. Vatnajökull)      Nielsen, Nr. 357.
Hekla:                   v. Knebel-Reck, Nr. 287, Taf. XVIII.
                         Herrmann, Nr. 204, Bd. II, p. 25.
                         Küchler, Nr. 303, p. 73.
                         Mohr, Nr. 345, Gemälde, p. 121.
Katla-Ausbruch:          Jakobs, Nr. 228.
Kratergruppe
Raudhólar:               v. Komorowicz, Nr. 294.
(s. ö. Reykjavik)
Snaefellsnes:            Küchler, Nr. 302. (Budahraun: Abb 28—31; Berserk-
                         jahraun: Abb. 68—70.)

Typische Schildvulkane.

Skjaldbreid:             Nielsen, Nr. 360.

Strýtur:                 van Doornink, Nr. 85.
                         v. Komorowicz, Nr. 294, p. 100 und p. 103.

Ketilldyngja:            Erkes, Nr. 113.

Trölladyngja:            Erkes, Nr. 113.
(s. w. Askja)

Sólkatla:
(über dem                Nielsen, Nr. 358.
Hvítárvatn)

Thermen und Solfataren:
(Viele gute Bilder bei Thorkelsson, Nr. 528.)

| | |
|---|---|
| Großer Geysir: | Zugmayer, Nr. 618, p. 51 und 63. |
| | Küchler, Nr. 303, p. 105. |
| | v. Knebel-Reck, Nr. 287, Buntbild, Taf. 1. |
| Reykjanes: | Küchler, Nr. 302, Abb. 88—91, 94, 95. |
| | v. Knebel-Reck, Nr. 287, Gemälde, Taf. VIII, XXIII, XXVI. |
| | Henning, Nr. 223. |
| Uxahver: | |
| (im Norden | Küchler, Nr. 304, p. 126, p. 127. |
| des Mývatn) | |
| Kerlingarfjöll: | v. Komorowicz, Nr. 294, p. 93. |
| Hornitos: | Sapper, Nr. 467, Bild 3. |
| | Nielsen, Nr. 358. |
| | v. Knebel-Reck, Nr. 287, Taf. XIX; XXI; XXII. |
| | Reck, Nr. 433, Taf. IX. |
| | Bisiker, Nr. 29, p. 201. |

Starke Quellen am Rand der Laven:

Niedner, Nr. 356, p. 64.
Nielsen, Nr. 362.
Herrmann Nr. 204, Bd. III, p. 55.
Bisiker, Nr. 29, p. 139.

## Tiefland

**A. 92**
**(75)**

Für den Sommer des Jahres 1881 gibt Helland (Nr. 196) folgende Werte:

| Fluß | Wasser in cbm/sec | Schlamm in g/cbm | Schlammenge in t/Tag |
|---|---|---|---|
| Núpsvötn: | 110 | 318 | 3021 |
| Skeidará: | 150 | 570 | 7387 |
| Jökulsá: | 120 | 1876 | 19450 |
| Breidamerkursandur) | | | |

**A. 93**
**(75)**
z. B. Baetke, Nr. 9, p. 140 (Landnamabók IV, 5).
Thoroddsen, Nr. 555, p. 171; Nr. 569.

**A. 94**
**(76)**
Vom Ingólfsfjall herab unterscheiden wir am Einfluß des Sog in die Hvítá ganz deutlich das gefilterte und geklärte „bergvatn" aus dem Thingvalla-See von dem trüben „jökullvatn" der Hvítá.

**A. 95**
**(76)**
Gruner, Nr. 166, schätzt die Gesamtfläche der Moore auf Island auf 10 000 qkm.

**A. 96**
**(76)**
Ein Profil des Hestfjall bei Pjetursson, Nr. 411.

**A. 97**
**(76)**
Nielsen hält die Hauptformen des südlichen Tieflandes für wesentlich jünger, weil er auf den Inselbergen nur die Gletscherschrammenrichtung des umgebenden Plateaus, aber keine Anzeichen einer lokalen auf die heutigen Niveauverhältnisse deutenden Vergletscherung findet (Nr. 357, p. 98—280).

**A. 98**
**(77)**
Gerölle über der Thjórsá in der Umrahmung des Tieflandes erweisen nach Pjetursson (Nr. 410, p. 66), das Vorhandensein eines großen Flusses vor dem Entstehen der Bucht. Die Thjórsá hat ein ziemlich ausgeglichenes Gefälle. Die Hvítá überwindet den Abfall zum Tiefland in engem Cañon und einem prächtigen Wasserfall, dem Gullfoss.

**A. 99**
**(77)**
Nach Jónsson, Nr. 251, zeigt das Tiefland im Hintergrund des Hjeradsflói (Ostland), das wiederum im tertiären Basalt liegt, eine ähnliche Struktur: Einzelne Rücken des massiven, beinahe ebenen Sockels durchragen fluviatile und marine Sedimente. Wahrscheinlich ist auch diese Niederung eine nur flach verschüttete Abrasionsfläche am Ausgang des ehemaligen Lagarfljót-fjordes. Thoroddsen (Nr. 555, p. 211) glaubt allerdings auch hier an eine tek-

tonisch beeinflußte Gestaltung. (Zur Gestaltung der Tiefländer vgl. auch A. 64.)

**A. 100**
(77) Nach Thoroddsen, Nr. 555, p. 16, zeigen die einzelnen Bänke dieser Basaltrücken eine Neigung von 5°—10° landeinwärts. Es ist ganz unwahrscheinlich, daß sie in der Mehrzahl „Ränder abgesunkener Keilschollen" darstellen, wie Verleger will (Nr. 593). Keilhack hat die ungestörte Verbindung solcher Rücken unter dem Moore mehrfach beobachtet (Nr. 268).

**A. 101**
(77) Vielleicht deuten auch die auffälligen Knicke im Laufe der Langá auf tektonischen Einfluß. Bl. 25 SA der D.K. zeigt ein hübsches Beispiel für eine Talverriegelung durch junge Lava: Der Oberlauf der Langá wurde abgedrängt ins Grenjadalur.

**A. 102**
(77) Große Flächen gehören hier dem Meer und dem Lande gemeinsam. Während die Chroniken von der Südküste nur zu berichten wissen von der Vergrößerung des Landes, von der Verschüttung ehemaliger Fischplätze, hören wir in Mýrar auch von der Zerstörung ganzer Kirchspiele durch die See (Thoroddsen Nr. 555, p. 16).

**A. 103**
(78) Im Sinne des Geographen gehören die Tiefländer der Insel noch zu den unerforschten Gebieten. Allein für das Tiefland von Mýrar besitzen wir eine Arbeit von Verleger (Nr. 593), die freilich noch kein Gesamtbild der Landschaft vermitteln kann. Diese Arbeit bringt auch die einzigen guten Bilder vom Tiefland, die mir bekannt sind (Bild 1, 2, 6, 7, 19, 20).
Daneben wären allenfalls zu nennen ein Bild von der Borgarfjordküste bei Lindroth, Nr. 320, p. 35, ein Bild von der Hvítámündung nahe Borgarnes bei Mohr, Nr. 345, p. 135 und einige Bilder aus den Tieflandstreifen an der Südküste bei Lindroth (Nr. 319, Abb. 15, 16, 17, 18, 44, 45). Eine Fülle von wertvollen Einzelbeobachtungen zur geologischen Geschichte der südlichen Tiefländer findet sich bei Keilhack, Nr. 268; Nr. 264.

## Fjorde

**A. 104**
(80) Siehe Tafel XXXVII.

**A. 105**
(80)

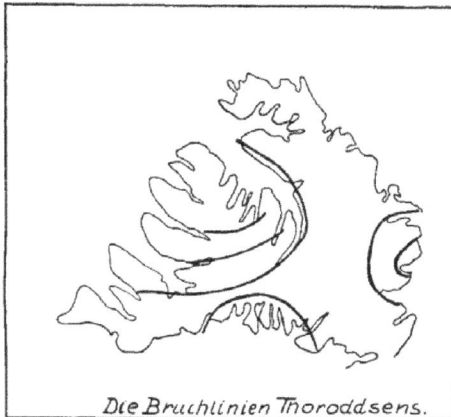

Die Bruchlinien Thoroddsens.

Abb. 100        ca. 1 : 3 000 000
Die nordwestliche Halbinsel

Ein Wald, der von Laven überflutet wird, verbrennt beinahe restlos (z. B. am Aetna). Die Pflanzenreste des Surtarbrandur waren in Fluß- und Seeablagerungen eingebettet (vgl. Seite 8) und blieben deshalb erhalten. Es ist möglich, daß sie — in einzelnen Nestern zusammengeschwemmt — niemals einen durchgehenden Horizont gebildet haben. Thoroddsen selbst hat am Steingrimsfjördur zwei Surtarbrandurhorizonte beobachtet (Nr. 565). —

Wollte man die Surtarbrandur-Fundstellen nach den Höhenangaben Thoroddsens miteinander verbinden, so ergäbe sich eine alte Oberfläche mit sehr geringen Neigungen von durchschnittlich einem Grade.

A. 106 Allerdings berichtet Pjeturss, Nr. 410, p. 94, von 1—2 km breiten Bran-
(82) dungsterrassen auf Skagi.
Über den Aufbau der Terrassen im Hrútafjördur, vgl. Bárdarson, Nr. 15.
Manchmal laufen die Reitwege in den Fjorden über solche schmalen, ganz niedrigen Leisten, die nur bei Ebbe trocken fallen.

A. 107 Viele gute Einzelheiten zur Landschaft der Fjorde, z. B. auch der kleinen
(82) Fjordgebiete an der Nordküste von Snaefellsnes (Nr. 204, Bd. III, p. 127) bringt das Seehandbuch (Nr. 487).
Eine sehr schöne Schilderung der Fjordlandschaft im Nordwesten gibt Heusler (Nr. 211, p. 223). Eine andere bei Herrmann, Nr. 204, Bd. III, p. 171.
Eine Fülle guter Beobachtungen auf der Nordwest-Halbinsel bei Shepherd, Nr. 488.
Das Eyjafjordgebiet ist eingehend beschrieben bei Erkes, Nr. 114 und Nr. 97.

Gute Bilder aus der Fjordlandschaft:

Nordwesten: Herrmann, Nr. 201, Abb. 1, 2, 3, 5, 8.
Dannmeyer, Nr. 75, Abb. 8.
Eyjafjord: Mohr, Nr. 345, p. 16.
Ostland: Anderson: Nr. 4, p. 92.
Herrmann, Nr. 204, Bd. III, p. 11.

## Der Mensch in der Landschaft

A. 108 Nach Gudmundur Hannesson, Nr. 179, kamen aus Norwegen 84 % der Be-
(83) völkerung, aus Schweden 3 %, aus Großbritannien 13 %, unter denen aber viele reine Norweger gewesen sein mögen.

A. 109 Ein Beispiel aus jüngster Zeit bietet der südliche Fjallabaksvegur, der über
(85) 75 km aus der Landschaft Rangárvellir zwischen Tindfjalla- und Mýrdalsjökull und Torfajökull im Norden in die Landschaft Skaptártúnga führt.
Bis vor 25 Jahren trieb man das Vieh über diesen Weg nach Eyrarbakki und Reykjavík. Seit der Eröffnung des Handelsplatzes Vík wird er nicht mehr begangen. Seine Schutzhütten sind tief verweht (Nr. 305).

A. 110 Fünfhundert kg pro Kopf und Jahr!
(90)

A. 111 Eine englische Berechnung der Ergiebigkeit der Fischerei (je einhundert
(91) Trawlerstunden) zeigt Islands hervorragende Bedeutung für die Fischerei Europas (1922):

Nordsee: 6 350 kg
Portugal: 8 884 „
Irland: 11 633 „
Färöer: 32 766 „
Island: 49 530 „

A. 112 Die einzelnen Túne sind von sehr unterschiedlicher Größe. Ihre Fläche
(93) schwankt zwischen 1,5, 15 und mehr Hektar.
Nach der D.K. ergibt sich für die südliche Tieflandsbucht eine Gesamtfläche der Túne von 4900 ha, das ist etwa 1,45% dieses Tieflandes.

A. 113 Nach Feilberg, Nr. 127, kann der Bauer in Island mit 100—120 Arbeitstagen
(93) rechnen. Davon entfallen:

2 Wochen auf Hausreparaturen,
2 „ „ Reisen
10 „ „ Heuernte
1 „ „ Túnverbesserung.

A. 104
(80)

Abb. 98                                        phot. Jwan

Abb. 99                                        phot. Jwan

Kare und Hängetäler im Isafjardardjúp (ein gutes Bild bei Knebel-Reck, Nr. 287, Abb. 16)

Von den zahllosen Karen, die sich in überaus klarer Ausprägung überall
in die Basaltwände senken, wissen wir noch nicht mehr, als Thoroddsen
(Nr. 555, p. 32—34) auf Grund flüchtiger Beobachtungen mitteilt.
Manche Blätter der D.K. stellen die Kare sehr klar dar: Bl. 52 Skagafjördur;
Bl. 11 SV; Bl. 12 NA (Fossavatn); Bl. 2 SA; Bl. 3 NA.
Eine kurze Zusammenfassung, zwei Kärtchen und drei gute Bilder über
die Kare der Nordwest-Halbinsel gibt Keilhack, Nr. 262.

A. 114 Dagegen erweist die Ostküste der nordwestlichen Halbinsel wiederum ihre
(94) Zugehörigkeit zum Nordlandtypus. (Vgl. Abb. 25.) Graenhóll hat eine
94prozentige Winterweidebenutzung gegen 61% in Sudureyri.

A. 115 In den Landschaften Skeid und Flói gibt es mehr als 20 000 ha Bewässe-
(96) rungsgebiet. Man setzt im Frühjahr magere Gebiete etwa 30 cm unter Wasser. Abgesehen von der Bereicherung des Bodens durch die gelösten Substanzen wirkt das Wasser wie eine Schneedecke: Es hält den Boden kühl und
verzögert den Pflanzenwuchs in der Zeit der gefährlichen Frühjahrsfröste.
Das Wasser der isländischen Flüsse ist zwar arm an Kalk, aber sonst ungewöhnlich reich an gelösten Substanzen. Das rührt wahrscheinlich daher,
daß sehr viel Wasser lange Strecken unter der Oberfläche fließt, dadurch
in besonders innige Verbindung mit dem Gestein kommt und überdies
seine Lösefähigkeit erhöht durch Aufnahme von kohlensäurereicher Boden-
luft.

A. 116 Ein anderes Beispiel für die Behinderung des Verkehrs teilt Thoroddsen
(96) aus dem Ostlande mit (Nr. 538, p. 206). „Auf den Gebirgsabhängen des
Jökuldalur, die mit dickem Erdreich bedeckt sind, hat der Bimsstein viel zur
Entstehung von Rissen und Gräben beigetragen. Der Bimssteinschutt friert im
Winter zu einer dicken Platte zusammen, die die Erde bedeckt und im Frühjahr nicht so leicht schmilzt, da der weiße glänzende Schutt die Sonnenstrahlen
reflektiert, einiges Wasser sickert trotzdem überall hindurch, und die Wasser-
zirkulation wird unten in dem tiefen Erdreich um so kräftiger, wobei das
Wasser unterirdische Höhlen und Röhren bildet, die sich zu unterst in den
Gebirgswänden zum Flusse öffnen. Zuletzt schlägt die Erde tiefe unüber-
steigliche Risse, die sich vom Gebirgsrand bis zum Fluß erstrecken, wobei
der Verkehr zwischen den einzelnen Gehöften zeitweise gänzlich stockt.
Selbst wenn heute über einige Risse Brücken gebaut würden, hätten sich
morgen doppelt so viele Spalten gebildet. Oft verunglückt das Vieh in
diesen tiefen Rissen, die sich überall wie gähnende Abgründe öffnen. Das
Erdreich und die lockeren Schichten zu oberst auf Jökuldalur haben eine sehr
beträchtliche Dicke und bisweilen erstrecken sich diese Sprünge 15 bis
25 m hinab durch Erdreich, gerollten Schutt, Moränen und „móhella", ohne
indes den festen Felsen zu erreichen."

A. 117 Der Ertrag der isländischen Wiesen kommt nach Gruner, Nr. 166, etwa
(97) dem der schlechten Wiesen in der Mark Brandenburg gleich.
Der Nährwert der Futterpflanzen soll nach Stefánsson, Nr. 516, den der
dänischen übertreffen.

A. 118 Die Ausbeutung der Schwefellager (Fremrinámur, Krísuvík) scheiterte immer
(97) wieder an den Transportkosten. (Vgl. Thoroddsen, Nr. 532.)
Hohen wirtschaftlichen Wert könnten indessen die Wasserkräfte bekommen
(geschätzt auf 2,5 Millionen PS), wenn es gelänge, sie einer Industrie nutzbar
zu machen. (Vgl. Tulinius, Nr. 588.)

A. 119 Infolge der Holzarmut besteht ein großer Bedarf an Stacheldraht zum Schutze
(98) der gedüngten Wiese gegen das frei herumlaufende Vieh.

| A. 120 (98) Isländische Einfuhr 1930 | Maß | Menge | Wert 1000 Kronen |
|---|---|---|---|
| Margarine . . . . . . . . . . . . . | 100 kg | 1 486 | 195 |
| Kondensierte Milch . . . . . . . . | „ | 4 082 | 368 |
| Andere tierische Produkte . . . . . | „ | 6 769 | 804 |
| Getreide, ungemahlen . . . . . . . | „ | 23 590 | 481 |
| Getreide, gemahlen . . . . . . . | „ | 129 323 | 3 258 |
| Andere Getreide-Produkte . . . . . | „ | 4 497 | 549 |
| Kartoffeln . . . . . . . . . . | „ | 22 981 | 356 |
| Andere Garten- u. Ackerbauprodukte . | „ | 2 995 | 110 |
| Obst, frisch und getrocknet . . . . . | „ | 15 685 | 1 446 |
| Reis . . . . . . | „ | 7 458 | 263 |
| Kaffee und Surrogate . . . . . . . | „ | 6 888 | 863 |
| Kakao und Schokolade . . . . . . | „ | 1 927 | 434 |
| Zucker und Syrup . . . . . . . . | „ | 42 926 | 1 395 |

| Isländische Einfuhr 1930 | Maß | Menge | Wert 1000 Kronen |
|---|---|---|---|
| Andere Kolonialwaren . . . . . . . | 100 kg | 1 648 | 187 |
| Tabak, Zigarren, Zigaretten . . . . . | „ | 1 315 | 1 368 |
| Alkoholische Getränke . . . . . . . | 100 Liter | 2 604 | 438 |
| Alkoholfreie Getränke . . . . . . . | „ | 297 | 28 |
| Textilien . . . . . . . . . . . . | | | 11 162 |
| Häute und Leder . . . . . . . . . | | | 2 151 |
| Seife . . . . . . . . . . . . . | 100 kg | 4 765 | 521 |
| Papier und Papierwaren . . . . . . | „ | 13 710 | 1 524 |
| Holz und Holzwaren . . . . . . . . | | | 6 428 |
| Kohle und Koks . . . . . . . . . . | Tons | 132 813 | 3 818 |
| Salz . . . . . . . . . . . . . . | „ | 67 062 | 2 540 |
| Metallwaren . . . . . . . . . . . | | | 6 790 |
| Petroleum . . . . . . . . . . . | 100 kg | 139 818 | 1 923 |
| Zement . . . . . . . . . . . . | „ | 202 733 | 1 039 |
| Wasserfahrzeuge . . . . . . . . . | Stück | 15 | 2 299 |
| Maschinen . . . . . . . . . . . | | | 4 507 |
| Andere Waren . . . . . . . . . . | | | 14 723 |

(Aus: Statistik Aarbog, Kbh. 1933.)

A. 121 Diese Zahlen sind ein Mittel aus den Jahren 1928—1932.
(98)

A. 122 Übersicht über den Außenhandel Islands:
(98)

### Einfuhr.

| | 1930 1000 Kronen | 1929 1000 Kronen | 1928 1000 Kronen | 1927 1000 Kronen | 1926 1000 Kronen |
|---|---|---|---|---|---|
| Dänemark . . . . . | 20 202 | 21 641 | 18 941 | 18 156 | 20 565 |
| England . . . . . . | 19 389 | 20 664 | 20 207 | 16 481 | 15 161 |
| Norwegen . . . . | 7 746 | 8 902 | 6 900 | 5 362 | 6 543 |
| Schweden . . . . . | 3 492 | 4 009 | 2 852 | 1 780 | 2 028 |
| Deutschland . . . . | 11 440 | 11 620 | 8 106 | 5 982 | 6 255 |
| Holland . . . . . | 1 557 | 1 600 | 1 364 | 1 023 | 1 672 |
| Belgien . . . . . | 933 | 976 | 677 | 337 | 434 |
| Frankreich . . . . . | 272 | 244 | 191 | 265 | 813 |
| Portugal . . . . . . | 177 | 1 | 12 | 49 | 199 |
| Spanien . . . . . . | 2 308 | 2 997 | 2 145 | 1 883 | 1 311 |
| Italien . . . . . . | 156 | 166 | 175 | 191 | 290 |
| U. S. A. . . . . . . | 2 297 | 2 230 | 1 682 | 983 | 1 546 |
| Andere Länder . . . . | 1 999 | 1 922 | 1 142 | 670 | 950 |
| Summe | 71 968 | 76 972 | 64 394 | 53 162 | 57 767 |

### Ausfuhr.

| | 1930 1000 Kronen | 1929 1000 Kronen | 1928 1000 Kronen | 1927 1000 Kronen | 1926 1000 Kronen |
|---|---|---|---|---|---|
| Dänemark . . . . . | 2 726 | 5 779 | 6 110 | 5 552 | 6 080 |
| England . . . . . . | 9 333 | 12 466 | 13 101 | 9 280 | 7 523 |
| Norwegen . . . . . | 4 937 | 5 327 | 8 960 | 6 485 | 5 633 |
| Schweden . . . . . | 3 732 | 3 808 | 5 404 | 5 892 | 5 040 |
| Deutschland . . . . | 4 937 | 5 342 | 4 841 | 4 669 | 1 896 |
| Holland . . . . . | 140 | 200 | 191 | 113 | 146 |
| Belgien . . . . . . | 1 | — | 3 | 5 | 1 |
| Frankreich . . . . . | 93 | 197 | 9 | 9 | 67 |
| Portugal . . . . . . | 3 615 | 3 571 | 2 377 | 211 | 361 |
| Spanien . . . . . . | 20 440 | 25 941 | 28 120 | 21 825 | 19 794 |
| Italien . . . . . . | 7 545 | 9 039 | 8 477 | 6 930 | 5 659 |
| U. S. A. . . . . . . | 1 538 | 2 298 | 1 437 | 456 | 626 |
| Andere Länder . . . . | 1 059 | 228 | 976 | 1 726 | 244 |
| Summe | 60 096 | 74 196 | 80 006 | 63 153 | 53 070 |

(Aus: Statistik Aarbog Kbh. 1933.)

Diese Zahlen zeigen einmal, welchen Wert Island trotz des Anwachsens des englischen Handels und trotz der starken Verselbständigung, die die Isolierung im Kriege der Insel brachte, immer noch für Dänemark hat. Sie zeigen andererseits die überragende Bedeutung des spanischen Marktes. Natürlich bemüht man sich, aus dieser Abhängigkeit von einem einzigen Kunden herauszukommen.

Die Heringsfischerei war bisher in ähnlicher Weise von Schweden abhängig. Ihr ist es gelungen durch Umstellung auf Heringsöl, das sich besser hält und eine vielseitigere Verwendung findet, den Markt erheblich zu erweitern. Der Absatz landwirtschaftlicher Produkte stößt auf die gleichen Schwierigkeiten: Das gesalzene Schaffleisch ging fast ausschließlich nach Norwegen und wird jetzt durch Schutzzölle von diesem Markt verdrängt. Hier soll die Umstellung auf Gefrierfleisch helfen.

A. 123  Der größere Teil des alten Waldes (vgl. Seite 48) wurde schon in den ersten
(98)  Jahrhunderten der Besiedlung zerstört durch den freien Weidegang der Schafe, durch den ungeheuren Holzkohlenbedarf zum Dengeln der Sensen, — zur Eisengewinnung, — in der Schmiede des Hofes. Man brannte wohl auch den Wald ab, um die Schafsuche zu erleichtern, und weil die Tiere ihre Wolle im Gebüsch abstreiften.

Noch im 19. Jahrhundert ging der Wald ständig zurück. 1750 besaßen im Fnjóskatal 34 Höfe Wald, 1900 kaum 5. Heute sucht man im Wald einen Verbündeten gegen den Flugsand und hofft überdies durch die Forstarbeit einen Teil der Landbevölkerung auch im Winter zu beschäftigen.

A. 124  S p e z i e l l e  L i t e r a t u r :
(98)

Besiedlung:           Baetke, Nr. 9.

Hist. Abriß:          Herrmann, Nr. 204, Bd. I, p. 99—127.

Landwirtschaft:
  Bodenkultur:        Gruner, Nr. 166.
  Weidewirtschaft:    Kuhn, Nr. 306.
  Ländl. Leben:       Th. Thoroddsen, Jüngling und Mädchen,
                        Reclam, Nr. 2226/27.
                      Einar Hjörleifsson, Klein-Hvammur,
                        Reclam, Nr. 5130.

Fischerei:            Saemundsson, Nr. 453.
                      Lübbert, Nr. 325, 326.
                      Papy, Nr. 392.

Volk:                 Gudmundsson, Nr. 171, p. 24—27.
                      Heusler, Nr. 211, Teil III, 398—399.
                      van Hamel, Nr. 177.
                      Poestion, Nr. 416.
                      Gretor, Georg, Islands Kultur und seine junge Malerei.
                        Diederichs, Jena 1928.
                      Gunnarsson, Gunnar, Nr. 174.

G u t e  B i l d e r :

Reykjavik:            Mohr, Nr. 345, eine Reihe von Bildern.

Akureyri:             Mohr, Nr. 345, p. 17.

Saudarkrókur u. a.:   Küchler, Nr. 304.

Bauernhöfe:           Küchler, Nr. 302.
                      Küchler, Nr. 304, p. 98, p. 129, p. 243.
                      Bruun, Nr. 48.
                      Niedner, Nr. 356, p. 40.
                      Herrmann, Nr. 204, Bd. I, p. 280.
                      Herrmann, Nr. 204, Bd. II, p. 197, p. 103, p. 122.
                      Papy, Nr. 392, p. 400.

Landwirtschaft:

| | |
|---|---|
| Schafe: | Kuhn, Nr. 306, Abb. 9—16 und eine Karte der Hoch-weidegebiete. |
| | Herrmann, Nr. 204, Bd. I, p. 195, p. 201, p. 207, p. 211. |
| Pferde: | Herrmann, Nr. 204, Bd. I, p. 139. |
| Eidergänse: | Atlanterhavsøer, Nr. 5, p. 54 u. 55. |
| | Küchler, Nr. 304, p. 19. |
| Vogelfang: | Mohr, Nr. 345, p. 157, p. 161. |
| Thúfur: | Lindroth, Nr. 320, p. 63. |
| (Vgl. A. 62) | Küchler, Nr. 304, p. 275. |
| Fischerei: | Mohr, Nr. 345, p. 145, p. 149, p. 154, p. 139, p. 141. |
| | Saemundsson, Nr. 453 viele Bilder. |
| | Papy, Nr. 392, p. 404, p. 396. |
| Verkehr, | Mohr, Nr. 345, p. 115. |
| Transport: | Küchler, Nr. 302, Abb. 73 u. 75. |
| | Herrmann, Nr. 204, Bd. II, p. 17, p. 101, p. 189, p. 147, p 193 u. 194. |
| | Herrmann, Nr. 204, Bd. I, p. 199, p. 275. |
| | Lindroth, Nr. 320, p. 89, p. 96, p. 97. |

# BILDERNACHWEIS

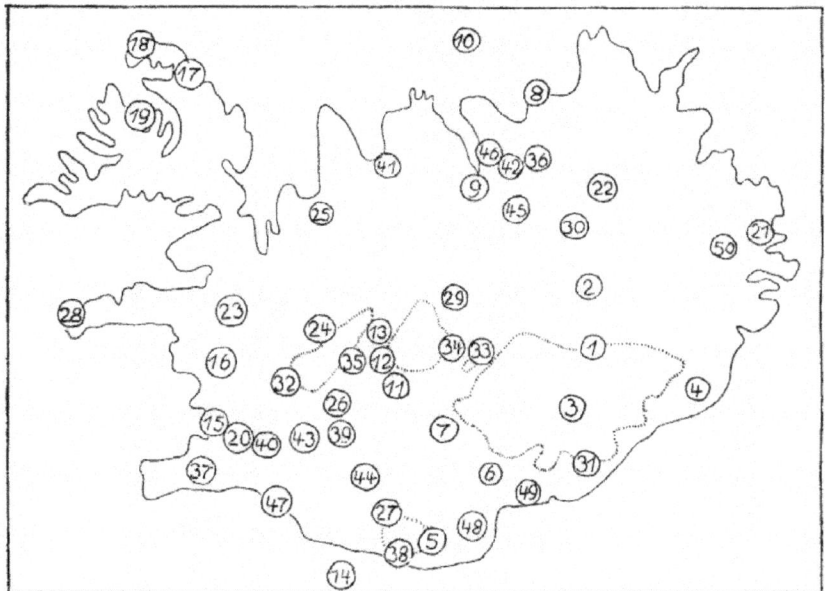

Gute, bzw. seltene Bilder zur isländischen Landeskunde.
Abb. 101

1. Kverkfjöll
Trautz Nr. 583.
Roberts Nr. 445.
Erkes Nr. 112.
Spethmann Nr. 499.
Thoroddsen Nr. 562, II p. 54.
Thoroddsen Nr. 538 p. 100.
Koch Nr. 289.

2. Askja
Reck Nr. 426.
Spethmann Nr. 497 u. 504.
Lamprecht Nr. 309.
v. Grumbkow Nr. 165.
Russel Nr. 450.
Thoroddsen Nr. 562, II p. 78.

3. Vatnajökull, Sviagigur
Wigner Nr. 609.
Wadell Nr. 600.

4. Eystrahorn
Cargill, Hawkes usw. Nr. 68.
(Schmidt Nr. 474.)

5. Vulkan Katla
Thoroddsen Nr. 571 p. 126 ff.
Jacobs Nr. 228.

6. Eldgjá-Gebiet
v. Grumbkow Nr. 165 p. 67.
Herrmann Nr. 203 p. 17.
Sapper Nr. 467.
Reck Nr. 433.
Thoroddsen Nr. 562 II p. 151.

7. Tungnaá-Thorisvatn
Nielsen Nr. 367.
Nielsen Nr. 357.

8. Tjörnes
Bárdarson Nr. 10.
Pjeturss Nr. 406 p. 456.

9. Akureyri u. Umgebung
Mohr Nr. 345 p. 16.
Küchler Nr. 304 p. 263, 265, 271.

10. Grimsey
Johannesson Nr. 236.

11. Illahraun
Nielsen Nr. 362.
Nielsen Nr. 358.

12. Kerlingarfjöll
Stoll Nr. 518.
Mohr Nr. 345 p. 56.
v. Komorowicz Nr. 294 p. 92.
Wunder Nr. 615.
Thoroddsen Nr. 538 p. 368.

13. Kjölur
Keindl Nr. 272.
Oetting Nr. 373.
v. Komorowicz Nr. 294.

14. Vestmannaeyjar
Mohr Nr. 345 p. 11.
Niedner Nr. 356 p. 8.
v. Grumbkow Nr. 165 (Titelbild).
Krügel Nr. 30, p. 33 (Vogelbild).
Thoroddsen Nr. 562, II p. 141.
Küchler Nr. 302 Abb. 18.

15. Hvalfjördur
Reynolds Nr. 442.
Küchler Nr. 302 Abb. 23.
v. Komorowicz Nr. 294 Abb. A.

16. Borgarfjördur
Verleger Nr. 593.
Mohr Nr. 345 p. 168.
Küchler Nr. 303 p. 150—151.
Reynolds Nr. 442.

17. Skárarheidi
Herrmann Nr. 201.

18. Adalvik
Dannmeyer Nr. 75.

19. Isafjördur
Mohr Nr. 345 p. 21.

20. Raudhólar
v. Komorowicz Nr. 294.

21. Seydisfjördur
Anderson Nr. 4 p. 92.
Küchler, Nr. 304 p. 37.

22. Jökulsá
Anderson Nr. 4, p. 96.
Küchler Nr. 304 p. 162, 163, 168,
169, 171, 173, 174, 176.

23. Baula
Schmidt Nr. 474.

24. Eiriksjökull
Thoroddsen Nr. 562, II p. 26.
Leiviskä Nr. 317.
Zugmayer Nr. 618 p. 179.
„Thule" Bd. V p. 150 u. 156.

25. Vatnsdalshólar
Grossmann Nr. 164.
Thoroddsen Nr. 562 I p. 235.
Herrmann Nr. 204, III p. 195.

26. Südl. Bláfell
v. Knebel Nr. 282.

# LITERATURNACHWEIS

Abkürzungen:

| | |
|---|---|
| Ann. | Annalen, -les, -ler |
| Arch. | Archiv, -ves |
| Biol. | Biologisk |
| Bln. | Berlin |
| Bot. | Botanisk |
| Bull. | Bulletin |
| Diss. | Dissertation |
| För. | Förening |
| G. | Geographisch, -fisk |
| Geol. | Geologisch, -gisk, gical |
| Islandfr. | Islandfreunde |
| J. | Journal |
| Jb. | Jahrbuch |
| Jber. | Jahresbericht |
| Jg. | Jahrgang |
| Kbh. | Kopenhagen |
| Mag. | Magazine |
| Medd. | Meddelelser |
| Met. | Meteorologisch, -gisk |
| Mitt. | Mitteilungen |
| Pet. | Petermanns |
| Proc. | Proceedings |
| Rep. | Reports |
| Rvk. | Reykjavik |
| T. | Tidsskrift |
| Vhdl. | Verhandlungen |
| Vulk. | Vulkanologie |
| Z. | Zeitschrift |
| Z. d. Ges. f. Erdkde. | Zeitschrift der Gesellschaft für Erdkunde zu Berlin |
| Z. d. D. Geol. Ges. | Zeitschrift der Deutschen Geologischen Gesellschaft |

1. *Aarbog. Udg. af Dansk-islandsk Samfund.* Kbh. 1928 ff.
2. *Adils, Jon J.* Den Danske Monopolhandel På Island 1602—1787. Kbh. 1926-27.
3. *Anderson, S. Axel.* Icelands Industries. Economic Geographie 7. Worcester Mass. U. S. A. 1931.
4. *Anderson, Tempest.* Volcanic Studies In Many Lands. London 1903.
5. „*De Danske Atlanterhavsøer*". Kbh. 1904-1911.
6. *Bachmann, Alfred.* Einiges über das Vogelleben auf Island. Vier Wochen auf den Westman-Inseln. Ornithol. Monatsschr. 27, Gera 1902.
7. *Bäckström, Helge.* Beiträge zur Kenntnis der isländischen Liparite. Diss. Heidelberg 1892; dass. Geol. För. i Stockholm Förhandl. 13, Stockholm 1891.
8. *Bailey, E. B.* Iceland, A Stepping Stone. Geol. Mag. VI, London 1919, p. 466.
9. *Baetke, Walter.* Islands Besiedlung und älteste Geschichte. Sammlung Thule, Bd. 23, Jena 1928.
10. *Bárdarson, Gudmundur G.* A Stratigraphical Survey Of The Pliocene Deposits At Tjörnes, In Northern Iceland. D. Kgl. Vidensk. Selsk. Biol. Medd. IV, 5. Kbh. 1925.

130

11. *Bárdarson, Gudmundur G.* Agrip Af Jardfraedi. 2. Utg. Rvk. 1927.
12. *Bárdarson, Gudmundur G.* Die jüngsten vulkanischen Ausbruchstellen in der Askja 1926. Z. f. Vulk. X, p. 120 bis 126. Bln. 1926.
13. *Bárdarson, Gudmundur G.* Fornar Sjávarminjar Vid Borgarfjörd Og Hvalfjörd. (Rit Vísindafjelags Islendinga 1.). Akureyri 1923.
14. *Bárdarson, Gudmundur G.* Geologisk Kort Over Reykjanes Halvøen. D. 18. Skandinaviske Naturforskermøde 1929. Kbh.
15. *Bárdarson, Gudmundur G.* Maerker Efter Klima- Og Niveauforandringer Ved Húnaflói I Nord-Island. Vidensk. Medd. fra den Naturh. For. for Aaret 1910. Kbh. 1910.
16. *Bárdarson, Gudmundur G.* Neue Forschungen auf Reykjanes. M. d. Islandfr. XVII, H. 1, p. 2, Jena 1929.
17. *Bárdarson, Gudmundur G.* Nogle Geologiske Profiler Fra Snaefellsnes, Vest Island. D. 18. Skandinaviske Naturforskermøde 1929. Kbh.
18. *Bárdarson, Gudmundur G.* Om den Marine Molluskfauna Ved Vestkysten Af Island. Geol. För. Forhandl. 43. Stockholm; dass. D. Kgl. Danske Vidensk. Selsk. Biol. Medd. II, 3. Kbh. 1920.
19. *Bárdarson, Gudmundur G.* Om Goldfund Paa Island. D. 18. Skandinaviske Naturforskermøde 1929. Kbh.
20. *Bárdarson, Gudmundur G.* Purpura Lapillus L. I Haevede Lag Paa Nordkysten Af Island. Vidensk. Medd. fra den Naturh. For. i Kbh. 1906, p. 178 bis 185. Kbh. 1907.
21. *Bárdarson, Gudmundur G.* Skógraektin Og Lotslagid. Freyr X, 7. Rvk. 1913.
22. *Bárdarson, Gudmundur G.* Traces Of Changes Of Climate And Level At Húnaflói, Northern Iceland. Stockholm 1910. Bericht, herausgeg. Geol Kongreß 1910. Postglaciale Klimaveränderungen 1910.
23. *Bárdarson, Gudmundur G.* Um Skógraektina. Freyr XIII. Rvk. 1915.
24. *Bárdarson, Gudmundur G.* Vulkanausbrüche in Island. Vísindafjelag Islendinga. Rvk. 1930, 6.
25. *Baring-Gould, Sabine.* Iceland: Its Scenes And Sagas. London 1863.
26. *Baumann, G. H.* Flugerfahrungen auf dem Nordwege Island — Grönland — Labrador. Das Wetter, 49, H. 10. Leipzig 1932.
27. *Baumgartner, Alexander.* Nordische Fahrten I. Island und die Färoer. Freiburg 1889; 3. Aufl. 1902.
28. *Birkeland, B. J. und N. J. Föyn.* Klima von Nordwesteuropa und den Inseln von Island bis Franz Joseph Land. Handbuch d. Klimatologie, Bd. III, Teil L. Bln. 1932.
29. *Bisiker, W.* Across Iceland. London 1902.
30. *Bistrup, H.* Den Nyopdukkede Og Atter Forsvundne Ø Un Der Vulkanudbruddet I Island. G. T. XXXIV, H. 3 und 4. Kbh. 1931.
31. *Bjarnason, Agust.* Das moderne Island. In „Deutschland und der Norden". Breslau 1931.
32. *Bjerring-Pedersen, Th. og Nielsen.* Geomorfologiske Studier I Det Sydvestlige Island. G. T. Kbh. 1925.
33. *Blake, C. Carter.* Sulphur In Iceland. London 1874.
34. *Blöndal, Sigfus og S. Sigtryggsson.* Alt-Island im Bilde. Jena 1930.
35. *Blöndal, Sigfus.* Bøger og Blade. Aarbog Af Dansk-Islandsk Samfund. Kbh. 1929/30.
36. *Blöndal, Sigfus.* Islandske Kulturbilleder. Kbh. 1924.
37. *Bøggild, O. B.* Thorvaldur Thoroddsen (6. VI. 1855 — 28. IX. 1921). (Taler i Vidensk Selsk. Møde d. 16. Dec. 1921).
38. *Böhnecke, G., E. Hentschel, H. Wattenberg.* Über die hydrographischen, chemischen und biologischen Verhältnisse an der Meeresoberfläche zwischen Island und Grönland. Ann. d. Hydr. usw. 58, p. 233. Bln. 1930.
39. *Bonde, Hildegard.* Hamburg und Island. Festgabe d. Hamburger Staats- und Universitätsbibliothek z. Jahrtausendfeier d. isländischen Allthings. Hamburg 1930.
40. *Brand, Jürgen.* Eine Reise nach Island. Bln. 1924.

41. *Braun, Gustav.* Island, der Einfluß seiner Natur auf die Bewohner. Z. f. Schulgeogr. Wien 1907.
42. *Braun, Gustav.* Über ein Stück einer Strandebene in Island. Schr. d. Phys.-Ökonom. G. i. Kgbg., Jg. 47, p. 1—7. Königsberg 1906.
43. *Braun, Gustav.* Über ein Vorkommen verkieselter Baumstämme an der Ostküste von Island. Centralbl. f. Min., Geol. usw., Nr. 3. Stuttgart 1908.
44. *Brennecke, Wilhelm.* Beziehungen zwischen der Luftdruckverteilung und den Eisverhältnissen des Ostgrönländischen Meeres. Ann. d. Hydr. usw. 32, p. 49 —62. Bln. 1904.
45. *Bréon, R.* Notes Pour Servir A L'Etude De La Géologie De L'Islande Et Des Iles De Faeroe. Paris 1884.
46. *Bruun, Daniel.* Arkaeologiske Undersøgelser Paa Island. G. T. 1897/98 und 1899/1900. Kbh.
47. *Bruun, Daniel.* Fjaeldveje Gennem Islands Indre Højland. Kbh. 1925.
48. *Bruun, Daniel.* Fortidsminder Og Nutidshjem Paa Island. 2. Opl. Kbh. 1928.
49. *Bruun, Daniel.* Gjennem Affolkede Bygder Paa Islands Indre Højland 1897. G. T. XIV. Kbh. 1898.
50. *Bruun, Daniel.* Hesten I Nordboernes Tjeneste Paa Island, Faerøerne Og Grønland. T. f. Landoekonom. af Kgl. Landhusholdningsselsk. Kbh. 1902.
51. *Bruun, Daniel.* Iceland, Routes Over The Highland. Kbh. and Rvk. 1907.
52. *Bruun, Daniel.* Islaenderfaerder Til Hest Over Vatnajökull I Aelder Tider. G. T. Nr. 22. Kbh. 1913/14.
53. *Bruun, Daniel.* Undersøgelser Og Udgravninger Paa Island 1907-1909. G. T. 1909-10. Kbh. 1910.
54. *Bruun, Daniel.* Sprengisandur Og Egnene Mellem Hofs- Og Vatnajökull. G. T. 1901/02. Kbh. 1902.
55. *Bruun, Daniel.* „Vatnajökullsvegur" Samt Undersøgelser Ved Vatnajökulls Nord- Og Vestrand. G. T. 1924/25. Kbh. 1925.
56. *Bruun, Daniel.* Ved Vatna Jökulls Nordrand. G. T. 1901/02. Kbh. 1902.
57. *Bryn, Halfdan.* Über den Ursprung des isländischen Volkes. Oslo 1928.
58. *Buchheim, Gustav.* Landwirtschaft in Island. Auslandswarte, Bd. X, H. 7, p. 75 und 76. Bln. 1930.
59. *Buchheim, Gustav.* Naturschutz und Nationalpark auf Island. Unsere Welt, Jg. 25, I, p. 5—9. Bielefeld 1933.
60. *Buchheim, Gustav.* Thule. Das Land von Feuer und Eis. Bln. 1930.
61. *Bull, Edv.* Islands Klima I Oldtiden. G. T. 1915/16, p. 1—5. Kbh. 1916.
62. *Bunsen, Robert.* Beitrag zur Kenntnis des isländischen Tuffgebirges. Liebigs Ann. d. Chemie u. Pharmacie, Bd. 61. Leipzig 1847.
63. *Bunsen, Robert.* Physikalische Beobachtungen über die hauptsächlichen Geisir Islands. Poggendorffs Ann. d. Physik u. Chemie, Bd. 72. Leipzig 1847.
64. *Bunsen, Robert.* Über die Prozesse der vulkanischen Gesteinsbildungen Islands. Poggendorffs Ann. d. Physik u. Chemie, Bd. 83. Leipzig 1851.
65. *Burton, Richard Franc.* The Volcanic Eruptions Of Iceland In 1874 And 1875. Proc. of the Roy. Soc. of Edinburgh, 9 Session 1875. Edinburgh 1875/76.
66. *Büschen, Georg.* Vom Tode erstanden. Herausgeg. Heinrich Veh. Bremerhaven 1905.
67. *Cahnheim.* Zwei Sommerreisen in Island. Vhdl. d. Ges. f. Erdkde. Bln. 1894.
68. *Cargill, Hawkes and Ledeboer.* The Major Intrusions Of South-Eastern Iceland. Quart. J. Geol. Soc. 84, p. 505. London 1928.
69. *Chapman, Olive Murray.* Across Iceland, The Land Of Frost And Fire. London 1930.
70. *Christensen, O. T.* Untersuchungen der infolge vulkanischer Nachwirkungen auf Island ausströmenden Gasarten. Biedermann's Centralbl. f. Agriculturchemie, 19, 3, p. 149—151. Leipzig 1890; dass. T. f. Physik og Chemie, II. Ser., Bd. 10, Kbh. 226—243.
71. *Christensen, P.* Untersuchungen einer Bodenprobe von Island nebst einigen Betrachtungen über die agrikulturchemische Bodenanalyse. Biedermann's Centralbl. f. Agrikulturchemie, 36, p. 208. Leipzig 1907; dass. Jber. über d. Fortschritte auf d. Gesamtgebiete der Agrikulturchemie 1906. Bln. 1907; dass. Ugeskrift for Landmänd, Nr. 16. Kbh. 1905.

72. *Clergeau, René.* L'Independance De L'Islande. Bull. Soc. G. d'Alger et de l'Afrique, 37, p. 362 bis 398. Alger 1932.
73. *Coles, John.* Summer Travelling In Iceland, With A Chapter On Askja by E. Delmar Morgan. London 1882.
74. *Collingwood, W. G. a. Jón Stefánsson.* A Pilgrimage To The Saga-Steads Of Iceland. Ulverston 1899.
75. *Dannmeyer, Ferdinand.* Die deutschen Islandexpeditionen 1926/27. Deutsche Islandforschung 1930, Bd. II. Breslau 1930.
76. *Dansk Meteorologisk Aarbog.* Publ. fra det Danske Met. Inst. Kbh.
77. *Defant, Albert.* Bericht über die ozeanographischen Untersuchungen des Vermessungsschiffes „Meteor" in der Dänemarkstraße und in der Irmingersee. Sitz. Ber. d. Akad. d. Wissensch., Phys.-Math. Kl, XIX, p. 345—359. Bln. 1931.
78. *Defant, Albert.* Die Ergebnisse der „Meteor"-Fahrten in die Isländisch-Grönländischen Gewässer 1929 und 1930. Z. d. Ges. f. Erdkde. z. Berlin. Bln. 1931.
79. *Defant, Albert.* Die Schwankungen der atmosphärischen Zirkulation über dem Nordatlantischen Ozean im 25jährigen Zeitraum 1881 bis 1905. G. Annaler 6, p. 13—41. Stockholm 1924.
80. *Defant, Albert.* Die Verteilung des Luftdrucks über dem Nordatlantischen Ozean und den angrenzenden Teilen der Kontinente auf Grund der Beobachtungsergebnisse der 25jährigen Periode 1881 bis 1905. Ann. d. Hydr. usw. 45, p. 49—65. Bln. 1917.
81. *Descloizeaux, Alfred.* Note Sur Les Temperatures Des Geysirs. Comptes rendus hebdomadaires des séances de l'Académie des Sciences 1846. Paris.
82. *Descloizeaux, Alfred.* Observations Physiques Et Géologiques Sur Les Principaux Geysirs D'Islande. Ann. d. Chimie e. d. Physique, 3e Série, t XIX, Paris 1847.
83. *van Doorninck, N. H.* De Askja in Centraal-Ijsland en de tegenwoordige Caldera-Discussie. Tijdschrift van Het Koninklijk Nederlandsch Aardrijkskundig Genootschap Amsterdam, Maart 1934, p. 218—237.
84. *van Doorninck, N. H.* Eerste Reisbericht uit Ijsland. Zeitschrift: Geologie en Mijnbouw, XI, Nr. 10, 1932, p. 99—100. S'Gravenhage 1932.
85. *van Doorninck, N. H.* Tweede Reisbericht uit Ijsland. Geologie en Mijnbouw, XI, Nr. 12, 1932. S'Gravenhage, p. 110—114.
86. *van Doorninck, N. H.* Derde Reisbericht uit Ijsland. Geologie en Mijnbouw, XI, Nr. 13, 1932. S'Gravenhage, p. 122—124.
87. *van Doorninck, N. H.* Vierde en Laatste Reisbericht uit Ijsland. Geologie en Mijnbouw, XI, Nr. 15, 1932. S'Gravenhage, p. 150—153.
88. *Drewes, Fr.* Einige Beziehungen zwischen der Luftdruckverteilung bei Island und dem Wetter an der deutschen Küste. Ann. d. Hydr. usw., XLV, p. 65—72. Bln. 1917.
89. *Dufferin, Lord.* A Yacht Voyage. Letters From High Latitudes. New York 1890.
90. *Ebel, Wilhelm.* Geographische Naturkunde von Island. Königsberg 1850.
91. *Ebeling, Max.* Eine Reise durch das isländische Südland. Z. d. Ges. f. Erdkunde z. Berlin, p. 361—383. Bln. 1910.
92. *Ebeling, Max.* Karte von Island im Maßstabe 1 : 50 000. (Besprechung einiger südisländischer Karten.) Z. d. Ges. f. Erdkde. z. Berlin, p. 717—719. Bln. 1908.
93. *Eccardt, Bruno O.* Grundzüge der physikalischen Geographie von Island. Beilage 40. Jber. Kgl. Realgymn. Progr. Rawitsch 1893.
94. *Eggers, C. U. D.* Physikalische und statistische Beschreibung von Island aus authentischen Quellen und nach den neuesten Nachrichten. Kbh. 1786.
95. *Einarsson, Halldór.* Om Vaerdie-Beregning Paa Landsviis Og Tiende-Ydelsen I Island. Kbh. 1833.
96. *Emilsson,Steinn.* Beiträge zur Geologie Islands. Centralbl. f. Min. Geol. usw. Stuttgart 1929.
97. *Erkes, Heinrich.* Abschluß meiner Forschungen im Innern Islands. Pet. Mitt., 1927, Gotha.

98. *Erkes, Heinrich.* Aus dem unbewohnten Innern Islands, Odadahraun und Askja. Dortmund 1909.
99. *Erkes, Heinrich.* Das isländische Hochland zwischen Hofsjökull und Vatna-jökull. Pet. Mitt., 1911, 2, Gotha.
100. *Erkes, Heinrich.* Das Naturbild Islands. Mitt. d. Islandfr. Jena 1925.
101. *Erkes, Heinrich.* Der Anteil der Deutschen an der Erforschung Inner-Islands. Die Erde. Dresden 1914.
102. *Erkes, Heinrich.* Der Glamujökull. Globus, Bd. 98, Nr. 9, p 147. Braun-schweig 1910.
103. *Erkes, Heinrich.* Der neueste Ausbruch der Askja 1926. Z. f. Vulkanol, X, 1926/27. Bln.
104. *Erkes, Heinrich.* Deutsche Forschung auf Island seit 1900. Geographie und Geologie. Mitt. d. Islandfr. Jg. III, p. 26. Jena 1915.
105. *Erkes, Heinrich.* Die Lavawüste Odadahraun und das Tal Askja im nordöst-lichen Zentral-Island. Mitt. d. Vereins f. Erdkde. H. 9. Dresden 1909.
106. *Erkes, Heinrich.* Die Melrakkasljetta, Islands nördlichste Halbinsel. Mitt. d. Vereins f. Erdkde. H. 3. Dresden 1911.
107. *Erkes, Heinrich.* Dyngjufjöll og Askja. Islendingur Akureyri 1926.
108. *Erkes, Heinrich.* Eine Ruinenstadt in Nord-Island. Mitt. d. Islandfr. Jg. 14; p. 46. Jena 1927.
109. *Erkes, Heinrich.* Forskningsrejse. G. T. 1925. Kbh.
110. *Erkes, Heinrich.* Fra Islands Indre. G. T., Bd. 21. Kbh. 1912.
111. *Erkes, Heinrich.* Hundert Jahre deutsche Islandsforschung. 1819—1923. Mitt. d. Islandfr., Jg. XI, p. 53. Jena 1924.
112. *Erkes, Heinrich.* Meine vierte Islandreise. Sommer 1910. Globus 98. Braun-schweig 1910.
113. *Erkes, Heinrich.* Naturbilder aus dem Innern Islands. Kosmos, H. 8. Stutt-gart 1912.
114. *Erkes, Heinrich.* Neue Beiträge zur Kenntnis Inner-Islands. Mitt. d. Vereins f. Erdkde., Bd. 2. Dresden 1914.
115. *Erkes Heinrich.* Neue geographische Forschungen aus Island. Mitt. d. Vereins f. Erdkde., Dresden 1925.
116. *Erkes, Heinrich.* Neuerforschtes Land im Innern Islands. Deutsche Island-forschung 1930, Bd. II. Breslau 1930.
117. *Erkes, Heinrich.* Neueste geographische Forschungsreisen zur Askja im öst-lichen Zentral-Island. Vhdl. d. Ges. deutsch. Naturforscher und Ärzte, Bd. I, p. 166. Leipzig 1909.
118. *Erkes, Heinrich.* Reise- und Landesbeschreibungen Islands. 1542—1925. Mitt. d. Islandfr., Jh. XIII, p. 15. Jena 1925.
119. *Erkes, Heinrich.* Undersögelser Paa Island 1924. G. T. 1925. Kbh.
120. *Ernst. E.* Über Olivin von Önundarfjord. N. W. Island. Neues Jb. f. Min. Beil., Bd. 52, A, p. 114—156. Stuttgart 1925.
121. *Espólin, Jón.* Islands Arbaekur I Söguformi. Kbh. 1821—1855.
122. *Exner, Felix M.* Monatliche Luftdruck- und Temperaturanomalien auf der Erde. Korrelationen des Luftdrucks auf Island mit dem anderer Orte. Sitz. Ber. d. Akad. d. Wissensch. i. Wien. Math.-naturwissensch. Klasse 133. Abt. IIa, Wien. Leipzig 1924.
123. *Eythorsson, J.* On The Present Position Of The Glaciers In Iceland. Soc. Scient. Islandica, X, p. 3—35. Rvk. 1931. (Vísindafelag Islendinga.)
124. *Faber, Friedrich.* Naturgeschichte der Fische Islands. Frankfurt a. M. 1829.
125. *Feddersen, Arthur.* Geysirdalen Og Dens Vandløb. G. T. IX. Kbh. 1888.
126. *Feddersen, Arthur.* Paa Islandsk Grund. Kbh. 1885.
127. *Feilberg, Peter Berend.* Bemaerkninger Om Jordbund Og Klima Paa Island. T. f. Landøkonomi, XV. Kbh. 1881.
128. *Feilberg, Peter Berend.* Graesbrug Paa Island. Kbh. 1897.
129. *Feilberg, Peter Berend.* Om Islands Fremskridt I 20 Aar. T. f. Landøkonomi 5. R. XVI. Kbh. 1898.
130. *Ferguson, H. G.* Tertiary And Recent Glaciation Of An Icelandic Valley. Journal of Geologie 14. Chicago 1906.

131. *Finnbogason, Gudmundur.* Den Islandske Naturs Indflydelse Paa Folkelynnet. Nordisk T. H. 7. Stockholm 1932.
132. *Fischer, Rudolf.* Island als Wettermacher Mitteleuropas. Das Wetter, 30. Leipzig 1913.
133. *Flensborg, C. E.* Skovrester Og Nyanlaeg Af Skov Paa Island. T. f. Skovvaesen, XIII—XVI. Kbh. 1901 ff.
134. *Forbes, Charles S.* Iceland, Its Volcanoes, Geysirs And Glaciers. London 1860.
135. *Fresenius, Ernst.* Gartenbau an den heißen Quellen Islands. Mitt. d. Islandfr. Jg. XIX. Jena 1931.
136. *Fridriksson, Arni og P. Hannesson.* Fisk Og Fiskeri Ved Island. Dansk-Islandsk Samfund. Kbh. 1925.
137. *Galløe, Olaf.* The Lichen Flora And Lichen Vegetation Of Iceland. Botany of Iceland, II, 1. London 1920.
138. *Garlieb, G.* Island rücksichtlich seiner Vulkane, Heißen Quellen, Gesundbrunnen, Schwefelminen und Braunkohlen. Freyberg 1819.
139. *Gebhardt, August.* Der Gletschersturz am Skeidararjökull auf Island. März 1892. Globus, 62, p. 81—83. Braunschweig 1892.
140. *Gebhardt, August.* Die Erdbeben am 26./27. August und 5./6. September 1896. Globus, 70, p. 309. Braunschweig 1896.
141. *Gebhardt, August.* Geschichte der isländischen Geographie. Bd. 1 und 2. Leipzig 1897.
142. *Gebhardt, August.* Statistisches aus Island. Globus, 73, p. 292—294. Braunschweig 1898.
143. *Gebhardt, August.* Über eine neugefundene Höhle auf Island. Globus, 84, p. 389. Braunschweig 1903.
144. *Gebhardt, August.* Wieviel Menschen können auf Island leben? Globus, 67. Braunschweig 1895.
145. *de Geer, Ebba Hult.* Late Glacial Clay Varves In Iceland. G. Annaler, X, p. 297—305. Stockholm 1928.
146. *Geikie, Archibald.* The Ancient Volcanoes Of Great Britain Vol. II Chapt. XL über Island. London 1897.
147. *Geikie, James.* On The Geology Of The Färoe Isands Transactions of the Roy. Soc. of Edinburgh, Bd. XXX. Edinburgh 1880—1883.
148. *Geiser, Wilhelm.* Die Islandfischerei und ihre wirtschaftsgeographische Bedeutung. Mitt. d. deutsch. Seefischerei-Vereins, Nov.-Dez. 1917. Bln. 1918.
149. *Georgi, Johannes.* Die meteorologischen Arbeiten der Islandexpeditionen 1926-27. Deutsche Islandforschung 1930, Bd. II. Breslau 1930.
150. *Georgi, Johannes.* Ergebnisse von Pilotaufstiegen im Gebiete von Island. Z. f. Geophysik, IV. Braunschweig 1928.
151. *Georgi, Johannes.* Höhenwindmessungen auf Island 1909-28. Archiv der deutsch. Seewarte, Bd. 51, 5. Hamburg 1932.
152. *Gjerset, Knut.* History Of Iceland. New York 1925.
153. *Gliemann, Theodor.* Geographische Beschreibung von Island. Altona 1824.
154. *Gmelin, Ludwig.* Deutsche Mitarbeit an Islands ärztlichen Problemen. Deutsche Islandforschung 1930, Bd. II. Breslau 1930.
155. *Gröndal, Benedict S.* Isländische Vogelnamen. Ornis III, 7. Wien 1887.
156. *Gröndal, Benedict S.* Ornithologischer Bericht von Island. (1886.) Ornis II, 4, p. 601—614. Wien 1886.
157. *Gröndal, Benedict S.* Verzeichnis der bisher in Island beobachteten Vögel. Ornis II, 3. Wien 1886.
158. *Gröndal, Benedict S.* Zur Avifauna Islands. Ornis XI. Paris 1901.
159. *Grønlund, Christian.* Islands Flora. Kbh. 1881.
160. *Grønlund, Christian.* Karakteristik Af Plantevaexten Paa Island. Sammenlignet med Floraen i Flere andre Lande. Naturhist. Forenings Festskrift. Kbh. 1890.
161. *Groissmayer, Fritz.* Spezialklimatologische Untersuchung der Winterniederschläge Westislands. Ann. d. Hydr. usw. Jg. 55, p. 291—293. Bln. 1927.
162. *Großmann, Karl.* Across Iceland. Geogr. Journ. London 1894.

163. *Großmann, Karl.* Notes On The Less-Known Interior Of Iceland. Rep. of the Brit. Assoc. for the Advancement of Science. Liverpool 1896.
164. *Großmann, Karl.* Observations On The Glaciation Of Iceland. The Glacialists Magazine, London, IX, Vol. 2, 1893.
165. *v. Grumbkow, Ina.* Isafold, Reisebilder aus Island. Bln. 1909.
166. *Gruner, M.* Die Bodenkultur Islands. Archiv f. Biontologie, III, 2. Bln. 1912.
167. *Gruner, M.* Die Entwicklung der wirtschaftlichen Verhältnisse Islands mit besonderer Berücksichtigung der isländischen Landwirtschaft und des isländischen Bodenrechtes. Jb. d. Bodenreform, Jg. X, p. 1—43. Jena 1914.
168. *Gudjonsson, Oddur.* Island in der Weltwirtschaftskrise. Mitt. d. Islandfr., XIX, 3 und 4, Jena 1932.
169. *Gudmundsson, Pjetur G.* Uppdrattur Af Reykjavik 1930. Rvk.
170. *Gudmundsson, Valtyr.* Handvaerk Og Industri; in: De Danske Atlanterhavsøer, Kbh. 1904/11, p. 122—125.
171. *Gudmundsson, Valtyr.* Island am Beginn des 20. Jahrhunderts. Verdeutscht v. R. Palleske. Kattowitz 1904.
172. *Gudmundsson, Valtyr.* Samfaerdselsmidler; in: De Danske Atlanterhavsøer, Kbh. 1904/11, p. 74—85.
173. *Gunnarsson, Gunnar.* Die Leute auf Borg, Roman. München 1929.
174. *Gunnarsson, Gunnar.* Jón Stefánsson (mit 7 Reproduktionen nach Bildern Jón Stefánssons). Der Kreis, Jg. VII, 12, p. 682—686. Hamburg 1930.
175. *Gunnarsson, Sigurdur á Hallormstad.* Örnefni frá Jökulsá i Axarfirdi austan ad Skeidará 1860—1886; in: Safn til sögu Islands 2 og islenzkra bókmenta ad fornu og nýju. Kbh. und Rvk. 1856—1920.
176. *Gunnlaugsson, Jón.* Ornithologische Beobachtungen aus Reykjanes in Island. Ornis VII, 3, p. 343—344. Braunschweig 1896.
177. *van Hamel, Anton Gerard.* Ijsland, oud en nieuw. Zutphen 1933.
178. *Hannesson, Gudmundur.* Einige Worte über Bevölkerungszuwachs und Sterblichkeit auf Island. Mitt. d. Islandfr., VIII, 1 und 2. Jena 1920.
179. *Hannesson, Gudmundur.* Körpermaße und Körperproportionen der Isländer. (Übersetzt v. Werner Haubold.) Ein Beitrag zur Anthropologie Is'ands. Fjelagspr. VII, Rvk. 1925. Jb. d. Univ. Islands f. 1924—25.
180. *Hann, Julius.* Die Anomalien der Witterung auf Island in dem Zeitraum 1851 bis 1900 und deren Beziehungen zu den gleichzeitigen Witterungsanomalien in Nordwesteuropa. Met. Z., Jg. 22, p. 64—77. Wien 1905.
181. *Hann, Julius.* Zum Klima von Island. Z. f. Met., Jg. 6, p. 44—46. Wien 1871.
181a. *Hansen, H. Mølholm.* Studies On The Vegetation Of Iceland. Diss. Kbh. 1930.
182. *Hanson, Earl.* The Renaissance Of Iceland. Geogr. Review, 18. New York 1928.
183. *Hantzsch, Bernhard.* Beitrag zur Kenntnis der Vogelwelt Islands. Bln. 1905.
184. *Harder, Poul.* Virkninger Af Flyvesand. Nogle Jagttagelser Fra Island. Medd. fra Dansk. Geol. Forening, Bd. 3. Kbh. 1907-11.
185. *Harshberger, S. W.* The Gardens Of The Faeroes, Iceland And Greenland. Geogr. Review 14. New York 1924.
186. *Hawkes, Leonard.* Frostaction In Superficial Deposits, Iceland. Geol. Magazine London 1924. ·
187. *Hawkes, Leonard.* On A Partially Fused Quartz-Felspar-Rock And On Glomero-Granular Texture. The Mineralogical Magazine etc. Vol. 22, p. 164—173. London 1929.
188. *Hawkes, Leonard.* The Building Up Of The Northatlantic Tertiary Volcanic Plateau. Geol. Magazine. London 1916.
189. *Heer, O.* Flora Fossilis Arctica. Zürich 1868.
190. *Hein, R.* Das isländische Schulwesen. Schulreform, X, 4. Wien 1931.
191. *Helgason, Jón.* Islands Kirke Fra Reformationen Til Vore Dage. En hist. Fremstilling. Kbh. 1922.
192. *Helgason, Jón.* Thegar Reykjavik Var Fjórtán Vetra. Safn til sögu Islands V, 2. og Islenskra Bókmenta. Rvk. 1916.
193. *Helland, Amund.* Islaendingen Sveinn Palssons Beskrivelser Af Islandske Vulkaner Og Braer. Norske Turistforenings Aarbog 1881, 1882, 1884.

194. *Helland, Amund.* Lakis Kratere Og Lavastrømme. Kristiania 1886.
195. *Helland, Amund.* Om Islands Geologi. G. T. VI. Kbh. 1882.
196. *Helland, Amund.* Om Islands Jökler Og Jökelelvens Vandmaengde Og Slamgehalt. Arch. f. Math. og Naturvidensk., 7. Kristiania 1882, p. 201—232.
197. *Helland, Amund.* Studier Over Islands Petrografi Og Geologi. Arch. f. Math. og Naturvidensk., 9. Kristiania 1884, p. 107—108.
198. *Henderson, Ebenezer.* Iceland, or the journal of a residence in that island during the years 1814 and 1815. 2 Bde. Edinburgh 1818.
199. *Henderson, Ebenezer.* Island, oder Tagebuch seines Aufenthalts daselbst in den Jahren 1814 und 1815. Bln. 1820. (Magazin v. merkw. neuen Reisebeschreibungen, 34, 35.)
200. *Herrmann, Erich.* Herrmanns glaziologische Arbeiten in Island. (Neue Forschungen im Felde.) Pet. Mitt., 43, p. 87. Gotha 1934.
201. *Herrmann, Paul.* Die Hornküste und ihre Bewohner. Deutsche Islandforschung 1930. Breslau 1930.
202. *Herrmann, Paul.* Inner- und Nordost-Island. Torgau 1913.
203. *Herrmann, Paul.* Island. Das Land und das Volk. Aus „Natur und Geisteswelt", Bd. 461. Leipzig 1914.
204. *Herrmann, Paul.* Island in Vergangenheit und Gegenwart. 3 Bde. Leipzig 1907, 1910.
205. *Herrmann, Paul.* Islands Nordkap (Horn). Mitt. d. Islandfr., XVI, 3, p. 43. Jena 1929.
206. *Hermannsson, Halldór.* Catalogue of the Icelandic Collection bequeathed by Willard Fiske. Ithaca, New York. Cornell. Univ. Libr. 1914-1927.
207. *Hermannsson, Halldór.* Islaenderne I Amerika. Dansk-Islandsk Samfunds Smaaskrifter, 12. Kbh. 1922.
208. *Hermannsson, Halldór.* The Cartography Of Iceland. Islandica, XXI. Ithaca, New York 1931.
209. *Hermannsson, Halldór.* Two Cartographers, Gudbrandur Thorlaksson And Thordur Thorlaksson. Islandica, XVII. Ithaca, New York 1926.
210. *Hesselbo, A.* The Bryophyta of Iceland. Kolderup Rogenvinge and Warming: The Botany of Iceland, Bd. 1. Kbh. London 1912-1920.
211. *Heusler, Andreas.* Bilder aus Island. Deutsche Rundschau, 22. I. Die Landschaft: H. 11, p. 202—223. II. Das Volk: H. 12, p. 385—410. Bln. 1896.
212. *Hliddal, Gudm.* Ausnutzung der Wasserkräfte auf Island. Mitt. d. Islandfr., II, 1. Jena 1915.
213. *Hobbs, William Herbert.* The Cycle Of Mountain Glaciation. Geogr. Journ. 35, p. 146. London 1910.
214. *Hoffmeyer, N.* Das Wetter auf Island im Winter 1877-78. Z. f. Met. 13, p. 145 bis 149. Wien 1878.
215. *Högbom, B.* Über die geologische Bedeutung des Frostes. Bull. of Geol. Institut. of the Univ. Upsala, XII. Upsala 1914.
216. *Hohmann, H.* Eine Nordlandfahrt. Darmstadt 1907.
217. *Hooker, W. I.* Journal Of A Tour In Iceland. Vol. 1. London 1813.
218. *Howell, Frederick W. W.* Icelandic Pictures, drawn with pen and pencil. London 1893.
219. *Howell, Frederick W. W.* The Northern Glaciers Of The Vatna Jökull, Iceland. Rep. of the Meeting of the Brit. Assoc. for Advancement of Science at Liverpool. London 1896.
220. *Hünerberg, Charles.* Akureyri, die Sommerfrische Islands. Der Erdball, illustr. Monatsschrift, IV, 8, p. 283—286. Lichterfelde (Bln.) 1930.
221. *Hutchison, Isobel W.* Askja, The Worlds Largest Crater. Blackwoods Magazine, 29. 1931.
222. *Irminger, C.* Strømninger Og Isdrift Ved Island. T. f. Søvaesen. 1861.
223. *Island.* Katalog der Island-Ausstellung. Wien 1930.
224. *Islandica.* An annual relating to Iceland and the Fiske Icelandic Collection in Cornell University Library. Ed. by George William Harris, Ithaca, New York 1908 ff.
225. *Islands Aarbog 1921.* Kbh. 1922. (Dansk-Islandsk Samfunds Smaaskrifter 12a.)

137

226. *Islands Aarbog 1933.* Kbh. 1933. Udg. af Dansk-Islandsk Samfund 1928 ff.
227. *Jakobs, Rudolf.* In Höllenkratern auf Island. (Zeitungsart.) „Völkischer Beobachter", 28. Jan. 1934 und drei Fotos.
228. *Jakobs, Rudolf.* Die Naturkatastrophe im Vatnajökull. (Zeitungsart.) „Völkischer Beobachter", 12. Mai 1934.
229. *Jacobsen, N. H.* Isotermekort Over Island For Jan. Og Juli. G. T. Kbh. 1932, H. 1 und 2.
230. *Jacobsen, N. H.* Lidt Om Islands Landbrug. G. T. XXVI, p. 202—210. Kbh. 1922.
231. *Jäger, Jacques.* Die nordische Atlantis. Wien 1905.
232. *Jelinek, Emil.* Eine Nordlandreise. Wien 1905.
233. *Jensen, Ad. S.* Studier Over Nordiske Mollusker 2 und 3. Vidensk. Medd. fra Naturhist. Foren. Kbh. 1902 und 1905.
234. *Jensen, Thit.* Isländische Reisebriefe. Bern 1909.
235. *Jóhannesson, Alexander.* Das moderne Island. Tatsachen, Aufgaben, Wünsche. Nord. Rundschau, III, p. 68—80. Braunschweig, Bln., Hamburg 1930.
236. *Jóhannesson, Alexander.* Luftfahrt auf Island. Nord. Rundschau, V, 1. Braunschweig, Bln., Hamburg 1932.
237. *Jóhannesson, Alexander.* Vom jüngsten Königreich des Nordens. Nord. Rundschau, I. Braunschweig, Bln., Hamburg 1928.
238. *Johnsen, J.* Jardatal A Islandi. Kbh. 1847.
239. *Johnston-Lavis, H. J.* Notes On The Geographie, Geology, Agriculture and Economies Of Iceland. Scott. Geogr. Magazine, XI, p. 452—454. Edinburgh 1895.
240. *Johnstrup, J. F.* Indberetning Om Den Af Professor Johnstrup Foretagne Undersögelsesreise Paa Island I Sommeren 1876. Kbh. 1877.
241. *Johnstrup, J. F.* Indberetning Om En I 1876 Foretagne Undersögelsesreise Paa Island. Rigsdagstidende. Kbh. 1876-77.
242. *Johnstrup, J. F.* Om De I Aaret 1875 Forefaldne Vulkanske Udbrud Paa Island Tillige Med Nogle Indledende Geographiske Bemaerkninger. G. T. I. Kbh. 1877.
243. *Johnstrup, J. F.* Om De Vulkanske Udbrug Og Solfatarerne I Den Nordøstlige Del Af Island. Festskrift i Anledning af den Naturhist. Forenings Bestaan 1833—1883. Kbh. 1890.
244. *Jónsson, Bjarni.* Island. Mitt. d. Geogr. Ges. in Wien, p. 15—18. Wien 1906.
245. *Jónsson, Finnur.* Island Fra Sagatid Til Nutid. Kbh. 1930.
246. *Jónsson, Finnur og Daniel Bruun.* Det Gamle Handelssted Gásar D. Kgl. Vidensk. Selsk. Forhandl., Nr. 3. Kbh. 1908.
247. *Jónsson, Helgi.* Bidrag Til Øst-Islands Flora. Bot. T., 20, p. 327—357. Kbh. 1895—1896.
248. *Jónsson, Helgi.* Fuglefangst Og Ederfuglevarp. De Danske Atlanterhavsøer, p. 163—168. Kbh. 1904—1911.
249. *Jónsson, Helgi.* Islands Geografi. Oslo 1924.
250. *Jónsson, Helgi.* Optegnelser Fra Vaar- Og Vinterexcursioner I Ostisland. Bot. T., 19. Kbh. 1895.
251. *Jónsson, Helgi.* Studier Over Øst-Islands Vegetation. Bot. T., 20. Kbh. 1895.
252. *Jónsson, Helgi.* Vaar- Og Höst-Excursioner I Island. Bot. T., 21. Kbh. 1898.
253. *Jónsson, Helgi.* „Vegetationen". De Danske Atlanterhavsøer, p. 41—50. Kbh. 1904—1911.
254. *Jónsson, Helgi.* Vegetationen Paa Snaefellsnes. Vidensk. Medd. fra d. Naturhist. Foren. Kbh. 1900.
255. *Jónsson, Helgi.* Vegetationen I Syd-Island. Bot. T., 27, p. 1—82. Kbh. 1905.
256. *Jónsson, Snorri.* Husdyrhold Og Husdyrsygdomme I Island. T. f. Veterinaerer. 2. Raekke, IX. Kbh. 1879.
257. *Kahle, B.* Ein Sommer auf Island. Bln. 1900.
258. *Kålund, P. E. Kristan..* Bidrag Til En Historisk-Topografisk Beskrivelse Af Island, 1, 2. Kbh. 1877, 1879/82.
259. *Kantzenbach, E.* Beiträge zur Flugmeteorologie von Island. Teil II. Ann. d. d. Hydr., 60. Bln. 1932.

138

260. *Keil, A. J.* Nordlandsfahrten. Frankfurt 1907.
261. *Keilhack, Konrad.* Beiträge zur Geologie der Insel Island, 1886. Z. d. D. Geol. Ges., 38. Bln. 1886.
262. *Keilhack, Konrad.* Beiträge zur Geologie der Nordwest-Halbinsel von Island. Z. d. D. Geol. Ges., 85, p. 621—630. Bln. 1933.
263. *Keilhack, Konrad.* Die Entwicklung Islands in den letzten 40 Jahren. Z. d. Ges. f. Erdkde., p. 54—59. Bln. 1925.
264. *Keilhack, Konrad.* Die geologischen Verhältnisse der Umgebung von Reykjavik und Hafnarfjördur in Südwest-Island. Z. d. D. Geol. Ges., 77, 2. Bln. 1925.
265. *Keilhack, Konrad.* Eine neue topographische Karte von Island. Z. d. D. Geol. Ges., 58. Bln. 1906.
266. *Keilhack, Konrad.* Islands Natur und ihre Einflüsse auf die Bevölkerung. Deutsche geogr. Blätter, IX, 1. Bremen 1886.
267. *Keilhack, Konrad.* Riesiger Gletscherrückgang in NW Island von 1844—1915 mit einer Karte. Z. f. Gletscherkde, p. 365—370. Bln., April 1934.
268. *Keilhack, Konrad.* Über postglaciale Meeresablagerungen in Island. Z. d. D. Geol. Ges., 36. Bln. 1884.
269. *Keilhack, Konrad.* Vergleichende Beobachtungen an isländischen Gletscher- und norddeutschen Diluvialablagerungen. Jb. d. k. P. Geol. Landesanst. Bln. 1883.
270. *Keindl, Joseph.* Beobachtungen auf einer Studienreise nach Island. (Sommer 1929). Mitt. d. G. Ges. in Wien, 73, p. 164—174. Wien 1930.
271. *Keindl, Joseph.* Forschungsreise durch Island. Mitt. d. G. Ges. in Wien, 74, p. 56—57. Wien 1931.
272. *Keindl, Joseph.* Über einige Vulkane und Plateauberge in Innerisland. Mitt. d. G. Ges. in Wien, 75, p. 28—52. Wien 1932.
273. *Keindl, Joseph.* Untersuchungen über den Hofs- und Langjökull in Island. Z. f. Gletscherkde., XX, p. 1—28. Bln. 1932.
274. *Kjerulf, Theodor.* Bidrag Til Islands Geognostiske Fremstilling Efter Optegnelser Fra Sommeren 1850. Nyt Magazin f. Naturvidensk., 7. Christiania 1853.
275. *Kjerulf, Theodor.* Islands Vulkanlinien. Z. d. D. Geol. Ges., 28, p. 203. Bln. 1876.
276. *v. Klinckowström, Axel.* Bland Vulkaner Och Fågelberg. Reseminnen från Island och Färöarna, II. Stockholm 1911.
277. *Klinenberger, Ludw.* Nach Island und zum Nordkap. Wien 1906.
278. *Klose, Olaf.* Die Familienverhältnisse auf Island vor der Bekehrung zum Christentum. Nordische Studien, 10. Braunschweig 1929.
279. *v. Knebel, W.* Der Nachweis verschiedener Eiszeiten in den Hochflächen des inneren Islands. Centralbl. f. Min. Geol. usw., p. 546—553. Stuttgart 1905.
280. *v. Knebel, W.* Lavaspalten und Kraterrillen auf Island. Gaea, Bd. 43, 9, p. 547—561. Leipzig 1907.
281. *v. Knebel, W.* Studien in den Thermengebieten Islands. Naturwissenschaftliche Rundschau, 21. Braunschweig 1906.
282. *v. Knebel, W.* Studien in Island im Sommer 1905. Reiseberichte. Globus, 87. Braunschweig 1905.
283. *v. Knebel, W.* Über die Lava-Vulkane auf Island. Sitz. Ber. d. D. Geol. Ges. Bln. 1906.
284. *v. Knebel, W.* Vorläufige Mitteilung über die Lagerungsverhältnisse glazialer Bildungen auf Island und deren Bedeutung zur Kenntnis der diluvialen Vergletscherungen. Centralbl. f. Min. Geol. usw., p. 535—546. Stuttgart 1905.
285. *v. Knebel, W.* Vulkanismus. Die Natur, 1906.
286. *v. Knebel, W.* Zur Frage der diluvialen Vergletscherungen auf der Insel Island. Entgegnung an Helgi Pjetursson. Centralbl. f. Min. Geol. usw., p. 232 bis 237. Stuttgart 1906.
287. *v. Knebel, W. u. Reck.* Island. Eine naturwissenschaftliche Studie. Stuttgart 1912.
288. *Knudsen, Martin.* Über den Einfluß des ostisländischen Polarstromes auf die Klimaschwankungen der Faröer, der Shetlandinseln und des nördlichen Schott-

lands. Conseil internat. pour l'Exploration de la Mer. Rapp. 3. Kbh. Ed. allem. 1905.

289. *Koch, J. P.* Die dänische Expedition nach Königin Luise Land und quer über das nordgrönländische Inlandeis 1912/1913. I. Reise durch Island. Pet. Mitt., 58, 2, p. 187. Gotha 1912.

290. *Kofoed-Hansen, Agnar Franc.* Om Løssjords Forhold Til Skovvegetation. Skogvärdsföreningens T. Stockholm 1922.

291. *Kolderup, Rosenvinge L. u. Eugen Warming.* The Botany of Iceland. Kbh. London 1912-20.

292. *v. Komorowicz, Maurice.* Ein Ritt durch Island. Globus, 92, p. 373—377. Braunschweig 1907.

293. *v. Komorowicz, Maurice.* Quer durch Island. Reiseschilderungen. Charlottenburg 1909.

294. *v. Komorowicz, Maurice.* Vulkanologische Studien auf einigen Inseln des Atlantischen Ozeans. Stuttgart 1912.

295. *Können, Wladimir.* Zusammenhang der Luftdruckabweichungen über Island, oren und Europa. Met. Z. 30, p. 121—125. Braunschweig 1913.

, *Jon.* Ilands Økonomiske Udvikling. Nationalökonomiske T. XXXXIV, –361. Kbh. 1906.

*Reinhard.* Island und sein Alkoholverbot. Bln. 1932.

*W.* Island und die Faröer. „Der Weltmarkt". Wirtschaftsmono-n wichtiger Handelsstaaten, IX, p. 31—40. Hamburg 1921.

299. *Krijn, S. A.* Naar Ijsland. Tijdschrift van het Nederlandsch Aardrijkskundig Genootschap, Serie II, XLV, 1928, p. 1—33.

300. *Krügel, Gerhard.* Island, das Wunderland des Nordens. „Der Weltwanderer", Bd. 3, ca 1925 Bln.

301. *Küchler, Carl.* Eine Besteigung der Hekla. Globus, 89, p. 85—89. Braunschweig 1906.

302. *Küchler, Carl.* In Lavawüsten und Zauberwelten auf Island. Bln. (1910?).

303. *Küchler, Carl.* Unter der Mitternachtssonne durch die Vulkan- und Gletscherwelt Islands. Leipzig 1906.

304. *Küchler, Carl.* Wüstenritte und Vulkanbesteigungen auf Island. Altenburg S.-A. 1909.

305. *Kuhn, Hans.* Der südliche Fjallabaksvegur. Mitt. d. Islandfr., XIX, p. 47—50. Jena 1931.

306. *Kuhn, Hans.* Die Hochweidewirtschaft in Island. Deutsche Islandforschung 1930. Breslau 1930.

307. *Kümel, Friedrich.* Geologische Beobachtungen in der Gegend des Hvitarvatn in Island. Centralbl. f. Min. Geol. usw., p. 267—275. Stuttgart 1930.

308. *Kvaran, Einar H.* Ansprache zum Verfassungsjubiläum 1874—1924. Mitt. d. Islandfr., XIII, p. 9. Jena 1925.

309. *Lamprecht, Wilhelm.* Ein Besuch in der Askja im Juli 1927. Z. f. Vulkanologie, 11, p. 244—250. Bln. 1928.

310. *Lamprecht, Wilhelm.* Pflanzensoziologische Studien im östlichen Innern Islands. Deutsche Islandforschung 1930, Bd. II. Breslau 1930.

311. *Lang, Otto.* Über die Bedingungen der Geysir. Nachricht. v. d. Kgl. Ges. d. Wissensch. u. d. G. A. Univ. Göttingen, 6, p. 225—287. Göttingen 1880.

312. *Larusson, Olafur.* Das isländische Preßrecht. (Die Preßgesetze des Erdballs, III.) Bln. 1930.

313. *Leclercq, Jules.* L'Islande Et Sa Littérature. Acad. roy. de Belgique. Classe de lett. et des sciences morales et politiques. T. XVIII. Bruxelles 1923.

314. *Lefolii, J. A.* Handel. De Danske Atlanterhavsøer, p. 161—176. Kbh. 1904 bis 1911.

315. *Lehmann-Filhés, Marg.* Die Waldfrage auf Island. Globus, 1904. Braunschweig 1904.

316. *Lehmann=Filhés, Marg.* Isländische Volkssagen, Bd. II, Bln. 1889—1891.

317. *Leiviskä, J.* Über die Ose Mittelfinnlands. Fennia, 51, 4. Helsingfors 1929.

318. *Lindqvist, Nat.* En Isländsk Svartkonstbok Frän 1500 Talet. Utg. med översättung och kommentar. Upsala 1921.

140

319. *Lindroth, Carl H.* Die Insektenfauna Islands und ihre Probleme. Zoologiska Bidrag från Upsala, XIII. Upsala 1930-31.
320. *Lindroth, Hjalmar.* Island, Motsatsernas Ö. Stockholm 1930.
321. *Lißmann, Friedrich.* Island-Mappe. Mit einer Einleitung von Mia Lenz. Hamburg 1924.
322. *Lock, W. G.* Askja. Iceland's Largest Volcano. Charlton (Kent) 1881.
323. *Lock, W. G.* Askja, The Largest Volcano Of Iceland. Proc. Roy. Geogr. Soc. III, p. 471—483. London 1881.
324. *Löffler, E.* Dänemarks Natur und Volk. Abschnitt über Island. Kbh. 1905.
325. *Lübbert, Hans.* Island und seine Wirtschaft. „Meereskunde", XIV, 7, H. 183. Bln. 1928.
326. *Lübbert, Hans.* Islands Seefische. Deutsche Islandforschung 1930, Bd. II. Breslau 1930.
327. *Lundborg, Ragnar.* Islands staatsrechtliche Stellung. Von der Freistaatszeit bis in unsere Tage. Bln. 1908.
328. *Mac Gill, Alexander.* The Independence Of Iceland. A Parallel For Ireland. Glasgow 1921.
329. *Mackenzie, Sir G. St.* Reise durch die Insel Island im Sommer 1810. Weimar 1815.
330. *Mackenzie, Sir G. St.* Travels in the island of Iceland during the sommer of the year 1810. Edinburgh 1851.
331. *Maurer, Konrad.* Island von seiner ersten Entdeckung bis zum Untergange des Freistaates. München 1874.
332. *Maurer, Konrad.* Isländische Volkssagen der Gegenwart. Vorwiegend nach mündlicher Überlieferung ges. u. verdeutscht. Leipzig 1860.
333. *Maurer, Konrad.* Zur politischen Geschichte Islands. Ges. Aufsätze. Leipzig 1880.
334. *Mecking, Ludwig.* Die Polarländer. Allgem. Länderkde., 7. Leipzig 1925.
335. *Meinardus, Wilhelm.* Periodische Schwankungen der Eisdrift bei Island. Ann. d. Hydr., 34, p. 148. Bln. 1906.
336. *Meinardus, Wilhelm.* Über Schwankungen der nordatlantischen Zirkulation und damit zusammenhängende Erscheinungen. Met. Z., 22, p. 398—412. Wien 1905.
337. *Meinardus, Wilhelm.* Über Schwankungen der nordatlandischen Zirkulation und ihre Folgen. Ann. d. Hydr., 32, p. 353—362. Bln. 1904.
338. *Meinardus, Wilhelm.* Zu den Beziehungen zwischen den Eisverhältnissen bei Island und der nordatlantischen Zirkulation. Ann. d. Hydr., 36, p. 318—321. Bln. 1908.
339. *Meteorologisk Aarbog 1873—1919.* Publ. fra det Danske Met. Inst. Kbh.
340. *Meteorologiske Middeltal Og Extremer Fra Faroerne, Island Og Grönland.* Kbh. 1899.
341. *Meyer, G.* Die Entstehung der isländischen Schildvulkane. Neues Jb. f. Min. Geol. usw. Stuttgart 1919.
342. *Miethe, A.* Über Karreebodenformen in Spitzbergen. Z. d. Ges. f. Erdkde., H. 4, p. 241—244. Bln. 1912.
343. *Mogk, Eugen.* Island und seine Bewohner. G. Z., XI, p. 629—637. Leipzig 1905.
344. *Mohn, H.* Askeregnen Den 29de-30de Marts 1875. Forhandl. i Vidensk. Selsk. i Christiania 1877. Christiania 1878.
345. *Mohr, Adrian.* „Was ich in Island sah." Bln. 1925.
346. *Mørch, O. A. L.* On The Mollusca Of The Cragformation Of Iceland. The Geol. Magazine, 8. London 1871.
347. *Morgan, E. Delmar.* Excursion To Askja. August 1881. Proc. Roy. Geogr. Soc. London, Vol. 4. London 1882.
348. *Müller, L. H.* Skidaferd Sudur Sprengisand. Veturinn 1925. Skírnir Rvk. 1926.
349. *Myklestad, O.* Gjennem Island. Bergen 1915.
350. *Nansen, Fridtjof.* The Bathymetrical Features Of The North Polar Seas With A Discussion Of The Continental Shelves And Previous Oscillations Of The Shore-

Line. The Norwegian North Polar Expedition 1893-96, Vol. IV. Leipzig, London, Oslo 1904.

351. *Nathorst, A. G.* Über die Beziehungen der isländischen Gletscherablagerungen zum norddeutschen Diluvialsand und Diluvialton. Neues Jb. f. Min. Geol. usw., Bd. 1. Stuttgart 1885.

352. *Nautisk Meteorologisk Aarbog 1904 ff.* Publ. f. d. Danske Met. Inst. Kbh.

353. *Nautisk Meteorologiske Observationer 1897 1903.* Publ. f. d. Danske Met. Inst. Kbh.

354. *Neumann, Kurt.* Eine Reise nach Island. Deutsche Entomolg. Z., 29. Bln. 1909.

355. *v. Nidda, O. Krug.* Geognostische Darstellung der Insel Island. Karstens Archiv, 7. 1834.

356. *Niedner, Felix.* Islands Kultur zur Wikingerzeit. Sammlung Thule, Einleitungsband. Jena 1930.

357. *Nielsen, Niels.* Contributions To The Physiography Of Iceland. D. Kgl. Danske Vidensk. Selsk. Skrift. Naturvidensk. Og Mathem. Afd. 9, Raekke IV, 5. Kbh. 1933.

358. *Nielsen, Niels.* Der Vulkanismus am Hvitarvatn und Hofsjökull auf Island. Medd. fra Dansk. Geol. Forening, Bd. VII, 2. Kbh. 1927.

359. *Nielsen, Niels.* Geomorfologiske Studier I Det Sydvestlige Island. G. T. Kbh. 1925.

360. *Nielsen, Niels.* Islandske Vulkanformer. Naturens Verden. Kbh. 1929.

361. *Nielsen, Niels.* Islands Tektonik Og Wegener-Theorien. Beretn. 18. Skand. Naturforskermøde. Kbh. 1929.

362. *Nielsen, Niels.* Landskabet Syd-Øst for Hofsjökull I Det Indre Island. G. T. Kbh. 1928.

363. *Nielsen, Niels.* La Production Du Fer En Islande. Mém. soc. roy. des antiq. du nord. Kbh. 1928.

364. *Nielsen, Niels.* L'Exploration De L'Islande Centrale. Soc. de Géographie, La Géographie. Paris 1928.

365. *Nielsen, Niels.* Plan Til En Ekspedition Til Den Vestlige Del Af Vatnajökull Og Til Graensende Egne I Centralisland. G. T. Kbh. 1927.

366. *Nielsen, Niels.* Tektonik und Vulkanismus Islands unter Berücksichtigung der Wegener-Hypothese. Geol. Rundschau, 1930. Leipzig.

367. *Nielsen, Niels.* The Second Danish-Icelandic Expedition To Iceland, 1927. Nature, Nr. 3038, Vol. 121. London 1928.

368. *Nielsen, Niels.* Undersøgelser Paa Island 1924. G. T. 28, p. 32—39. Kbh. 1925.

369. *Nielsen, P.* Ornithologische Beobachtungen zu Eyrarbakki in Island. Ornis III, 1, p. 157. Wien 1887.

370. *Nielsson, Haraldur.* Eigene Erlebnisse auf dem okkulten Gebiet u. a. Vorträge. Leipzig 1926.

371. *Nordenskjöld, Otto.* Die Polarwelt und ihre Nachbarländer. Bln., Leipzig 1909.

372. *Oetting, Wolfgang.* Beobachtungen am Rande des Hofsjökull und Langjökull in Zentralisland. Z. f. Gletscherkde., XVIII, 1—3. Bln. 1930.

373. *Oetting, Wolfgang.* Inselberge und Plateaus auf den Hochflächen Innerislands. Mitt. d. G. Ges. in München, XXIII, 1. München 1930.

374. *Oetting, Wolfgang.* Neue Forschungen im Gebiet zwischen Hofsjökull und Langjökull auf Island. Deutsche Islandforschung, 1930, Bd. II. Breslau 1930.

375. *Ohlsen, O.* Om Vandspringene Geisir Og Strokkur I Island. Vidensk. Selsk. Skrifter, IV, 1. Kbh. 1805.

376. *Olafsson, Bogi.* „Was ich in Island sah." (In isländischer Sprache.) Rvk. 1925.

377. *Olafsson, Björn.* Der Durchbruch des Hagavatn auf Island. Pet. Mitt., 76, p. 79. Gotha 1930.

378. *Olafsson, Eggert.* Reise durch Island, veranst. v. d. Kgl. Soc. d. Wiss. in Kopenhagen, T. 1 und 2. Kopenhagen und Leipzig 1774—1775.

379. *Olafsson, Eggert.* Vice Lavmand Eggert Olafsens Og Land-Physici Biarni Povelsens (d. i. Bjarni Palsson) Reise Igiennem Island, foranst. af Vidensk.

Selsk. i Kiøbenhavn og beskr. of forbemeldte Eggert Olafsen. D 1. 2. Sorøe 1772.

380. *Olafsson, Pjetur A.* Island. Iceland. Stutt lýsing á landi og thjód, atvinnu-vegum m. m. A brief acc. of the country and the people, industries etc. Rvk. 1922.

381. *Olafsson, Pjetur A.* 2. ed. rev. Iceland. A brief acc. of the country. Rvk. 1925.

382. *Olavius, Olaus.* Ökonomische Reise durch Island. Dresden und Leipzig 1787.

383. *Onno, Max.* Aufzählung der von Friedrich Kümel 1929 in Island gesammelten Blütenpflanzen. Mitt. d. Islandfr., XIX, 1, p. 15. Jena 1931.

384. *Oskarsson, Ingimar.* Botaniske Jagttagelser Fra Islands Nordvestlige Halvø, Vestfirdir. Bot. T., p. 401—445. Kbh. 1927.

384a. *Oskarsson, Ingimar.* The Vegetation Of The Islet Hrisey In Eyjafjördur, North Iceland. Rit Visindafelags Islendinga, 8. Rvk. 1930.

385. *Ostenfeld, C. H.* Skildringer Af Vegetationen I Island. I und II. Bot. T., XXII. Kbh. 1899.

386. *Ostenfeld, C. H.* Skildringer Af Vegetationen I Island. III und IV. Kbh. 1905.

387. *Paijkull, C. W.* A Summer In Iceland. London 1868.

388. *Paijkull, C. W.* Bidrag Till Kännedomen Om Islands Bergsbyggnad. Kgl. Svenska Vetensk. Akad. Handl., 7, 1. Stockholm 1867.

389. *Paijkull, C. W.* En Sommar Paa Island. Stockholm 1866.

390. *Palleske, Richard.* Das Pferd auf Island, den Färoern und Grönland. Globus, 81, p. 365—368. Braunschweig 1902.

391. *Palleske, Richard.* Zur isländischen Geographie und Geologie. Thoroddsen, Bd. I und II verdeutscht. Beilage z. Jber. d. Realgymn. Landeshut (Schl.) 1908—1912.

392. *Papy, L.* La Pêche en Islande. Annal. d. Geogr., Nr. 238, XLIIe A. Paris 1933.

393. *Peacock, M. A.* The Geology Of Iceland. Transactions Geol. Soc. Glasgow, Vol. XVII, 2. Glasgow 1924/25.

394. *Peacock, M. A.* The Geology Of Videy, SW Iceland. A record of igneous action in glacial times. Transactions of the Roy. Soc. of Edinburgh, 54, 2. Edinburgh 1926.

395. *Peacock, M. A.* The Vulcano-Glacial Palagonite Formation Of Iceland. The Geol. Magazine. London 1926.

396. *Penck, Albrecht.* Über Palagonit- und Basalttuffe. Z. d. D. Geol. Ges., 31. Bln. 1879.

397. *Petersen, Sophie.* Island. Faglig Laesning. T. f. Skole og Hjem, IV, 8. Kbh. 1931.

398. *Petterson, Otto.* Klimatförandringar I Historisk Och Förhistorisk Tid. En studie i geofysik. Kgl. Svenska Vetensk. Akad. Handl. 51, 2. Upsala und Stockholm 1913.

399. *Petzet, Hermann.* Reiseerinnerungen aus Island. Globus, 58, p. 211 ff. Braunschweig 1890.

400. *Pfeiffer, Ida.* Reise nach dem skandinavischen Norden und der Insel Island im Jahre 1845. Bd. 1 und 2. 2. Aufl. Pesth. 1855.

401. *Pfeiffer, Ida.* Visit To Iceland And The Skandinavian North. 2. ed. London 1853.

402. *Pjeturss(on), Helgi.* Das Pleistocän Islands. Centralbl. f. Min. Geol. usw. p. 740—745. Stuttgart 1905.

403. *Pjeturss(on), Helgi.* Eine interessante Moräneninsel bei Island. Z. f. Gletscherkde., II, p. 61—63. Bln. 1907.

404. *Pjeturss(on), Helgi.* Einige Bemerkungen über die Hekla und deren Umgegend. Pet. Mitt., p. 189. Gotha 1912.

405. *Pjeturss(on), Helgi.* Einige Ergebnisse seiner Reise in Süd-Island im Sommer 1906. Z. d. Ges. f. Erdkde. Bln. 1907.

406. *Pjeturss(on), Helgi.* Einige Hauptzüge der Geologie und Morphologie Islands. Z. d. Ges. f. Erdkde. Bln. 1908.

407. *Pjeturss(on), Helgi.* En Bestigning Af Fjaeldet Baula I Island. G. T. Kbh. 1897/1898.

408. *Pjeturss(on), Helgi.* Island. Handbuch d. regionalen Geologie, IV, 2. Heidelberg 1910.
409. *Pjeturss(on), Helgi.* Om Forekomsten Af Skalførende Skurstensler I Búlandshöfdi, Snaefellnes, Island. Overs. Kgl. Danske Vidensk. Selsk. Forhandl. Kbh. 1904.
410. *Pjeturss(on), Helgi.* Om Islands Geologi. Medd. f. Dansk-Geol. Foren, Nr. 11. Kbh. 1905.
411. *Pjeturss(on), Helgi.* Om Nogle Glaciale Og Interglaciale Vulkaner Paa Island. Overs. Kgl. Danske Vidensk. Selsk. Forhandl., Nr. 4. Kbh. 1904.
412. *Pjeturss(on), Helgi.* The Glacial Palagonite-Formation Of Iceland. The Scottish G. Magazine, XVI. Edinburgh 1900.
413. *Pjeturss(on), Helgi.* Über marines Interglazial in Südwest-Island. Z. d. D. Geol. Ges., 60, p. 93. Bln. 1908.
414. *Pjeturss(on), Helgi.* Zur Forschungsgeschichte Islands. Centralbl. f. Min. Geol. usw., Nr. 18, p. 556—568. Stuttgart 1906.
415. *Poestion, Jos. Calasanz.* Island. Das Land und seine Bewohner. Wien 1885.
416. *Poestion, Jos. Calasanz.* Isländische Dichter der Neuzeit in Charakteristiken und übersetzten Proben ihrer Dichtung. Leipzig 1897.
417. *Prager, Erwin.* Meteorologische Beobachtungen auf einer Fischdampferreise nach Island im März 1931. Ann. d. Hydr. usw., 60, H. 4. Bln. 1932.
418. *Preyer-Zirkel.* Reise nach Island im Sommer 1860. Leipzig 1862.
419. *Prytz, C. V.* Lidt Om Traevaeksten Paa Island. G. T. 1903-04, p. 238—241. Kbh. 1904.
420. *Prytz, C. V.* Skovdyrkning Paa Island. T. f. Skovvaesen, 17, p. 20—89. Kbh. 1905.
421. *Rabot, Charles.* Les Variations Des Glaciers D'Islande Méridionale 1893-94 à 1903/04 D'Après La Nouvelle Carte D'Islande. Z. f. Gletscherkde. Bln. 1906.
422. *Rabot, Charles.* Variations De Longeur Des Glaciers Dans Les Régions Arctiques Et Boréales. Archives des sciences phys. et nat. (Island spez.) Bd. III, 1897, p. 348; Bd. IX, 1900, p. 556. Genève.
423. *Ramsden, D. M.* Tramping Through Iceland. Liverpool 1931.
424. *Reck, Hans.* Bemerkungen zu dem Askja Reisebericht Dr. Lamprechts. Z. f. Vulkanologie, 11, p. 244—250. Bln. 1928.
425. *Reck, Hans.* Beobachtungen über Struktur und Genese der Bimssteine des Rudloffkraters in Zentralisland. Z. f. Vulkanologie, 2, p. 1—11. Bln. 1915—16.
426. *Reck, Hans.* Das vulkanische Horstgebirge Dyngjufjöll mit den Einbruchskalderen der Askja und des Knebelsees, sowie dem Rudloffkrater in Zentralisland. Aus dem Anhang zu den Abhandl. d. Kgl. Preuß. Akad. d. Wissensch. phys.-math. Cl. Bln. 1910.
427. *Reck, Hans.* Die Masseneruption unter besonderer Würdigung der Arealeruption in ihrer systematischen und genetischen Bedeutung für das isländische Basaltdeckengebirge. Deutsche Islandforschung, 1930, Bd. II. Breslau 1930.
428. *Reck, Hans.* Die Geologie Islands in ihrer Bedeutung für Fragen der allgemeinen Geologie. Geol. Rundschau, 2, p. 303—314. Leipzig 1911.
429. *Reck, Hans.* Ein Beitrag zur Spaltenfrage der Vulkane. Centralbl. f. Min. Geol. usw., H. 6, p. 166—169. Stuttgart 1910.
430. *Reck, Hans.* Fissureless Volcanoes. Geol. Magazine, N. S., p. 60—63. London 1911.
431. *Reck, Hans.* Glazialgeologische Studien über die rezenten und diluvialen Gletschergebiete Islands. Z. f. Gletscherkde., 5, p. 242—297. Bln. 1911.
432. *Reck, Hans.* Island und die Färöer. Enzyklopädie der Erdkde, 28. Leipzig und Wien 1926.
433. *Reck, Hans.* Isländische Masseneruptionen. Kokens Geol. u. Paläont. Abhandl., N. F. IX, 2, p. 60—93. Jena 1910.
434. *Reck, Hans.* Über die Entstehung der isländischen Schildvulkane. Z. f. Vulkanologie, 6, p. 72—79. Bln. 1921.
435. *Reck, Hans.* Über Erhebungskratere. Monatsber. d. D. Geol. Ges., 62. Bln. 1910.
436. *Reck, Hans.* Über vulkanische Horstgebirge. Z. f. Vulkanologie, 6. Bln. 1921.

437. *Reinsch, F. K.* Die Haltung von Polarfüchsen in Island. Die Pelztierzucht, Nr. 1. Leipzig 1926.
438. *Reinsch, F. K.* Islands landwirtschaftliche Tierzucht. Deutsche landwirtschaftliche Tierzucht, Jg. 30, p. 574. Hannover 1926.
439. *Reinsch, F. K.* Limnologische Untersuchungen auf meiner Islandreise 1925. Archiv f. Hydrobiologie, p. 381—422. Stuttgart 1928.
440. *Renier, Heinrich.* Niederschlag und Bewölkung auf Island. Ann. d. Hydr. usw., 61. Bln. 1933.
441. *Reyer, Eduard.* Theoretische Geologie. Stuttgart 1888.
442. *Reynolds, J. H.* Iceland In 1872 And 1926. The Geogr. Journ., II, 70, p. 44 —49. London 1927.
443. *Riemschneider, J.* Reise nach Island und vierzehn Tage am Myvatn. Ornitholog. Monatsschrift, XXI. Merseburg 1896.
444. *Robert Eugène.* Minéralogie Et Géologie. Voyage En Islande Et Au Groenland. Paris 1838—1840.
445. *Roberts, Brian.* The Cambridge Expedition To Vatnajökull 1932. The Geogr. Journ., LXXXI, 4. London 1933.
446. *Roberts, Brian.* Vatnajökull, Iceland, The History Of Its Exploration. The Scottish Geogr. Magazine, L, 2, p. 65—77. Edinburgh 1934.
447. *Rodewald, Martin.* Meteorologische Beobachtungen auf einer Studienfahrt nach Island. Ann. d. Hydr., 57, p. 41—53. Bln. 1929.
448. *Rudolph, M.* Geopolitische Übersee-Probleme des dänischen Staates. Geopolitik, VII, p. 295 ff. Bln. 1930, I.
449. *Rudolphi, Hans.* Die „Gjoven" der Färöer. Mitt. d. Islandfr., XVIII, p. 7—12. Jena 1930.
450. *Russell, W. S. C.* Askja, A Vulcano In The Interior Of Iceland. The Geogr. Review. New York 1917.
451. *Ryder, C. H.* Islands Skovsag. De Danske Atlanterhavsøer. Kbh. 1904—11.
452. *Saalfeld, Günter.* Island. (Sammlung gemeinnütziger Vorträge, 361), p. 125 —140. Prag 1908.
453. *Saemundsson, Bjarni.* Die isländische Seefischerei. Handbuch d. Seefischerei Nordeuropas, VII, 4. Stuttgart 1930.
454. *Saemundsson, Bjarni.* On The Age And Growth Of The Haddock And The Whiting In Iceland Waters. Medd. f. Kommissionen f. Havunders. Ser. Fiskeri, VIII, 1. Kbh. 1925.
455. *Saemundsson, Bjarni.* Synopsis Of The Fishes Of Iceland. Rvk. 1927.
456. *Saemundsson, Bjarni.* Thingvallasoen. G. T., XVII, p. 175—181. Kbh. 1904.
457. *Saemundsson, Bjarni.* Zoologiske Meddelelser Fra Island. Nr. 1—6, 10, 14. Vidensk. Medd. f. Dansk. Naturhist. Foren. Kbh. 1897—1922.
458. *le Sage de Fontenay.* Ferd Til Vatnajökuls Og Hofsjökuls Summarid 1925. Andvari Rvk. 1926.
459. *Samuelsson, Carl.* Några Studier Over Erosionsföreteelserna På Island. Ymer XLV, p. 340—355. Stockholm 1925.
460. *Samuelsson, Carl.* Studien über die Wirkungen des Windes in den kalten und gemäßigten Erdteilen. Bull. Geol. Inst. Univ. Upsala 1927.
461. *Samuelsson, Carl.* Thule, Gardarsholm, Snöland Och Island. Några Studier Over Islands Upptäcktshistoria. Ymer XLVII, p. 49—79. Stockholm 1927.
462. *Samuelsson, Carl.* Vittrings- Och Erosionsstudier På Island. Geol. För. Förhandl. Stockholm 1924.
462a. *Sapper, Karl.* Bemerkungen über einige südisländische Gletscher. Z. f. Gletscherkde., 3, p. 289—305. Bln. 1909.
463. *Sapper, Karl.* Die Bedeutung des Windes auf Island. „Aus der Natur", 5, H. 2, p. 1—16. Leipzig 1909.
464. *Sapper, Karl.* Die Vulkanizität Islands. Mitt. d. Islandfr., XVII, 3, 4, p. 87. Jena 1930
465. *Sapper, Karl.* Island. G. Z., XIII, 5, 6. Leipzig 1909.
466. *Sapper, Karl.* Über einige isländische Lavavulkane. Monatsber. d. D. Geol. Ges., 59. Bln. 1907.

467. *Sapper, Karl.* Über einige isländische Vulkanspalten und Vukanreihen. Neues Jb. f. Min. Geol. usw., Beilage Band XXVJ, p. 5—24. Stuttgart 1908.
468. *Sapper, Karl.* Über isländische Lavaorgeln und Hornitos. Monatsber. d. D. Geol. Ges., 62, 3, p. 214—221. Bln. 1910.
469. *Sartorius v. Waltershausen, Wilhelm.* Physisch-geographische Skizze von Island m. besonderer Rücksicht auf vulkanische Erscheinungen. Göttinger Studien. Göttingen 1847.
470. *Sartorius v. Waltershausen, Wilhelm.* Über die vulkanischen Gesteine in Sizilien und Island und ihre submarine Umbildung. Göttingen 1853.
471. *Schierlitz, L. P.* Isländische Gesteine. Diss. Leipzig 1881, gedr. Wien 1882.
472. *Schleisner, Peter Anton.* Island Undersögt Fra Et Laegevidenskabeligt Synspunkt. Kbh. 1849.
473. *Schlesch, Hans.* Zur Kenntnis der pliocänen Cragformation von Hallbjarnarstadur, Tjörnes, Nordisland und ihrer Molluskenfauna. Abhandl. d. Archiv f. Molluskenkunde, I, 3, p. 1—61. Frankfurt a. Main 1924.
474. *Schmidt, Karl Wilhelm.* Die Liparite Islands in geologischer und petrographischer Beziehung. Z. d. D. Geol. Ges. XXXVII. Bln. 1885; dass. Diss. Freiburg i. B. 1885.
475. *Schmidt, Justus.* Flüchtige Blicke in die Flora Islands. Deutsche botanische Monatsschr., XIII, p. 41 ff. Arnstadt 1895.
476. *Schneider, Karl.* Beiträge zur physikalischen Geographie Islands. Pet. Mitt., 53, p. 177—188. Gotha 1907.
477. *Schneider, Karl.* Einige Bemerkungen zu Herrn H. Spethmann's Aufsatz „Der Aufbau Islands." Centralbl. f. Min. Geol. usw., p. 49—52. Stuttgart 1910.
478. *Schneider, Karl.* Einige Ergebnisse einer Studienreise nach Island im Sommer 1905. Sitzungsber. d. Lotos XXV, 6, p. 252—258. Prag 1905.
479. *Schneider, Karl.* Vulkanologische Studien aus Island, Böhmen, Italien. Sitzungsber. d. Lotos XXVI, p. 205—226. Prag 1906.
480. *Schönfeld, E. Dagobert.* Das Pferd im Dienste des Isländers zur Sagazeit. Eine kulturhist. Studie. Jena 1900.
481. *Schönfeld, E. Dagobert.* Der isländische Bauernhof und sein Betrieb zur Saga-Zeit. Quellen u. Forschungen z. Sprach- und Kulturgesch. d. germ. Völker, 91. Straßburg 1902.
482. *Schonger, Hubert.* Auf Islands Vogelbergen. Neudamm 1927.
483. *Schumann, Oskar.* Islands Siedlungsgebiete während der Landnamatid. Diss. Leipzig 1900.
484. *Schythe, J. C.* Hekla Og Dens Sidste Udbrud, Den 2. Sept. 1845. Kbh. 1847.
485. *Schythe, J. C.* En Fjeldrejse I Island I Sommer 1840. Krøyers Naturh. Tidskrift, III. Kbh. 1840—41.
486. *Schweitzer, Philipp.* Island. Land und Leute. Leipzig-Berlin 1885.
487. *Seehandbuch der Marineleitung* für Island, die Färöer und Jan Mayen. Berlin 1934.
488. *Shepherd, C. W.* The North-West Peninsula Of Iceland: Being The Journal Of A Tour In Iceland In The Spring And Summer Of 1862. London 1867.
489. *Sieberg, A.* Zur Entstehung der Vulkangruppe Raudholar in Island. Z. d. Vulkanologie, VI. Bln. 1921.
490. *Sigurdsson, S.* Búnadarhagir Islendinga. Búnadarrit XXXVII. Rvk. 1924.
491. *Sigurdsson, Sigurdur.* Flói Og Skeid. Fjallkonan, XXIV. Rvk. 1904.
491a. *Slanar, H.* Klimabeobachtungen aus Island. Met. Z., 1933, p. 379.
492. *Soltau, K. H.* Beiträge zur Flugmeteorologie von Island. Ann. d. Hydr., 58, p. 73—84. Bln. 1930.
493. *Sonnemann, Emil.* Vogelleben auf den Westmännerinseln. Deutsche Islandforschung 1930, Bd. II. Breslau 1930.
494. *Spethmann, Hans.* Äolische Aufschüttungsringe an Firnflecken. Centralbl. f. Min. Geol. usw., p. 180—181. Stuttgart 1909.
495. *Spethmann, Hans.* Beiträge zur Kenntnis des Vulkanismus am Mückensee auf Island. Globus, 96. Braunschweig 1909.
496. *Spethmann, Hans.* Der Aufbau der Insel Island. Centralbl. f. Min. Geol. usw. Stuttgart 1909.

146

497. *Spethmann, Hans.* Der Nordrand des isländischen Inlandeises Vatnajökull. Z. f. Gletscherkde., III, 1. Bln. 1908.
498. *Spethmann, Hans.* Dr. v. Knebels Islandexpedition im Sommer 1907. Vorläufiger Reisebericht. Globus, 93. Braunschweig 1908.
499. *Spethmann, Hans.* Die Schildvulkane des östlichen Inner-Island. Z. d. Ges. f. Erdkde. zu Berlin. Berlin 1914.
500. *Spethmann, Hans.* Forschungen am Vatnajökull auf Island und Studien über seine Bedeutung für die Vergletscherung Norddeutschlands. Z. d. Ges. f. Erdkde. Bln. 1912.
501. *Spethmann, Hans.* Geographische Aufgaben in Island. Deutsche Islandforschung, 1930, Bd. II. Breslau 1930.
502. *Spethmann, Hans.* Inner-Island. Globus, 93. Braunschweig 1908.
503. *Spethmann, Hans.* (Islandentwurf). Dynamische Länderkunde, p. 138—142. Breslau-Leipzig 1928.
504. *Spethmann, Hans.* Islands größter Vulkan. Die Dyngjufjöll mit der Askja. Leipzig 1913.
505. *Spethmann, Hans.* Meine beiden Forschungsreisen im östlichen Inner-Island. Studien an Vulkan und Gletschern. Mitt. d. Ges. f. Erdkde. Leipzig 1912.
506. *Spethmann, Hans.* Schneeschmelzkegel auf Island. Z. f. Gletscherkde., III, 4. p. 296—301. Bln. 1908.
507. *Spethmann, Hans.* Über Bodenbewegungen auf Island. Z. d. Ges. f. Erdkde. Bln. 1912.
508. *Spethmann, Hans.* Überblick über die Ergebnisse der v. Knebelschen Islandexpedition im Jahre 1907. Gaea. Leipzig 1909.
509. *Spethmann, Hans.* Vulkanologische Forschungen im östlichen Zentralisland. Neues Jb. f. Min. Geol. usw., Beil., Bd. XXVI, p. 381—432. Stuttgart 1908.
510. *Stanley, J. Th.* An Account Of The Hot Springs Near Rygum In Iceland. Transactions of the Roy. Soc. of Edinburgh, III. Edinburgh 1789.
511. *Statistik Aarbog Kbh. 1923 ff.*
512. *Stefánsson, Stefán.* Flora Islands. Kbh. 1901, 2. Aufl. 1924.
513. *Stefánsson, Stefán.* Fra Islands Vaextrige II. Vatnsdalens Vegetation. Vidensk. Medd. fra den Naturhist. Foren. i Kbh. Kbh. 1894.
514. *Stefánsson, Stefán.* Um Islenzka Fodur Og Beitijurtir. Búnadarrit, XVI, 3. Rvk. 1902.
515. *Stefánsson, Stefán Og H. G. Söderbaum.* Isländska Foder Och Betesväxter. Meddelanden från kongl. Landtbruks Akademiens exprimentalfält, Nr. 74. Stockholm 1902.
516. *Stefánsson, Valtyr.* Det Islandske Landbrug. Dansk-Islandsk Samfunds Smaaskrifter, Nr. 6 und 7. Kbh. 1920.
517. *Steinert, Hermann.* Die Fanggebiete der deutschen Hochseefischerei. G. Z., 37, p. 30—37. Leipzig 1931.
518. *Stoll, H.* Quer durch Island. Jb. d. Schweizer Alpenclub, Jg. 46, p. 154—188. Bern 1911.
519. *Stoppel, Rose.* Jahreszeitlicher und tageszeitlicher Rhythmus der Lebewesen im Lande der Mitternachtssonne. Deutsche Islandforschung 1930, Bd. II. Breslau 1930.
520. *Strömfelt, H. F. G.* Islands Kärlväxter, Betraktade Fram Växt-Geografisk Och Floristik Synpunkt. Ofversigt af Kgl. Vetensk. Akad. Förhandl., 41, 8. Stockholm 1885.
521. *Sveinbjörnsson, Tryggvi.* Erhversmaessige Og Økonomiske Forhold Paa Island I 1929. Aarbog Dansk-Islandsk Samfund. Kbh. 1929—30.
522. *Sveinsson, Svein.* Om Landbruget Paa Island. T. f. Landøkonomi, XV. Kbh. 1881.
523. *Svensson, Jón.* Wie ich katholisch wurde. Stimmen der Zeit, LX. Freiburg 1929—30.
524. *Tams, E.* Die seismischen Verhältnisse des europäischen Nordmeeres und seiner Umrandung. Mitt. d. G. Ges. z. Hamburg, 33. Hamburg 1921.
525. *Thienemann, F. A. L.* Reise im Norden Europas, vorzüglich in Island in den Jahren 1820—21 angestellt. Leipzig 1824—1827.

526. *Thorkelsson, Thorkell.* On Thermal Activity In Reykjanes, Iceland. Rit. Vísindafjelags Islendinga, 3. Rvk. 1928.
527. *Thorkelsson, Thorkell.* Skýrsla Um Landskjalfta A Islandi 1920—22 Og Eld= goss 1922. Timarit 1923 Rvk.
528. *Thorkelsson, Thorkell.* The Hot Springs Of Iceland. Det Kgl. Danske Vidensk. Selsk. Skrifter. 7. Raekke. Naturvid. og mathem Afd. 8, 4. Kbh. 1910.
529. *Thorkelsson, Thorkell.* Um Urkomu A Islandi Búnadarrit, XXXVIII. Rvk. 1924.
530. *Thoroddsen, Thorvaldur.* An Account Of The Physical Geography Of Iceland With Special Reference To The Plant Life. The Botany of Iceland, I. Kbh., London 1914.
531. *Thoroddsen, Thorvaldur.* Arferdi A Islandi I 1000 Ar. Kbh. 1916—1917.
532. *Thoroddsen, Thorvaldur.* Bjergvaerksdrift. De Danske Atlanterhavsøer, p. 118 —121. Kbh. 1904—11.
533. *Thoroddsen, Thorvaldur.* Das Erdbeben in Island im Jahre 1896. Pet. Mitt. p. 53—55. Gotha 1901.
534. *Thoroddsen, Thorvaldur.* Den Grönländska Drifisen vid Island. Ymer p. 146 —160. Stockholm 1884.
535. *Thoroddsen, Thorvaldur.* De Varme Kilder Paa Hveravellir I Island. Ymer p. 49—59. Stockholm 1889.
536. *Thoroddsen, Thorvaldur.* De Varme Kilder Paa Island, Deres Fysisk-Geologiske Forhold Og Geografiske Udbredelse. Oversigt o. d. Kgl. Dansk. Vidensk. Selsk. Forhandl., p. 97—153. Kbh. 1910.
537. *Thoroddsen, Thorvaldur.* Die Bruchlinien Islands und ihre Beziehungen zu den Vulkanen. Pet. Mitt., p. 49—53. Gotha 1905.
538. *Thoroddsen, Thorvaldur.* Die Geschichte der isländischen Vulkane. D. Kgl. Dansk. Vidensk. Selsk. Skrifter. Naturvidensk. og Math. Afd. 8, R. IX. Kbh. 1925.
539. *Thoroddsen, Thorvaldur.* Dyrelivet. De Danske Atlanterhavsøer, p. 51—58. Kbh. 1904—11.
540. *Thoroddsen, Thorvaldur.* Eine Lavawüste im Innern Islands. Pet. Mitt. Gotha 1885.
541. *Thoroddsen, Thorvaldur.* Endnu Nogle Bemaerkninger Om Islands Klima I Oldtiden. G. T., 23, p. 5—9. Kbh. 1916.
542. *Thoroddsen, Thorvaldur.* En Rejse Gjennem Det Indre Island I Sommeren 1888. G. T., 10. Kbh. 1889.
543. *Thoroddsen, Thorvaldur.* En Undersøgelse 1882 I Det Østlige Island. G. T., 7, p. 95—112, p. 129—140. Kbh. 1884.
544. *Thoroddsen, Thorvaldur.* Explorations in Iceland. The Geogr. Journ. London 1899.
545. *Thoroddsen, Thorvaldur.* Ferdabók. Skýrslur Um Rannsoknir A Islandi 1882 bis 1889, Bd. 1—4. Kbh. 1913—1914.
546. *Thoroddsen, Thorvaldur.* Folkemaengde Og Befolkningsforhold. De Danske Atlanterhavsøer, p. 60—63. Kbh. 1904—1911.
547. *Thoroddsen, Thorvaldur.* Fra Det Nordöstlige Island. G. T., 14. Kbh. 1896.
548. *Thoroddsen, Thorvaldur.* Fra Det Sydöstlige Island. G. T. 13. Kbh. 1895.
549. *Thoroddsen, Thorvaldur.* Fra Islands Nordvestlige Halvø. G. T. 9. Kbh. 1887—88.
550. *Thoroddsen, Thorvaldur.* Fra Vestfjordene I Island. G. T. 9. Kbh. 1887—88.
551. *Thoroddsen, Thorvaldur.* Geografiske Og Geologiske Undersøgelser Ved Den Sydlige Del Af Faxafloi Paa Island. G. T., 17. Kbh. 1903—1904.
552. *Thoroddsen, Thorvaldur.* Geologiske Jagttagelser Paa Snaefellsnes Og I Omegnen Af Faxebugten I Island. Kgl. Svenska Vet.-Akad. Handl. Bih., Bd. XVII, Afd. II, 2. Stockholm 1891.
553. *Thoroddsen, Thorvaldur.* Geschichte der isländischen Geographie. Aut. Übersetzung v. August Gebhardt. Bd. I: Die isländische Geographie bis zum Schlusse des 16. Jahrhunderts. Leipzig 1897. Bd. II: Die isländische Geographie vom Beginn des 17. bis zur Mitte des 18. Jahrhunderts. Leipzig 1898.
554. *Thoroddsen, Thorvaldur.* Hypothese von der postglacialen Landbrücke über

Island und Färoer vom geologischen Standpunkt. Naturwissenschaftliche Rundschau, Jg. 21, p. 389—392. Braunschweig 1906.
555. *Thoroddsen, Thorvaldur.* Island. Grundriß der Geographie und Geologie. Ergänzungsheft 152, 153. Pet. Mitt. Gotha 1905, 1906.
556. *Thoroddsen, Thorvaldur.* Islandske Fjorde Og Bugter. G. T., XVI. Kbh. 1902.
557. *Thoroddsen, Thorvaldur.* Islands Klima I Oldtiden. G. T., 22. Kbh. 1914.
558. *Thoroddsen, Thorvaldur.* Landbrug Og Havebrug. De Danske Atlanterhavsøer. p. 86—107. Kbh. 1904—1911.
559. *Thoroddsen, Thorvaldur.* Landfraedissaga Islands. 4 Bde. Rvk.-Kbh. 1892 bis 1904. Bd. I u. II, verdeutscht s. Nr. 553.
560. *Thoroddsen, Thorvaldur.* Lavaørkener Og Vulkaner Paa Islands Højland. G. T., 18. Kbh. 1906.
561. *Thoroddsen, Thorvaldur.* Levevis, Beboelsesforhold Og Sundhedspleje. De Danske Atlanterhavsøer, p. 63—67. Kbh. 1904—1911.
562. *Thoroddsen, Thorvaldur.* Lýsing Islands. 3. utg. auk. og endurb. Kbh. 1919.
563. *Thoroddsen, Thorvaldur.* Neue Solfataren und Schlammvulkane in Island. Das Ausland, 1889, Jg. 62, p. 161—64. Stuttgart-München 1889.
564. *Thoroddsen, Thorvaldur.* Nogle Bemaerkninger Om De Islandske Findesteder For Dobbelspath. Geol. För. i Stockholm. Förhandl. 12. Stockholm 1890.
565. *Thoroddsen, Thorvaldur.* Nogle Jagttagelser Over Surtarbrandens Geologiske Forhold I Det Nordvestlige Island. Geol. För. i Stockholm. Förhandl. 18, p. 114—154. Stockholm 1896.
566. *Thoroddsen, Thorvaldur.* Om Islands Geografiske Og Geologiske Undersøgelse. G. T., 12, p. 36. Kbh. 1894.
567. *Thoroddsen, Thorvaldur.* Polygonboden und „Thufur" auf Island. Pet. Mitt., 59, p. 253—255. Gotha 1913.
568. *Thoroddsen, Thorvaldur.* Postglaziale Marine Aflejringer Kystterrasser Og Strandlinjer I Island. G. T., XI. Kbh. 1891—92.
569. *Thoroddsen, Thorvaldur.* Rejse I Vester-Skaptafells Syssel Paa Island I Sommeren 1893. Kgl. Dansk. G. Selsk. Kbh. 1894. G. T., XII, 7. Kbh. 1894.
570. *Thoroddsen, Thorvaldur.* Untersuchungen in Island in den Jahren 1895 bis 1898. Z. d. Ges. d. Erdkde. Bln. 1898.
571. *Thoroddsen, Thorvaldur.* Vulkanen Katla Og Dens Sidste Udbrud 1918. G. T., XXV. Kbh. 1920.
572. *Thoroddsen, Thorvaldur.* Vulkane im nordöstlichen Island. Mitt. d. k. k. G. Ges. Wien, 34, p. 118—144. Wien 1891.
573. *Thoroddsen, Thorvaldur.* Vulkaner I Det Nordöstlige Island. Kgl. Svenska Vet.-Akad. Handl. Bih., Bd. 14, Afd. II, 5. Stockholm 1888.
574. *Thoroddsen, Thorvaldur.* Vulkaner Og Jordskaelv Paa Island. Kbh. 1897.
575. *Thórólfsson, Sigurdur.* Althydleg Vedurfraedi. Rvk. 1919.
576. *Thorsteinnsson, Th.* Iceland, A Handbook. Rvk. 1926.
577. *Thorsteinnsson, Th.* Island Under Og Efter Verdenskrigen. En Økon. Overs. Verdenskrigens økon. og. soc. Histor. Skand. Ser. Kbh. 1928.
578. *Todtmann, Emmy Merced.* Bericht über eine Reise zum Studium der Gletscher-Randgebiete auf dem Südrand des Vatnajökull auf Island. Mitt. d. Islandfr., XIX, p. 50. Jena 1931.
579. *Todtmann, Emmy Merced.* Glazialgeologische Studien am Südrand des Vatnajökull (Sommer 1931). Forschungen und Fortschritte, VIII, Jg. 8, 26, p. 333 bis 335. Berlin 1932.
580. *Todtmann, Emmy Merced.* Moränenstudien am Vatnajökull auf Island. Pet. Mitt., 78, p. 77. Gotha 1932.
581. *Tomasson, Thordur.* Fra Islands Kirkeliv. Aarbog af Dansk-Islandsk Samfund. Kbh. 1929—30.
582. *Torrel, Otto.* Undersökningar öfver Istiden. Ofversigt af Vetensk.-Akademiens Förhandlingar, Nr. 10. Stockholm 1872.
583. *Trautz, Max.* Am Nordrand des Vatnajökull im Hochland von Island. Pet. Mitt., 65, p. 121. Gotha 1919.
584. *Trautz, Max.* Die Kverkfjöll. Sitz. Ber. d. Vers. deutsch. Naturf. u. Ärzte zu Karlsruhe. Leipzig 1912.

585. *Trautz, Max.* Die Kverkfjöll und die Kverkhnukaraner im Hochland von Island. Z. d. Ges. f. Erdkde. Bln. 1914.
586. *v. Troil, Uno.* Briefe, welche eine von Herrn Dr. Uno v. Troil im Jahre 1772 nach Island angestellte Reise betreffen. Upsala-Leipzig 1779.
587. *Tulinius, A. V.* Jagt. De Danske Atlanterhavsøer, p. 134—138. Kbh. 1904—11.
588. *Tulinius, Thorarinn.* Islands Udvikling Og Økonomiske Fremtidsbetydning. Dansk-Islandsk Samfunds Smaaskrifter, V. Kbh. 1918.
589. *Tulinius, Thorarinn.* Skibsfart. De Danske Atlanterhavsøer, p. 176—180. Kbh. 1904—1911.
590. *Tyrrell G. W.* and *Peacock, M. A.* The Petrology Of Iceland. Transactions of the Roy. Soc. of Edinburgh, Vol. 55, p. 51—76. Edinburgh 1926—1927.
591. *Vedráttan.* Mánadaryfirlit samin á vedurstofunni. 1924 ff. Rvk. 1925 ff.
592. *Vedurfarsbók* Islensk. Arid 1920—23. Rvk. 1921—24.
593. *Verleger, Helmut.* Das Borgarfjordgebiet in Island. Diss. Hamburg 1931.
594. *Verleger, Helmut.* Kurzer Bericht über meine Vatnajökull-Expedition auf Island im Sommer 1932. G. Anzeiger, 34. Gotha 1933.
595. *Verleger, Helmut.* Vulkanausbruch mit Aschenregen und Jökulhlaup im Vatnajökull auf Island. G. Wochenschrift, Jg. 2, H. 23. Breslau 1934.
596. *Vetter, Ferdinand.* Der Eyjafjallajökull. Jb. d. Schweizer Alpenclub. 1887.
597. *Vetter, Ferdinand.* Eine Besteigung der Hekla. „Vom Fels zum Meer." 1889.
598. *Vogt, Karl.* Nord-Fahrt. Frankfurt am Main 1863.
599. *Vogt, W. H.* Die heutigen Isländer. Mitt. d. Schles. Ges. f. Volkskde., H. 15. Breslau 1906.
600. *Wadell, Hakon.* Vatnajökull. Some Studies And Observations From The Greatest Glacial Area In Iceland. G. Annaler, 2. Stockholm 1920.
601. *Wald, Bernhard.* Beiträge zur Siedlungsgeographie Islands. Wien 1925, ungedr. Diss.
602. *Walker, Fr. A.* The Botany And Entomology Of Iceland. Journ. of Transactions of the Viktoria Institute. Vol. 24. London 1890.
603. *Watts, William. Lord.* Journey Across The Vatna Jökull In The Summer Of 1875. Journ. of the Roy. Geogr. Soc., Bd. 46. London 1876.
604. *Wegener, A.* Staubwirbel auf Island. Met. Z. 1914.
605. *Wiese, W.* Die Einwirkung der mittleren Lufttemperatur im Frühling in Nord-Island auf die mittlere Lufttemperatur des nachfolgenden Winters in Europa. Met. Z., 42, p. 53—57. Braunschweig 1925.
606. *Wiese, W.* Die Einwirkung des Polareises im Grönländischen Meere auf die Nordatlantische zyklonale Tätigkeit. Ann. d. Hydr., 50, p. 271—280. Bln. 1922.
607. *Wigge, Karl.* Die Tundra als Landschaftsform. Diss. Köln 1927.
608. *Wigge, Karl.* Islands Lage zur polaren Waldgrenze. Deutsche Islandforschung 1930, Bd. II. Breslau 1930.
609. *Wigner, J. H.* The Vatnajökull Transversed From NE To SW. The Alpine-Journ. 22. London 1905.
610. *Willaume-Jantzen, M. V.* Klimaet. De Danske Atlanterhavsøer, p. 13—23. Kbh. 1904—1911.
611. *Willaume-Jantzen, M. V.* Climat Du Littoral Islandais. Congrès Maritime Intern. de Copenhague 1902.
612. *Winkler, Gustav Georg.* Island. Seine Bewohner, Landesbildung und vulkanische Natur. Braunschweig 1861.
613. *Windisch, Paul.* Beiträge zur Kenntnis der Tertiärflora von Island. Diss. Halle 1886.
613a. *v. Wolff, F.* Der Vulkanismus, II, 2. Stuttgart..
614. *Wright, F. E.* Some Effects Of Glacial Action In Iceland. Bulletin of the Geological Soc. of America. New York 1910.
615. *Wunder, L.* Beiträge zur Kenntnis des Kerlingarfjöllgebirges, des Hofsjökulls und des Hochlandes zwischen Hofs- und Langjökull in Island. Monatshefte f. d. naturwissensch. Unterricht aller Schulgattungen, 5. Leipzig-Bln. 1912.
616. *Wunder, L.* Beobachtungen am Langjökull und im Thorisdalur auf Island. Pet. Mitt., p. 123. Gotha 1910.

617. *Zillich, J.* Von Lübeck nach Reykjavik. Mitt. d. G. Ges. in Lübeck, 2. Reihe, H. 5 u. 6, p. 1—14. Lübeck 1893.
618. *Zugmayer, Erich.* Eine Reise durch Island im Jahre 1902. Wien 1903.

### Statistik

619. *Hagskýrslur Islands (Statistique de l'Islande).* Gefid út af hagstofu Islands. Reykjavik 1914 ff.
620. *Manntal A Islandi (Recensement de la population de l'Islande)* 1910 u. 1920. Gefit út af Stjornarradi Islands.
621. *Danmarks Statistik.* Statistik Aarbog, udgivet af det statistike Department. Kopenhagen 1920 ff.

### Umfassende Bibliographien

622. *Hermannsson, Halldór.* Catalogue of the Icelandic Collection bequeathed by Willard Fiske. Ithaka, N. Y. 1913—1927.
623. *Klose, Olaf.* Islandkatalog der Universitätsbibliothek Kiel und der Universitäts- und Stadtbibliothek Köln. Herausgeg. von der Universitätsbibl. Kiel. Kiel 1931.

# VERZEICHNIS DER BENUTZTEN KARTEN

(Übersicht über die ältere Kartographie: Nr. 208.)

### Übersichtskarten:

*Island 1 : 500 000* von Samuel Eggertsson. Kopenhagen 1928. Gezeichnet in der topograph. Section des dänischen Generalstabes. — Die beste und klarste Übersichtskarte.

*Höhenschichtenkarte von Island 1 : 750 000* von Th. Thoroddsen. Gotha 1905 (in Nr. 555). — Sehr sorgfältige Darstellung des Reliefs, viele Höhenzahlen und Ortsnamen.

*Island 1 : 850 000* von Daniel Bruun. Kbh. 1913. — Zuverlässige, unentbehrliche Wegekarte für Reisen im Inneren.

*Yfirlitskort med bilvegum 1 : 1 000 000.* — Eine Übersichtskarte der Autostraßen, herausgegeben vom Geodätischen Institut. Kbh. 1933.

Die Karten des Dänischen Generalstabes bzw. des Dänischen Geodätischen Institutes
(im Text abgekürzt: D. K.)

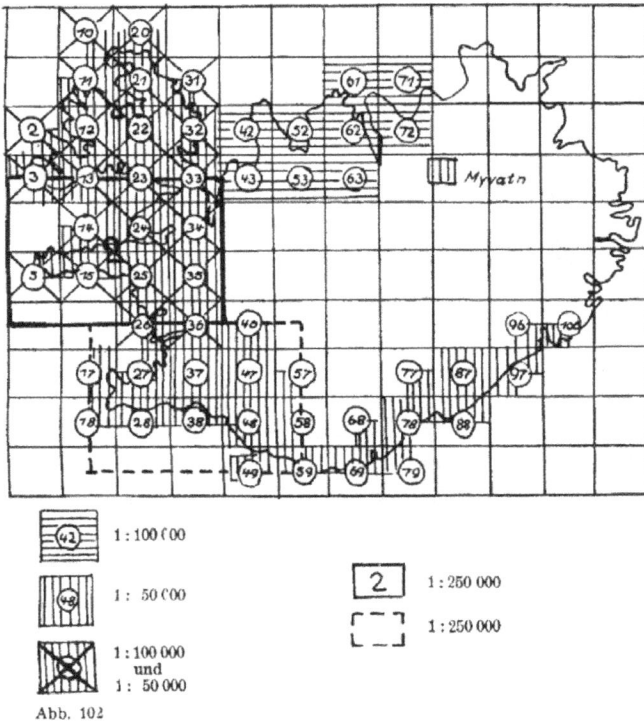

Abb. 102

Die mehrfarbigen 50 000er und 100 000er Blätter geben ein ungewöhnlich anschauliches Bild der Landschaft. Ihre Zuverlässigkeit ist an vielen Stellen im Gelände erwiesen. Reiche Signaturen bringen auch die geologischen Grundzüge zum Ausdruck. Freilich darf man aus ihnen nicht zu viel herauslesen: Die Signatur „terrain rocailleux" z. B. bezeichnet Rundhöcker, aber auch den Sinterkegel des Geysir. Leider sind die Ortsnamen hier und da entstellt. Die beste Übersicht über große Räume geben die Zusammendrucke 1 : 250 000, von denen später neun Blätter die ganze Insel erfassen sollen (bisher zwei Blätter, Midvesturland und Sudvesturland).

Das Blatt „Sudvesturland" umfaßt beinahe alle Erscheinungsformen isländischer Landschaft.

Ein guter Zusammendruck vom Oeraefajökull und Skeidarársandur im Maßstabe 1 : 200 000 findet sich in Geografisk Tidsskrift, XVIII, 1905, p. 96.

### Geologische Übersichtskarte:

*Geologische Karte von Island* von Th. Thoroddsen 1 : 750 000. Gotha 1906 (in Nr. 555).

Die dänischen Seekarten
(Det Kongelige Søkort-Arkiv, Kbh.)

| VII, Island | | | |
|---|---|---|---|
| 239 | Island og Färöerne | 1 : 1 200 000, | 1910 |
| 270 | Island med omliggende Flak (2 Blade) | 1 : 550 000, | 1917 |

| | | | |
|---|---|---|---|
| 225 | Vestrahorn — Portland | 1 : 250 000, | 1911 |
| 226 | Portland — Reykjavik | 1 : 250 000, | 1910 |
| 314 | Hjörleifshöfdi — Vestmannaeyar | 1 : 100 000, | 1926 |

| | | | |
|---|---|---|---|
| 260 | Faxe-Bugt | 1 : 250 000, | 1913 |
| 261 | Snaefellsjökull — Kap Nord | 1 : 250 000, | 1916 |
| 213 | Reykjavik og Hafnarfjördur med Omgivelser | 1 : 40 000, | 1907 |
| 284 | Borgarfjördr | 1 : 25 000, | 1918 |
| 266 | Breidifjördr Øst for | 1 : 100 000, | 1919 |
| 275 | Breidifjördr Øst for | 1 : 70 000, | 1915 |

| | | | |
|---|---|---|---|
| 254 | Hunafloi | 1 : 250 000, | 1912—1917 |
| 212 | Skagafjördr — Langanes | 1 : 250 000, | 1906—1919 |
| 311 | Siglufjördr — Havn | 1 : 5 000, | 1924 |

| | | | |
|---|---|---|---|
| 214 | Langanes — Vestrahorn | 1 : 250 000, | 1917 |
| 286 | Digranes — Kögr | 1 : 80 000, | 1918 |
| 287 | Kögr — Reydarfjördr | 1 : 80 000, | 1918 |
| 288 | Reydarfjördr — Eystrahorn | 1 : 80 000, | 1918 |

---

In den Ortsnamen häufig wiederkehrende Bezeichnungen

| | |
|---|---|
| á | Fluß |
| akur | Acker |
| dalur | Tal |
| dyngja | Schildvulkan (ursprünglich: Haufen) |
| ey | Insel, pl. eyjar |
| eyri | flache Landzunge |
| fell | Berg |
| fjall | Berg |
| foss | Wasserfall |
| gigur | Krater |
| gil | Schlucht |
| gjá | offene Spalte |
| heidi | Hochebene |
| hraun | Lavafeld |
| hver | sprudelnde heiße Quelle (im Nordland auch f. „Krater") |
| jökull | Gletscher, pl. Jöklar |
| laug | ruhige warme Quelle (vgl. „hver") |
| mýri | Sumpf, pl. myrar |
| náma | Mine |
| nes | Kap |
| reykja | rauchen |
| vatn | See, pl. vötn |
| vík | Bucht |
| völlur | Ebene, pl. vellir |

---

153

# VERZEICHNIS DER ORTSNAMEN
(Plan dazu am Schluß)

154

# BERLINER GEOGRAPHISCHE ARBEITEN

HERAUSGEGEBEN VOM

## GEOGRAPHISCHEN INSTITUT DER UNIVERSITÄT BERLIN

DURCH PROF. DR. NORBERT KREBS UND PRIV.-DOZ. DR. HERBERT LOUIS

Bisher erschienen:

Heft 1

## KULTURGEOGRAPHISCHE WANDLUNGEN IN NORDOSTFRANKREICH SEIT DEM KRIEGE

von

### Wolfgang Hartke

83 Seiten mit 10 Kartenbeilagen. 1932. Brosch. RM 3.00

Heft 2

## BEITRÄGE ZUR KULTURGEOGRAPHIE DES OBERINNTALS

von

### Helmut Winz

117 Seiten mit 14 Kartenbeilagen. 1933. Brosch. RM 4.50

Heft 3

## KULTURGEOGRAPHIE DES DELI-ORMAN (NORDOSTBULGARIEN)

von

### Wolfgang Stubenrauch

58 Seiten mit 2 Karten, 4 Abbildungen und 1 Textfigur. 1933. Brosch. RM 2.50

Heft 4

## DIE MORPHOLOGISCHE ENTWICKLUNG DES SÜDLICHEN WIENER BECKENS UND SEINER UMRANDUNG

von

### Julius Büdel

73 Seiten mit 1 Karten- und Profiltafel. 1933. Brosch. RM 2.85

Heft 5

## FERDINAND VON RICHTHOFEN

Ansprachen anläßlich der Gedächtnisfeier zu seinem
100. Geburtstag an der Universität Berlin
17 Seiten mit 1 Bildnis. 1933. RM —.80

Heft 6

## GLAZIALMORPHOLOGISCHE STUDIEN IN DEN GEBIRGEN DER BRITISCHEN INSELN

von

### Herbert Louis

39 Seiten mit 2 Kartenskizzen und 8 Abbildungen. 1934. Brosch. RM 1.85

KOMMISSIONSVERLAG VON J. ENGELHORNS NACHF. STUTTGART